普通高等教育材料类系列教材

模具 CAD/CAM——NX 应用

主　编　王高潮　奚建胜

副主编　荣　伟　李　宁　曾　珍

参　编　龙文元　孙前江　李　超

　　　　易国华　刘炳承

主　审　李名尧

机械工业出版社

本书介绍了 NX 软件 CAD 基础知识，并对锻造模具、冲压模具、注射模、级进模和铸造模具的 NX 设计，以及模具的 NX 加工进行了详细讲解。

本书可主要作为普通高等学校材料成形及控制工程专业本科学生的专业课程教材，也可作为其他模具类工科专业的选修课教材，并可作为有关工程技术人员的参考用书。

图书在版编目（CIP）数据

模具 CAD/CAM：NX 应用/王高潮，奚建胜主编. —北京：机械工业出版社，2020.7（2022.8 重印）

普通高等教育材料类系列教材

ISBN 978-7-111-65480-3

Ⅰ.①模… Ⅱ.①王… ②奚… Ⅲ.①模具-计算机辅助设计-高等学校-教材②模具-计算机辅助制造-高等学校-教材 Ⅳ.①TG76-39

中国版本图书馆 CIP 数据核字（2020）第 071337 号

机械工业出版社（北京市百万庄大街 22 号 邮政编码 100037）
策划编辑：丁昕祯 责任编辑：丁昕祯 章承林 任正一
责任校对：陈 越 封面设计：张 静
责任印制：张 博
北京雁林吉兆印刷有限公司印刷
2022 年 8 月第 1 版第 2 次印刷
184mm×260mm·16.75 印张·415 千字
标准书号：ISBN 978-7-111-65480-3
定价：44.80 元

电话服务　　　　　　　　　　网络服务
客服电话：010-88361066　　机 工 官 网：www.cmpbook.com
　　　　　010-88379833　　机 工 官 博：weibo.com/cmp1952
　　　　　010-68326294　　金 书 网：www.golden-book.com
封底无防伪标均为盗版　　　机工教育服务网：www.cmpedu.com

前　言

　　本书根据应用型本科教育的特点、专业培养目标和教学要求确定内容，面向材料成形及控制工程本科专业编写，是专业选修课"模具 CAD/CAM"的选用教材。本书内容在满足了课程教学大纲的前提下，兼顾了其他模具类工科相关专业选修课的需要。通过对本书的学习，材料成形及控制工程专业的学生对模具 CAD/CAM 和 NX 的基本理论与方法会有一个较全面的了解，并初步掌握采用 NX 软件设计锻造、冲压、注射、级进和铸造模具，以及模具加工数控编程的基本方法和技巧，为进一步地深入学习打下良好的基础。为了满足材料成形及控制工程专业的教学要求，突出应用型人才培养的专业特色，本书按照全国高等学校材料成形及控制工程专业 2018 年工作会议（南昌）的要求编写。全书在内容上注重系统性、实用性和先进性，强调针对性和应用性，理论与实践紧密结合。

　　书中各章均附有本章小结和一定量的思考题或综合练习，供教学使用。思考题和综合练习可巩固学生所学的知识，本章小结部分可起到画龙点睛之效。

　　本书由南昌航空大学、湖北汽车工业大学、南昌职业大学、江西工业职业技术学院、吉安职业技术学院的王高潮、李宁、孙前江、龙文元、奚建胜、刘炳承、李超、荣伟、易国华、曾珍编写。全书由王高潮和奚建胜担任主编，上海工程技术大学李名尧担任主审。

　　由于模具 CAD/CAM 技术仍然在迅速发展之中，加之编者水平有限，书中错误和不足之处在所难免，恳请读者提出批评和改进意见。

编　者

目　录

第一章

绪 论

锻造、冲压、铸造、注射等材料成形工艺属于少无切削加工工艺，该类成形工艺与切削加工相比，具有生产效率与材料利用率高、产品质量与稳定性好、能耗与成本低等显著优点，因而在航空航天、电子信息、仪器仪表、交通、轻工、家电、兵器等行业中得到广泛应用，是当今加工制造业的主要生产手段。上述各项成形工艺是通过模具实现材料成形并获得所需形状的成品或半成品零件。因此，模具是现代加工制造业规模生产不可或缺的工艺设备，它在产品生产的各行各业中发挥着极其重要的作用。

模具的设计与制造水平直接关系产品的质量与更新换代。随着制造业的发展，人们越来越关注如何缩短模具设计与制造的周期，以及怎样提高模具的质量，传统的模具设计与制造方法已不能适应产品及时更新换代和提高质量的要求。随着计算机技术的不断发展及其应用领域的日益扩大，一些先进工业国家率先将计算机技术应用于模具工业，即应用计算机进行产品造型、工艺设计与成形工艺模拟，以及模具结构设计，并输出模具工程图样，编制模具加工数控（Numerical Control，NC）代码，应用数控机床加工模具，从而实现了模具的计算机辅助设计、辅助工程和辅助制造一体化（模具 CAD/CAE/CAM），达到提高模具设计效率与加工质量、缩短模具生产周期的目的。特别是近十年来，模具 CAD/CAE/CAM 技术发展很快，应用范围日益扩大，取得了显著的经济效益和社会效益。

第一节 CAD/CAE/CAM 的基本概念

计算机辅助设计（Computer Aided Design，CAD）是利用计算机系统辅助人们对产品或工程进行设计、绘图、工程分析与技术文档编制等设计活动的总称。CAD 是人和机器相结合共同进行设计的一种新设计方法，从而把人和机器的最好特性联系起来。人的特性是具有思维、逻辑推理、学习及直观判断的能力，而计算机具有运算速度快、精确度高、信息存储量大、不易忘与不易出错等特点。它们结合的方式是，首先由人根据设计目标，将设计过程与方法进行综合分析，建立模型（包括数学模型、数据模型、几何模型），并编制成可运行的解析这些模型的程序。在程序运行过程中，计算机将发挥其特长，完成数值分析、计算、图形处理及信息管理等任务。而人将运用自己的经验与判断能力来控制整个设计过程，这种控制通过人机对话或图形显示的方式进行，让人和计算机之间进行信息交流，相互取长补短，从而获得最优设计结果。由此可见，不能将 CAD 与计算机绘图等同起来，计算机绘图只是使用图形软件和硬件进行绘图及有关标注，以摆脱繁重的手工绘图为其目标的方法和技术，但它是 CAD 的基础技术之一。

目前关于计算机辅助工程（Computer Aided Engineering，CAE）还没有一个确切的定义，但一般认为它应是一个包含广泛内容的术语，是指用科学的方法（包括优化、数值模拟、仿真等）以计算机软件的形式，为工程界提供一种有效的辅助工具，帮助工程技术人员对产品的设计质量、性能及加工工艺与制造过程等进行评价分析，并反复修改和优化直至获得最佳结果。也就是说，CAE 技术将贯穿于产品研制过程的每一个环节。但是，对于模具 CAE 来说，目前仅局限于数值模拟方法，锻模 CAE 主要是锻造成形过程模拟，即应用数值模拟方法（主要是有限元法），分析金属体积成形过程中的应力、应变和温度分布及预测成形缺陷（包括折叠、充不满等）。冲模 CAE 主要是汽车覆盖件成形过程模拟，即应用数值模拟方法（包括有限差分法、有限元法和边界元法），分析金属成形过程中应力、应变和温度分布及预测成形缺陷（包括起皱、破裂等）。铸模 CAE 主要用于压铸工艺的数值分析，软件的核心是铸件充型、凝固过程的数值模拟。注射模 CAE 主要是用作注射成型过程计算机模拟和缺陷预测，如注射流动过程模拟、保压过程模拟、冷却过程模拟、气体辅助成型过程模拟、应力分析和翘曲分析等。所以，当前在模具 CAE 方面仅局限在用数值模拟方法模拟制品的成形过程及预测缺陷，由此分析出工艺方案及相应参数、模具结构对制品质量的影响，达到优化制品和模具结构、优选成形工艺参数的目的。

计算机辅助制造（Computer Aided Manufacturing，CAM）一般是指利用计算机对产品制造过程进行设计、管理和控制。即利用计算机辅助从毛坯到产品制造过程中的直接和间接的活动，包括工艺准备［计算机辅助工艺设计（CAPP）、计算机辅助工装设计与制造、NC 自动编程、工时定额和材料定额编制等］、生产作业计划、物料作业计划的运行控制（加工、装配、检测、输送、存储等）、生产控制和质量控制等。但目前狭义的 CAM 通常仅指数控程序的编制，可包括刀具路径的规划、刀位文件的生成和刀具轨迹仿真，以及 NC 代码的生成等。模具 CAM 主要是针对模具型腔进行数控程序的自动编制。

自 20 世纪 50 年代末开始，CAD 与 CAM 技术分别独立地发展，至 20 世纪 70 年代末，国际上已出现许多性能优良、商品化的 CAD 或 CAM 系统。CAE 自 20 世纪 60 年代开始发展以来，至今国内外已推出了一些独立、商品化的 CAE 系统。这些独立的系统，分别在产品设计自动化、工艺过程模拟化和数控编程自动化方面起到了重要的作用。但是，采用这些各自独立的系统，不能实现系统之间信息的自动传递和交换。用 CAD 系统进行产品设计的结果，只能输出图样和有关的技术文档，这些信息不能直接为 CAPP 或 CAE 系统所接受。进行工艺过程设计与模拟分析时，还需由人工将这些图样、文档等纸面上的文件转换成 CAPP 或 CAE 系统所需的数据，并通过人机交互的方式输入 CAPP 或 CAE 系统进行处理。利用独立的 CAM 系统进行计算机辅助数控编程时，同样需要由人工将 CAD、CAPP 系统输出的文件转换成 CAM 系统所需的文件和数据，然后再输入 CAM 系统。

由于各独立系统所产生的信息需经人工转换，这不但影响工程设计效率的进一步提高，而且在人工转换过程中难免发生错误，给生产带来极大的危害。为此，需要解决 CAD 与 CAPP、CAE、CAM 之间的数据与信息交换的问题。而且，由于在建立一些专用系统如模具 CAD/CAM、机械 CAD/CAM 系统时，也遇到采用不同的支撑软件而产生不同的产品数据结构的问题。因此，要使这些专用系统软件接受不同支撑软件产生的产品数据信息，也必须研究各系统之间产品信息的交换问题，所以从 20 世纪 70 年代起，人们开始研究产品信息的传送与交换，世界各国先后提出了许多数据交换标准。其中，最有影响的是由美国国家标准协会（ANSI）公布的美国标准 IGES（Initial Graphics Exchange Specification），它是 CAD/CAM 系统之间图形信息交换的一种规范。STEP（Standard for the Exchange of Product Model Data）

是由国际标准化组织（ISO）组织制定的一个关于产品信息表达与交换的国际标准。STEP 的目标是，实现在产品生命周期内对产品数据进行完整一致的描述与数据交换，以便无须人工解释就能使各应用系统直接接受并共享这些信息。目前，很多 CAD 软件公司已开发出基于 STEP 的新一代 CAD/CAE/CAM 集成系统。

第二节 常用 CAD/CAM 软件简介

一、Pro/Engineer（Creo）

Pro/Engineer 简称 Pro/E，由美国 PTC 公司开发，是一个面向机械工程的 CAD/CAM/CAE 集成系统，其参数化特征造型技术成为 CAD/CAM 技术发展史上的里程碑。该软件在全世界拥有众多用户，广泛应用于机械、汽车、航空、家电、模具等行业。2010 年该软件名称改为 Creo，该软件是整合了 PTC 公司的三个软件（Pro/Engineer 的参数化技术、CoCreate 的直接建模技术和 ProductView 的三维可视化技术）的新型 CAD 设计软件包，目前最新版本是 Creo7.0。

二、CATIA

CATIA 是法国达索公司开发的旗舰产品。CATIA 作为产品生命周期（Product Lifecycle Management，PLM）协同解决方案的一个重要组成部分，它可以帮助制造厂商设计他们未来的产品，并支持从项目前阶段、具体的设计、分析、模拟、组装到维护在内的全部工业设计流程。该软件拥有一流的曲面设计功能，广泛应用于汽车、航空航天、船舶制造、厂房设计、电力与电子、消费品和通用机械制造行业。该软件目前最新版本是 CATIA 2020 等。

三、Mastercam

Mastercam 是美国 CNC Software Inc. 公司开发的基于个人计算机平台的 CAD/CAM 软件。该软件目前在 NC 自动编程领域表现十分出色，是 CAM 功能的领军软件。它集二维绘图、三维实体造型、曲面设计、体素拼合、数控编程、刀具路径模拟及真实感模拟等多种功能于一身。它具有方便直观的几何造型。Mastercam 提供了设计零件外形所需的理想环境，其强大稳定的造型功能可设计出复杂的曲线、曲面零件。Mastercam 9.0 以上版本还支持中文环境，而且价位适中，对广大的中小企业来说是理想的选择，是经济有效的全方位的软件系统，是工业界及学校广泛采用的 CAD/CAM 系统。该软件目前最新版本是 Master cam 2020。

四、SolidWorks

SolidWorks 是达索系统（Dassault Systemes）下的子公司专门负责研发与销售机械设计软件的视窗产品，公司总部位于美国马萨诸塞州。SolidWorks 软件是世界上第一个基于 Windows 开发的三维 CAD 系统，其技术创新符合 CAD 技术的发展潮流和趋势。1997 年，SolidWorks 被法国达索公司收购，成为达索中端主流市场的主打品牌。功能强大、易学易用和技术创新是该软件的三大特点，在诸多工业领域得到了广泛应用。该软件目前最新版本是

SolidWorks 2019。

五、SolidEdge

SolidEdge 是 Siemens PLM Software 公司旗下的三维 CAD 软件，采用 Siemens PLM Software 公司自己拥有专利的 Parasolid 作为软件核心，将普及型 CAD 系统与世界上最具领先地位的实体造型引擎结合在一起，是基于 Windows 平台、功能强大且易用的三维 CAD 软件。它支持自顶向下和自底向上的设计思想，其建模核心、钣金设计、大装配设计、产品制造信息管理、生产出图、价值链协同、内嵌的有限元分析和产品数据管理等功能遥遥领先于同类软件，是企业核心设计人员的最佳选择，已经成功应用于机械、电子、航空、汽车、仪器仪表、模具、造船、消费品等行业的大量客户。同时系统还提供了从二维视图到三维实体的转换工具，用户无须摒弃多年来二维制图的成果，借助 SolidEdge 就能迅速跃升到三维设计，这种质的飞跃让用户体验到三维设计的巨大优越性。该软件目前最新版本是 SolidEdge 2020。

六、Cimatron

Cimatron 是著名软件公司以色列 Cimatron 公司旗下的产品，该软件在三维机械设计及 NC 自动编程方面具有强大的功能，特别是复杂零件的设计与制造。Cimatron 支持几乎所有当前业界的标准数据信息格式，能方便地与其他软件进行数据交换。Cimatron 为模具、工具和其他制造商提供全面的、性价比最优的软件解决方案，使制造循环流程化，加强制造商与外部销售商的协作，以极大地缩短产品交付时间。该软件目前最新版本是 Cimatron E15。

七、CAXA 制造工程师

CAXA 制造工程师是北航海尔软件有限公司研制开发的全中文、面向数控铣床和加工中心的三维 CAD/CAM 软件。北航海尔软件有限公司是中国领先的 CAD/CAM 和 PLM 供应商，CAXA 是我国制造业信息化的优秀代表和知名品牌，CAXA 制造工程师基于微机平台，采用原创 Windows 菜单和交互方式，全中文界面，便于轻松学习和操作，并且价格较低。CAXA 制造工程师可以生成 3~5 轴的加工代码，可用于加工具有复杂三维曲面的零件。CAXA 制造工程师不仅是一款高效易学，具有很好工艺性的数控加工编程软件，而且还是一套 Windows 原创风格，全中文三维造型与曲面实体完美结合的 CAD/CAM 一体化系统。CAXA 制造工程师为数控加工行业提供了从造型设计到加工代码生成、校验一体化的全面解决方案。该软件目前最新版本是 CAXA 制造工程师 2020 等。

第三节　模具 CAD/CAM 系统的特点与关键技术

一、模具 CAD/CAM 系统的特点

1) 模具 CAD/CAM 系统必须具有产品构型（也称产品建模）的功能。这是因为模具设计与一般产品设计过程不同。一般产品设计来源于市场的需求，而这种需求只是功能的要求，设计人员根据这种要求，确定产品性能，建立产品总体设计方案，然后进行具体结构的设计。而模具设计时是根据产品零件图的几何形状、材料特性、精度要求等进行工艺设计与

模具设计。

利用计算机辅助设计或加工模具时，首先必须输入产品零件的几何图形及相关信息（如材料性能、尺寸精度、表面粗糙度等），而计算机图形的生成必须先建立图形的数学模型和存储数据结构，再通过有关计算，才能把图形存储在计算机中或显示在计算机屏幕上，这就是产品建模（构型）。因此，模具 CAD/CAM 系统应具有产品构型（建模）功能。产品构型有四种方法，即线框模型、表面模型、实体模型、特征建模。由于前三种方法属于几何形状建模，这些几何模型仅能描述零件的几何形状数据，难以在模型中表达特征及公差、精度、表面粗糙度和材料特征等信息，也不能表达设计意图。而模具设计中的成形工艺与模具结构设计，不仅需要产品零件的几何形状数据，还需要其他信息。所以，与前三种构型方法相比，特征建模方法更适合建立模具 CAD/CAM 集成系统。

2）模具 CAD/CAM 系统中的工艺与模具结构设计，必须具有可修改及再设计的功能，因为目前的成形工艺及模具结构设计主要凭借人们的经验，对于复杂形状零件，往往需要经过反复试模才能生产出合格产品。所以试验后需要对工艺及模具结构进行修改，而且往往只修改局部形状及相关尺寸。所以，在模具 CAD/CAM 系统中，只有采用参数化及变量化装配设计方法才能达到上述要求。

3）模具 CAD/CAM 系统必须具有能存放大量模具标准图形及数据，以及设计准则与经验数据图表的功能。由于模具结构的复杂性（特别是多工位级进模、汽车覆盖件模具，以及复杂形状的注射模等），导致模具的设计与制造周期很长。为缩短其设计与制造周期，国内外均制定了不少模具标准（包括模具标准结构、标准组件及标准零件）。同时，由于工艺设计与模具设计主要靠人的经验，因此，多年来由人们总结出了不少设计准则与经验数据，而且均以图表形式存在。为此，在建立模具 CAD/CAM 系统时，均需将这些标准与经验数据存入计算机中，以便在进行工艺与模具结构设计时调用，但目前一般商用数据库系统（如 Oracle、Sybase、Infomix 等）又不适合存放这些图形与图表数据，为此需要利用工程数据库系统。

二、模具 CAD/CAM 系统的关键技术

基于上述模具 CAD/CAM 系统的特点，在开发模具 CAD/CAM 系统时，必须应用下述关键技术。

1. 特征建模（构型）

有关特征的概念至今仍没有统一、完整的定义，但一般可认为，特征是具有属性及工程语义的几何实体或信息的集合，也可以将特征理解为形状与功能的结合。常用特征信息主要包括形状特征、精度特征、技术特征、材料特征、装配特征等。特征建模方法可大致归纳为交互式特征定义、特征识别和基于特征的设计三个方面。从用户操作和图形显示上，往往感觉不到特征模型与实体模型的不同，但在内部数据表示上是不同的。特征模型能够完整、全面地描述产品的信息，使得后续的成形工艺设计与模具结构设计可直接从产品模型中抽取所需的信息。

2. 参数化设计与变量化设计

传统的实体造型技术属于无约束自由造型，采用固定的尺寸值定义几何元素，输入的每一个几何元素都有确定的位置，要想修改图形只有删除原有元素后重新绘制。目前，CAD

技术的基础理论主要是以 PTC 公司开发的 Pro/Engineer 为代表的参数化造型理论和以 SDRC 公司开发的 I-DEAS 为代表的变量化造型理论，这两种造型方法均属于基于约束的实体造型技术。

模具设计中不可避免地要多次反复修改，进行模具零件形状和尺寸的综合协调，甚至是安装位置的改变。若采用传统的实体造型方法，每次修改必导致图形的重画，设计效率很低，也达不到实用化的要求。因此，在模具 CAD/CAM 系统中，一定要采用参数化设计技术或变量化设计技术。参数化设计是用几何约束、工程方程与关系来定义产品模型的形状特征，也就是对零件上各种特征施加各种约束形式，从而达到设计一组在形状或功能上具有相似性的设计方案。目前能处理的几何约束类型基本上是组成产品形体的几何实体公称尺寸关系和尺寸之间的工程关系，故参数化技术又叫尺寸驱动几何技术。

（1）参数化造型技术的主要特点　参数化造型技术是指用一组参数（代数方程）来定义几何图形间的关系，提供给设计人员在几何造型中使用，其主要特点如下：

1）基于特征。将某些具有代表性的平面几何形状定义为特征，并将其所有尺寸存为可调参数，进而形成实体，以此为基础来进行更为复杂的几何形体的造型。

2）全尺寸约束。约束包括尺寸约束和几何约束，图形形状的大小、位置坐标、角度等均属于尺寸约束，几何约束则包括平行、对称、垂直、相切、水平、铅直等这些非数值的几何关系的限制。全尺寸约束是指将图形的形状和尺寸联系起来考虑，通过尺寸约束来实现对几何形状的控制。造型时必须施加完整的尺寸参数（全约束），不能漏注尺寸（欠约束），也不能多注尺寸（过约束）。

3）尺寸驱动。对初始图形给予一定的约束，通过尺寸的修改，系统自动找出与该尺寸相关的方程组进行重新求解，驱动几何图形形状的改变，最终生成新的模型。目前，基于约束的尺寸驱动方法是较为成熟的一种参数化造型方法。

4）全数据相关。尺寸参数的修改导致其他相关模块中的相关尺寸得以全盘更新，它彻底克服了自由建模的无约束状态，几何形状均以尺寸的形式而被牢牢地控制住，如欲改变零件的形状，只需修改尺寸的数值即可实现。

（2）变量化造型技术的主要特点　由于参数化造型设计是一种"全尺寸约束"，即设计者在设计初期及全过程中，必须将形状和尺寸联系起来考虑，并且通过尺寸约束来控制形状，通过尺寸的改变来驱动形状的改变，一切以尺寸（即"参数"）为出发点。一旦所设计的零件形状过于复杂，就容易造成系统数据混乱。为此，出现了一种比参数化造型技术更为先进的实体造型技术，即变量化造型技术。

变量化造型技术是通过求解一组约束方程组，来确定产品的尺寸和形状。约束方程驱动可以是几何关系，也可以是工程计算条件。约束结果的修改受约束方程驱动。变量化造型技术既保留了参数化造型技术基于特征、尺寸驱动、全数据相关的优点，又对参数化造型技术的全尺寸约束的缺点做了根本性的改变，它的成功应用为 CAD 技术的发展提供了更大的空间与机遇。其主要特点如下：

1）几何约束。在新产品开发的概念设计阶段，设计人员首先考虑的是设计思想，并将这些设计思想在产品的几何形状中予以体现，至于各几何形状准确的几何尺寸和各形状间的位置关系在概念设计阶段还很难完全确定，设计人员希望在设计初期系统允许不需标注这些尺寸（即欠尺寸约束），这样才能充分发挥设计人员的想象力和创造力。因此，变量化造型技术中，将参数化造型技术中所需定义的尺寸参数进一步区分为形状约束和尺寸约束，而不是像参数化造型技术中只用尺寸来约束全部几何图形。

2）工程关系。在实际应用中（如新产品开发），除需确定几何形状外，常常还涉及一些工程问题（如载荷、可靠性），如何将这些问题在设计人员确定几何形状的同时得以考虑亦显重要。变量化造型技术除了考虑几何约束外，把工程关系也作为约束条件直接与几何方程联立求解。

3）VGX 技术。超变量几何（Variation Geometry Extend，VGX）技术是变量化造型技术发展的一个里程碑。VGX 技术充分利用了形状约束和尺寸约束分开处理和无需全约束的灵活性，让设计者可以针对零件上的任意特征直接以拖动方式非常直观地、实时地进行图示化编辑修改。VGX 技术具有许多优点，如：不要求全尺寸约束，在全约束及欠约束情况下均可顺利完成造型；模型修改可以基于造型历史树也可以超越造型历史树，可以在不同"树干"上的特征直接建立约束关系；可直接编辑 3D 实体特征，无须回到生成该特征的 2D 线框状态；可以用拖动式修改 3D 实体模型，而不是只有尺寸驱动一种方式；用拖动式修改实体模型时，尺寸也随之自动更改；拖动时显示任意多种设计方案，不同于尺寸驱动方式一次尺寸修改只得到一种方案；以拖动式修改 3D 实体模型时，可以直观地预测所修改的特征与其他特征的关系，控制模型形状也只要按需要的方向即可，而尺寸驱动方式修改实体模型时很难预测尺寸修改后的结果；模型修改允许形状及拓扑关系发生变化，而并非仅限于尺寸数值的变化。

4）动态导航技术。动态导航（Dynamic Navigator）技术是 1991 年 SDRC 公司在 I-DEAS 第 6 版中首先提出来的。动态导航是指当光标处于某一特征位置时，系统自动显示有关信息（如特征的类型、空间位置），自动增加有利约束，理解设计人员的设计意图并预计下一步要做的工作。因此，可以说动态导航技术是一个智能化的设计参谋。

5）主模型技术。SDRC 公司在 I-DEAS MS 软件中采用了主模型技术，它是以变量化造型技术为基础，完整表达产品的信息，包括几何信息、形状特征、变量化尺寸、拓扑关系、几何约束、装配顺序、装配、设计历史树、工程方程、性能描述、尺寸及几何公差、表面粗糙度、应用知识、绘图、加工参数、运动关系、设计规则、仿真结果、数控加工、工艺信息描述等。主模型技术彻底突破了以往 CAD 技术的局限，成功地将曲面和实体表达方式融合为一体，给产品设计制造的不同阶段提供了统一的产品模型，为协同设计和并行工程打下了坚实的基础。

（3）两种造型技术的主要区别

1）对约束的处理方式不同。这是两种造型技术最基本的区别。参数化造型技术在设计全过程中，将形状约束和尺寸约束联合起来一并考虑，通过尺寸约束来实现对几何形状的控制；而变量化造型技术是将尺寸约束和形状约束分开处理。参数化造型技术在非全约束时，造型系统不允许执行后续操作；变量化造型技术允许欠约束和过约束状态，尺寸是否标注完整不会影响后续操作。在参数化造型技术中，工程关系不直接参与约束管理，而是另由单独的处理器外置处理；在变量化造型技术中，工程关系可以作为约束直接与几何方程耦合，再通过约束解算器直接解算。参数化造型技术解决的是特殊情况（全约束）下的几何图形问题，表现形式是尺寸驱动几何形状的改变；变量化造型技术解决的是任意约束情况下的产品设计问题，不仅可以做到尺寸驱动，也可以实现约束驱动，即由工程关系来驱动几何形状的改变。

2）应用领域不同。参数化造型技术适用于技术比较成熟、产品相对固定的零配件行业，其零件形状基本固定，标准化程度较高，在进行产品开发或根据图样进行设计时，只需修改一些关键尺寸或按已符合全约束条件的图样进行设计即可。变量化造型技术的造型过程类似于设计人员的设计过程，把能满足设计要求的几何形状放在第一位，然后再逐步确定尺寸。因此，参数化造型技术常用于常规设计或革新设计，而变量化造型技术比较适用于创新式设计。

3）特征管理方式不同。参数化造型技术在整个造型过程中，将构造形体所用的全部特征按先后顺序进行串联式排列，这种顺序关系在模型树中得到明显的体现。每个特征与前面的一个或若干个特征存在明确的父子关系，当设计中需要修改或删除某一特征时，该特征的子特征便可能失去了存在的基础，这样很容易造成数据的混乱，甚至造成操作的中断或失败。变量化造型技术则克服了这种缺点，将构造形体所用的全部特征除了与前面的特征存在关联外，同时又都与全局坐标系建立联系。用户对前面的特征进行修改时，后面的特征会自动进行更新；当删除某一特征时，与它保持联系的特征则会自动解除与它的联系，系统对这些特征在全局坐标系中重新定位，因此，对特征的修改或删除都不会造成数据的混乱。

3. 变量装配设计技术

装配设计建模的方法主要有自底向上、概念设计、自顶向下三种。自底向上的方法是先设计出详细零件，再拼装成产品。而自顶向下是先有产品的整个外形和功能设想，再在整个外形里一级一级划分产品的部件、子部件，一直到底层的零件。在模具中，由于有些模具结构很复杂（如多工位级进模、汽车覆盖件模具等），零件数有时达数百个。若一个个零件设计再装配，不仅设计速度很慢，而且很多零件相互间在形状上与位置上都有约束关系，如级进模中的凸模与凹模型腔间、凹模或卸料板上的让位孔槽与凸模及条料间。这些约束关系是无法脱离装配图来进行设计的。因此，在进行模具设计时，只有采用自顶向下的设计方法。变量装配设计正好支持自顶向下的设计。

变量装配设计也是实现动态装配设计的关键。所谓动态装配设计是指在设计变量、设计变量约束、装配约束驱动下的一种可变的装配设计。其中，设计变量是定义产品功能要求和设计者意图的产品整体或其零部件的最基本的功能参数和形状参数。设计变量约束即设计约束或变量约束，设计变量和设计变量约束控制装配体中的零部件的形状。装配约束通过三维几何约束自动确定装配体内各个零部件的配合关系，它确定了零部件的位置。这些设计变量、设计变量约束、几何约束都是可变化和控制的，是动态的。修改装配设计产生的某些设计变量和约束，原装配设计将在所有约束的驱动下自动更新和维护，从而得到一个原设计没有概念变化的新的装配设计。动态设计过程是正向设计与反向设计相互结合的过程，正向设计是从概念设计到详细设计的自顶向下的设计过程，而反向设计是指对产品设计方案中一些不满意的地方提出要求或限制条件，通过约束求解对原设计方案进行修改的过程。

变量装配设计把概念设计产生的设计变量和设计变量约束进行记录、表达、传播和解决冲突，以满足设计要求，使各阶段设计（主要是零件设计）在产品功能和设计意图的基础上进行，所有的工作都是在产品约束功能约束下进行和完成的。

4. 工程数据库

工程数据库是指能满足人们在工程活动中对数据处理要求的数据库。工程数据库是随着

CAD/CAM/CAE/CAPP 集成化软件的发展而发展的，这种集成化系统中所有功能模块的信息都是在一个统一的工程数据库下进行管理的。

工程数据库系统与传统的数据库系统有很大差别，主要表现在支持复杂数据类型、复杂数据结构，具有丰富的语义关联、数据模式动态定义与修改、版本管理能力及完善的用户接口等。它不但要能够处理常规的表格数据、曲线数据等，还必须能够处理图形数据。

工程数据库管理系统一般要满足如下几方面的要求。

1) 动态处理模式变化的功能。由于设计过程和工艺规划过程中产生的数据是不断变化的，要求工程数据库管理系统能支持动态描述数据库中数据的能力，使用户既能修改数据库的值，又能修改数据结构的模式。

2) 能描述和处理复杂的数据类型。由于工程数据结构复杂，语义关系十分丰富，因此，工程数据管理系统不仅要支持用户定义复杂的类型，而且还要支持多对多关系、递归关系等复杂数据结构的描述。

3) 支持工程事务处理和恢复。工程事务大都具有长期性，工程数据中有一批数据要使用很长时间。由于一个工程事务不可能成为处理和恢复的最小单位，必须分层次、分类别、分期保存中间结构，以进行较短事务处理。因此，从使用安全性考虑，工程数据库要具备适合工程应用背景的数据库恢复功能，以实现对长事务的回退处理。

4) 支持多库操作和多版本管理。由于工程设计用到的信息多种多样，需要在各设计模块间传送数据，因此需要提供多库操作和通信能力。由于工程事务的复杂性和反复试验的实践性，要求工程数据库系统具有良好的多版本管理和存储功能，以正确地反映工程设计过程和最终状态，不仅为工程的实施服务，而且为今后的管理和维护服务，同时也为研究和设计类似工程提供可借鉴的数据。

5) 支持工程数据的长记录存取和文件兼容处理。工程数据中，有些数据不适合在数据库中直接存储，以文件系统为基础来设计其存储方式，会更为方便和提高存取效率，如工程图本身。

6) 支持分布环境。在 CAD/CAM 系统中，数据管理往往分布于工程活动的全过程，应用系统的地理位置也可能是分散的，且各地的数据库有的是面向全局的，有的是面向局部的。在这种分散环境下，分布数据处理自然是工程数据库管理系统的一个重要功能。

7) 权限控制。工程设计是一个众多设计共同参与的设计环境，同时每一个设计子任务，由于专业方面的原因，在某种程度上具有相对独立性。由于不同人员都可使用数据库，为了安全起见，对设计方案、数据库资源及各类设计人员给予一定的权限范围，可以防止非法用户访问或修改数据库。

8) 用户管理。数据库管理系统对于数据库操作语言（DML）应提供与工程设计常用算法语言的接口，并提供适用工程环境要求的用户界面。

三、模具 CAD/CAM 技术的优越性

模具 CAD/CAM 技术的优越性赋予了它无限的生命力，使其得以迅速发展和广泛应用。无论是在提高生产率、保证质量方面，还是在降低成本、减轻劳动强度方面，模具 CAD/CAM 技术的优越性都是传统的模具设计制造方法所无法比拟的。

1) CAD/CAM 可以提高模具设计和制造水平，从而提高模具质量。在计算机系统内存

储了各有关专业综合性的技术知识，为模具制造工艺的制订提供了科学依据，计算机与设计人员交互作用，有利于发挥人机各自的特长，使模具设计和制造工艺更加合理化。系统采用的优化设计方法有助于某些工艺参数和模具结构的优化。采用CAM技术极大地提高了加工能力，可以加工传统方法难以加工或根本无法加工的复杂模具型腔，满足了生产需要。

2）CAD/CAM可以节省时间，提高效率。设计计算和图样绘制的自动化大大缩短了设计时间，CAD与CAM一体化可显著缩短从设计到制造的周期，如日本利用级进模MEL系统和冲孔弯曲模PENTAX系统，采用先进的人机交互式设计技术，使设计时间减少为原来的1/10。

3）CAD/CAM可以较大幅度降低成本。计算机的高速运算和自动绘图大大节省了劳动力，通过优化设计还节省了原材料，如冲压件毛坯优化可使材料利用率提高5%～7%；采用CAM可减少模具的加工和调试时间，使制造成本降低。由于采用CAD/CAM技术，生产准备时间缩短、产品更新换代加快，大大增强了产品的市场竞争力。

4）CAD/CAM技术将技术人员从繁杂的计算、绘图和NC编程中解放出来，使其可以从事更多的创造性劳动。

5）随着材料成形过程计算机模拟技术的发展、完善和模具CAD/CAE/CAM技术的应用，可大大提高模具的可靠性，缩短甚至不需要试模修模过程，提高模具设计制造的一次性成功率。

模具CAD/CAM的优越性还可以列举很多，这一高智力、知识密集、更新速度快、综合性强、效益高的新技术最终将取代传统的模具设计制造方法。

第四节　模具CAD/CAM技术现状与发展趋势

一、冲模CAD/CAM系统发展概况

冲模CAD/CAM系统的发展是随着CAD/CAM技术，以及现代设计理论与方法的发展而不断发展的，从最初以二维图形技术为基础的系统发展到了目前以三维图形技术及特征构型为主要特点的阶段。

1. 国外冲模CAD/CAM发展概况

国外于20世纪60年代末开始模具CAD/CAM研究，20世纪70年代初已投入生产中使用。如美国Diecomp公司于1973年研制成功计算机辅助设计级进模的PDDC系统。该系统包括产品图形与材料特性的输入；在输入的基础上，再进行模具结构类型选择，凹模排样、凸模和其他嵌件设计；最后绘制模具总装图和零件图及NC编程。

1977年，捷克斯洛伐克金属加工工业研究院研制成AKT冲模CAD系统。该系统适用于冲裁件的简单模、复合模和级进模设计。

1978年，日本机械工程实验室研制成冲裁级进模CAD系统（MEL系统）。该系统由产品图输入、模具类型选择、毛坯排样、条料排样、凹模布置、工艺计算、绘图等10个模块组成。

此外还有英国索尔福德大学、日本旭光学工业公司、苏联科学院综合技术研究所等都于20世纪70年代开展了冲模CAD系统的研究，并取得了一定成果。进入20世纪80年代，随

着计算机技术的发展，使用模具 CAD/CAM 技术的厂家大大增加，弯曲成形级进模和汽车覆盖件模具 CAD/CAM 系统研制成功，而且在汽车覆盖件模具 CAD 系统中，应用了塑性成形模拟技术。

日本日立公司于 1982 年研制成弯曲级进模 CAD/CAM 系统。该系统采用人工与计算机设计相结合的批处理方式。即由人工完成产品图展开及工序设计与条料排样、凹模布置，然后用类似于 APT 语言输入计算机，再分别由前处理程序、主处理程序及后置处理程序完成毛坯排样与材料利用率计算、压力计算、模具结构设计及输出模具装配图、零件图、线切割纸带等。

1982 年，日本富士通公司也研制成功了级进模 CAD 系统。该系统用于弯曲零件级进模设计。整个系统包括产品图输入、凸模和凹模形状设计、条料排样（凹模布置）、模块设计、辅助装置设计、绘制模具图样并输出线切割纸带。系统中采用自动设计与交互设计相结合的方法，其中毛坯展开、弯曲回弹计算、凹模布置的工步排序等均为自动处理。

1981 年，德国 STEPPER 公司针对本公司级进模的设计特点，自行开发了 KIWI 系统。该系统是在美国 HP 公司的 ME10CAD 图形软件基础上开发的。进行模具设计时，首先由主设计师使用 ME10 软件交互绘制出钣金件产品图，利用 KIWI 系统提供的工具进行展开，排样则可参照一个由 STEPPER 公司积累下来的排样库进行，然后进行模块分割，分割下来的模块交由几位设计师使用 KIWI 软件进行具体设计。由于该系统针对性强，故效率高，但是也存在无法适应其他公司级进模设计的问题。

Auto-trol 技术公司采用三维几何造型技术，于 20 世纪 80 年代末开发出一个交互式的模具设计系统 Die-Design。该系统以交互设计为主，采用三维几何构型技术描述钣金零件，然后将三维产品图形展开为二维毛坯形状，再由用户交互进行排样，同时将三维图形技术用于模具设计，从而增强了系统模具结构的表达能力。

此外，还有日本 NISSIN 精密机器公司和日本微型模具中心均开发了冲模 CAD/CAM 系统。

20 世纪 90 年代，许多商品化的 CAD/CAM 系统，如美国的 Pro/E、UG-Ⅱ、CADDS5、SolidWorks、MDT 等在模具行业逐步得到应用。但由于这些 CAD/CAM 系统在开发之初都是作为通用机械设计与制造的工具来构思的，为了能够提高模具设计的效率和正确率，必须进行二次开发。为此，美国 PTC 公司在 Pro/E 系统的基础上，开发了钣金零件造型模块 Pro/Sheet Metal；UGS 公司在 UG-Ⅱ 系统上，也开发了类似的模块 UG/Sheet Metal 等。在 Pro/Sheet Metal 和 UG/Sheet Metal 等钣金零件设计系统中，虽然采用了基于特征的造型方法，但仍缺乏面向冲模成形工艺及模具设计的专用模块。目前，许多开发通用 CAD/CAM 软件的公司正在开发并陆续推出能够用于级进模设计与制造的专用软件。

如美国 Computer Design 公司开发的级进模 CAD 软件 Striker Systems 是现今为止销售较多的商业级进模 CAD/CAM 系统。该系统由钣金零件造型（SS_DESIGN）、毛坯展开（SS_UNFOLD）、毛坯排样（SS_NEST）、条料排样（SS_STRIP DESIGN）、模具设计（SS_DIE DESIGN）和数控加工（SS_PUNCH、SS_WIER 和 SS_PROFILE）等模块组成，支持钣金零件特征造型、毛坯自动展开、交互式条料排样和模具结构设计，以及自动的线切割编程。但该系统主要的特点还是交互操作，而且只适用于弯曲冲裁级进模的设计。

美国 UGS 公司于 2000 年开始与国内华中科技大学合作，在 UG-Ⅱ 软件平台开发出基于三维图形的级进模 CAD/CAM 软件（PDW 软件）。该软件包括工艺处理、条料排样、模具结构设计等模块，目前已投入市场试用。

此外，新加坡国立大学及马来西亚、印度等国家均有学者或有关公司在开发级进模CAD/CAM系统，而且均在工厂试用。

汽车覆盖件模具CAD/CAM的研究在世界各大汽车公司均取得成效。其中日本丰田汽车公司于1965年将数控技术用于模具加工，1980年开始采用模具CAD/CAM系统。该系统包括NTDFE和CADETT两个设计软件及加工凸、凹模的TINCA软件，可完成车身外形设计、车身结构设计、冲模CAD、主模型与冲模加工、夹具加工等。冲模CAD主要应用三维几何构型与图形变换的功能，其中有关工艺成形性能的评价应用有限元方法和几何模拟方法。该系统投入使用后，可使覆盖件成形模的设计与加工时间减少50%。

美国通用汽车公司、福特汽车公司和英国PSF公司均已建立覆盖件拉延成形模CAD/CAM系统。特别是福特汽车公司在覆盖件塑性成形模拟方面取得了很大成就，应用大应变弹塑性有限元方法，模拟覆盖件的成形过程，预测其中的压力、应变分布、失稳破裂及回弹的计算等。

2. 国内冲模CAD/CAM发展概况

由于我国计算机技术发展较晚，于20世纪80年代初才开始模具CAD/CAM的研究。到目前为止，先后通过国家有关部门鉴定的有：1984年华中理工大学研制的精冲模CAD/CAM系统，1985年北京机电所研制的冲裁模CAD/CAM系统，1986年上海交通大学和华中理工大学分别研制的冲裁模CAD/CAM系统，相继又有西安交通大学、华中科技大学、上海交通大学等单位开展了拉延模、弯曲级进模CAD/CAM，以及精冲级进模CAD/CAM的研究。

从20世纪90年代中期开始，华中科技大学模具技术国家重点实验室在深入分析级进模设计特点的基础上，将基于特征的设计方法应用于级进模CAD/CAM系统的开发上，于1999年在AutoCAD软件平台上建成了基于特征的级进模CAD/CAM集成系统（HMJC系统）。系统共分钣金零件的特征造型、基于特征的冲压工艺设计（条料排样）、模具结构及零件设计、级进模标准件和典型结构建库工具，以及线切割自动编程五大模块。其中，钣金零件特征造型模块主要用于将钣金零件的产品信息输入计算机，建立钣金零件的特征模型，为后续的工艺及模具结构设计提供信息。基于特征的冲压工艺设计模块可实现钣金零件的自动展开、毛坯排样及冲压工序设计、工位布置、工艺参数计算等。由于在冲压工艺设计时需考虑众多因素，因此该模块提供进行交互设计的各种操作命令，以便用户快速确定设计结果。模具结构及零件设计模块则为用户提供设计模具总装结构及模具零件的相关功能，使用户可方便地设计出级进模，输出符合用户要求的模具总装图与模具零件图。模具标准件及典型结构建库工具用于建立用户的标准件库和典型结构库，它面向用户开放，可按需要进行添加、删除和修改。目前正在继续开发基于UG-Ⅱ软件的级进模CAD系统。

二、注射模CAD系统发展概况

注射模CAD技术是随着机械CAD技术的发展而发展的。最初的研究主要集中于塑料在型腔中的流动、保压和冷却的分析模拟，即通常所说的计算机辅助工程（CAE），同时注射模CAD的各个单项功能的研究成果也十分突出，研究的范围从注射机选择、塑料品种选择、模具各个部件设计到模具价格评估等无所不包，为以后的注射模CAD设计软件的商品化打下了坚实的基础。随着实体造型技术，特别是近十年来特征造型技术的日趋成熟，各种通用三维造型商品化图形软件包的推出，注射模CAD软件不断被推向市场。下面就国内外注射模 CAD 软件做一简单介绍。

1. 国外发展状况

国外一些著名的商品化三维造型软件都有独立的注射模设计模块，如 Pro/E、UG-Ⅱ；也有在通用 CAD 软件包上独立开发注射模设计系统的，如以色列的 Cimatron 公司，在 AutoCAD 软件包上开发了注射模设计系统。这些软件的主要功能如下：

1）强大的造型功能，尤其是曲面造型功能，可以方便地设计出具有复杂自由曲面的塑料制品。

2）方便的模具分型面定义工具，成形零件自动生成。

3）标准模架库品种齐全，调用简单。

4）典型结构、标准零件库添加方便。

5）非标准零件造型和装配简单实用。

2. 国内发展状况

我国注射模及其设计与制造技术的发展相当迅速，CAD/CAM 技术在模具设计与制造中也得到了广泛的应用和一定的发展。国家对注射模 CAD 技术的应用和推广也相当重视，并投入大量的人力和物力进行研究和开发。

华中理工大学 1988 年实现了注射模 CAD/CAE/CAM 集成系统 HSC 1.0 版，1990 年升级为 HSC1.1 版，1997 年推出了 HSC 2.0 版。该系统以 AutoCAD 软件包为图形支撑平台，包括模具结构设计子系统，结构及工艺参数计算校核子系统，塑料流动、冷却与保压模拟子系统，数控线切割编程子系统，建库工具和设计进程管理模块等，并已实现商品化，其中的模具结构设计系统是二维的。近年来，华中科技大学在华中软件公司的三维参数化造型系统 InteSolid 上，开发了三维注射模结构设计系统。

上海交通大学模具 CAD 国家工程研究中心（上海模具技术研究所）1991 年完成了国家"七五"重点攻关项目"注射模计算机辅助设计系统"的研制，并开发出集成化注射模 CAD/CAM/CAE 系统。1996 年又在通用机械 CAD/CAM 软件平台 UG-Ⅱ上研究和开发了大型全三维注射模 CAD/CAM/CAE 系统（IMOLD 系统）。

合肥工业大学开发了注射模二维系统 IPMCAD 和三维系统 IPMCADV3.0。随后以 AutoCAD R13.0 和 MDT 为环境，进一步采用参数化特征模型、特征建模技术和装配建模技术，研制出注射模 CAD 三维参数化系统 IPMCADV4.0。

此外，还有浙江大学开发的精密注射模 CAD/CAM 系统、郑州工业大学的 Z-MOLD 系统等。国内许多大学、科研机构及企业也先后研制和开发出一系列注射模 CAD/CAM/CAE 系统，但能成功商品化的系统较少。总的来说，国内注射模 CAD 技术由于起步晚、基础差，因此无论是从应用范围的广度和深度，还是从系统的开发能力和质量上与工业发达国家相比都有较大的差距。

三、模具 CAD/CAM 发展趋势

1. 集成化

最初，CAD/CAM 系统各单元技术几乎是独立发展的，随着各单元技术发展到一定水平，各单元技术单独发展的缺点就逐渐体现并愈加明显。为了充分发挥 CAD 技术、CAM 技术的最大潜力，人们将它们融合在一起，实现 CAD/CAM 系统集成，把产品从原材料到产品

的设计、产品制造全过程纳入 CAD/CAM 系统中，只有这样才能实现设计制造过程的自动化和最优化。

CAD/CAM 系统集成主要包含三层意思：①软件集成，扩充和完善一个 CAD 系统的功能，使一个产品设计过程的各阶段都能在单一的 CAD 系统中完成；②CAD 功能和 CAM 功能的集成；③建立企业的计算机集成制造系统（Computer Integrated Manufacturing System，CIMS），实现企业的物理集成、信息集成和功能集成。

CAD/CAM 系统集成主要有以下几方面的工作：①产品造型技术，实现参数化特征造型和变量化特征造型，以便建立包含几何、工艺、制造、管理等完整信息的产品数据模型；②数据交换技术，积极向国际标准靠拢，实现异构环境下的信息集成；③计算机图形处理技术；④数据库管理技术等。

2. 智能化

产品设计是一个复杂的、创造性的活动，在设计过程中需要大量的知识、经验和技巧。设计过程不仅有基于算法的数值计算，也会有基于知识的推理型问题，如方案的设计、选择、优化和决策等，这些都需要通过思考、推理、判断来解决。以往 CAD 系统较重视软件数值计算和几何建模功能的开发，而忽视了非数据非算法的信息处理功能的开发，这在一定程度上影响了 CAD 系统的实际效用。

随着人工智能技术的发展，知识工程和专家系统技术日趋成熟，人们将人工智能技术、知识工程和专家系统技术引入 CAD/CAM 领域中，形成智能的 CAD/CAM 系统。专家系统实质上是一种"知识+推理"的程序，是将人类专家的知识和经验结合在一起，使它具有逻辑推理和决策判断能力。专家系统的开发和应用是 CAD/CAM 系统一个很活跃的研究方向，现在大型 CAD/CAM 系统都很注重软件智能化的开发，如 CATIA 的 Knowledgeware，UG 的知识工程（Knowledge Based Engineering，KBE）。

3. 标准化

随着 CAD/CAM 技术的快速发展和广泛应用，技术标准化问题愈显重要。CAD/CAM 标准体系是开发应用 CAD/CAM 软件的基础，也是促进 CAD/CAM 技术普及应用的约束手段。

CAD/CAM 软件的标准化是指图形软件的标准。图形标准是一组由基本图素与图形属性构成的通用标准图形系统。按功能分，图形标准大致可分为三类：①面向用户的图形标准，如图形核心系统（Graphical Kernel System，GKS）、程序员交互式图形标准（Programmer's Hierarchical Interactive Graphics System，PHIGS）和基本图形系统 Core；②面向不同 CAD 系统的数据交换标准，如初始图形交换规范（Initial Graphics Exchange Specification，IGES）、产品数据交换规范（Product Data Exchange Specification，PDES）和产品模型数据交换标准（Standard for the Exchange of Product Model Data，STEP）等；③面向图形设备的图形标准，如虚拟设备接口标准（Virtual Device Interface，VDI）和计算机图形设备接口（Computer Graphics Interface，CGI）等。

4. 网络化

网络技术是计算机技术与通信技术相互结合、密切渗透的产物，自 20 世纪 90 年代以来，计算机网络已成为计算机发展进入新时代的标志。计算机网络技术的发展极大地推动了网络化异地设计技术的发展。计算机网络用通信线路和通信设备将分散在不同地点的多台计算机按一定的网络拓扑结构连接起来。通过计算机网络，不同设计人员可以实现异地信息共享，一个项目也可以由多家企业、多个人在不同地点共同完成。同时，随着网络技术的发展，针对某一项目或产品，将分散在不同地区的人力资源和设备资源的迅速组合，建立动态联盟的制造体系，以提高企业对市场变化的快速响应能力，这也是敏捷制造（Agile Manufacturing）模式的理念。

5. 最优化

产品设计和工艺过程的最优化始终是人们追求的目标，采用传统的设计制造的模具可靠性较差。目前，大多数模具 CAD/CAM 系统中使用的设计方法和手工设计时的方法基本相同。系统采用交互方式运行，当遇到复杂问题时，由设计人员进行判断和选择。因此，模具的可靠性仍存在一些问题，难以保证一次成功。

应用仿真技术和成形过程的计算机模拟技术是解决模具可靠性问题的重要途径。利用有限元和边界元等方法模拟材料的流动、分析材料成形过程，从而检验所设计的模具是否可以生产出合格的制品；同时，用计算机模拟技术检验设计结果，排除不可行方案，有助于获得较优的设计，提高模具的可靠性。在 NC 编程时，利用仿真技术模拟加工过程，分析加工情况，判断干涉和碰撞，有助于确定最佳进给路线，保证加工质量，避免发生意外事故。

近几年来，由于先进制造技术的快速发展，带动了先进设计技术的同步发展，使传统 CAD 技术有了很大的扩展，将这些扩展的 CAD 技术总称为"现代 CAD 技术"。更明确地说，现代 CAD 技术是指在复杂的大系统环境下，支持产品自动化设计的设计理论和方法、设计环境、设计工具各相关技术的总称，它们使设计工作实现集成化、网络化和智能化，进一步提高了产品设计质量，降低了产品成本，缩短了产品设计周期。图 1-1 所示为功能集成

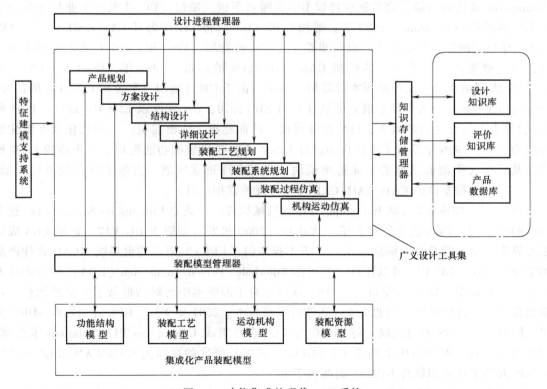

图 1-1　功能集成的现代 CAD 系统

的现代 CAD 系统。

由于市场竞争日益激烈及人们对产品需求的多样化，产品更新换代速度越来越快。同时，随着模具 CAD/CAM 相关技术的快速发展，近年来，机械行业出现了许多新的设计制造技术，如高速铣削、快速原型、反求工程、虚拟制造等。这些技术大大促进了现代制造业的发展。

第五节　UG 与 NX 软件及其技术特性

一、UG 与 NX 软件简介

UG 是 Unigraphics 软件的缩写，UG 软件是高端的 CAD/CAM/CAE 一体化集成的大型工程应用软件。从 2002 年开始 UG 软件更名为 NX 软件。目前，运作该软件的公司是德国西门子（SIEMENS）公司旗下的 UGS 公司（Unigraphics Solutions Inc）。

UG 软件起源于 20 世纪 60 年代末。1969 年，United Computer 公司在美国加利福尼亚州托兰斯市成立。1973 年，United Computing 公司从 MGS 公司购买了 ADAM（Automated Drafting and Machining）方面的软件代码，开始研发软件产品 UNI-GRAPHICS，1975 年正式将其命名为 Unigraphics。1976 年 United Computing 公司被麦道飞机公司（McDonnell Douglas Co.）收购，成为其下属的一个团队 Unigraphics Group，进行 UG 软件系列的开发，并将其应用于飞机的设计与制造过程。在此后的数十年中，UG 一直处于不断的研发过程之中。1983 年 Unigraphics Ⅱ进入市场，之后该软件以 UG-Ⅱ闻名于世。随后，UG-Ⅱ吸取了业界领先的三维实体建模核心 Parasolid。1987 年，通用公司（GM）将 UG 作为其 C4（CAD/CAM/CAE/CIM）项目的战略性核心系统，进一步推动了 UG 的发展。1990 年，UG-Ⅱ成为美国麦道飞机公司（被波音公司兼并）的机械 CAD/CAE/CAM 的标准。1991 年，UG 软件开始了从 CADAM 大型机版本到工作站版本的移植。同年，由于 GM（通用汽车公司）对 UG 的需要，Unigraphics Group 并入世界上最大的软件公司 EDS 公司，UG 软件以 EDS UG 运作。1993 年 UG 软件引入复合建模的概念，可将实体建模、曲面建模、线框建模、半参数化及参数化建模融为一体。1996 年发布了能够自动进行干涉检查的高级装配功能模块、最先进的 CAM 模块以及具有 A 类曲面功能的工业造型模块，它在全球迅猛发展，占领了巨大的市场份额，成为高端、中端及商业 CAD/CAM/CAE 应用开发的常用软件。

1998 年，EDS UG 并购 Intergraph 公司的机械软件部，成立 Unigraphics Solutions Inc 这个 EDS 的子公司，UGS 这个公司名第一次出现。2000 年发布新版本 UG V17，它使 UGS 成为工业界第一个可装载包含深层嵌入"基于工程知识（KBE）"语言的世界级 MCAD 软件产品的主要供应商。UG V17 可以通过一个叫作 Knowledge Driven Automation（KDA）的处理技术来获取专业知识。2001 年发布 UG V18，该版本对于旧版本中的对话框做了大量的调整，功能更强大，设计更便捷，这也是 UG 软件的最高版本。2001 年 9 月，EDS 公司收购 SDRC 公司，同时回购 UGS 公司股权，将 SDRC 与 UGS 合并组成 Unigraphics PLM Solutions 事业部。UGS 这个公司暂时从历史上消失了。SDRC 公司以其研发的高端的 CAD/CAM/CAE 一体化集成的大型工程应用软件 I-DEAS 而闻名于世。

2002 年，EDS 公司发布了 Unigraphics 和 I-DEAS 两个高端软件合并整合而诞生的下一代集 CAD/CAE/CAM 于一体的数字化产品开发解决方案新软件，即 NX 的第一个版本——NX 1.0。它采用了全新的用户交互模式（易用）、基于知识的结构体系（智能化）以及最开放的协同设计（开放性）。它是 NX 向数字化产品开发解决方案愿景迈出的关键一步。从此 UG 软件更名为 NX 软件，UG 软件被 NX 软件所取代。换句话说，NX 软件是 UG 软件的升级版。

2002 年，EDS 公司发布了 NX 软件的升级版 NX 2.0。它象征着世界两大领先产品统一进程的第二步。该版本是朝着数字化决策的 NX 前景迈出的具有重大意义的一步，NX 2.0 在建模、制造和数字化仿真工具的广度和可用性上有了很大改进。另外增强知识驱动自动化能力，扩展 NX 的关键功能并集成到 Teamcenter 产品生命周期管理（PLM）软件环境中。

2003 年 3 月，Unigraphics PLM Solutions 事业部被三家公司以现金支付方式从 EDS 公司收购，成为独立的 UGS 公司。2004 年发布 NX 3.0 版本，NX 3.0 基本完成了 Unigraphics 和 I-DEAS 的合并整合目标。它在工作界面、交互式窗口上做了脱胎换骨的调整，具有 Windows 的风格，更具亲和力；更多地采用智能推断，动态操作功能得到增强，减少复杂的操作→选项→输入的动作过程，操作更具便捷性，可大幅度提高设计效率。

2005 年，UGS 发布 NX 的第四个版本——NX 4.0。该版本主要增强了数字化仿真功能工、知识捕捉能力，同时强调操作的易用性。它还引入全新的概念设计方法——2D Layout，这一方法把早期的概念规划引入集成设计过程，提高了创新速度。

2007 年，UGS 公司发布 NX 5.0 版本。NX 5.0 在 NX 4.0 的基础上做了全面系统的突破性创新。NX 5.0 增强了无约束设计（灵活性）、主动数字样机技术（协调性）；全新开发的界面及"由你做主（Your Way）"的自定义功能，大大提高了设计效率；此外，NX 5.0 还提供了更为强大的数字化仿真能力。同年 5 月，西门子（Siemens）公司收购 UGS 公司。UGS 公司从此更名为"UGS PLM 软件公司"（UGS PLM Software），并作为西门子自动化与驱动集团（Siemens A&D）的一个全球分支机构展开运作。

2008 年 6 月，Siemens UGS PLM Software 发布 NX 6.0 版本。它是具有里程碑意义的高性能数字化产品开发解决方案软件。它在保留原有参数化建模技术的同时，推出了领先于行业的同步建模（无参数化）技术，将两个领域最好的技术完美地结合在一起，大大提高了创新的能力和速度。NX 6.0 同时比以前任何版本更强调数据的可重用性，以帮助企业提高生产力。

2009 年 10 月，西门子工业自动化业务部旗下机构，全球领先的产品生命周期管理（PLM）软件与服务提供商 Siemens PLM Software 宣布推出其旗舰数字化产品开发解决方案 NX 7.0。NX 7.0 引入了"HD 3D"（三维精确描述）功能，即一个开放、直观的可视化环境，有助于全球产品开发团队充分发挥 PLM 信息的价值，并显著提升其制订卓有成效的产品决策能力。此外，NX 7.0 还新增了同步建模技术的增强功能。

2010 年 5 月 20 日上海世博会上，UGS PLM Software 推出重建产品生命周期决策体系的技术框架（HD-PLM）技术，同步发布最新的数字化产品开发软件 NX 7.5，该版本利用 HD-PLM 框架技术与 Teamcenter 进行密切配合。为满足中国用户对 NX 的特殊需求而推出的本地化软件工具包 NX GC 工具箱作为一个应用模块，与功能增强的 NX 7.0 版本 NX 7.5 一起发布。

2011 年 9 月推出了 Siemens NX 8.0（简称 NX 8.0），在功能上又有了很大改进。NX 8.0 系统无缝集成的应用程序能快速传递产品和工艺信息的变更，从概念设计到产品的制造加工，可使用一套统一的方案把产品开发流程中涉及的学科融合到一起。同时，NX 8.0 在 UGS 先进的 PLM Teamcenter 的环境管理下，在开发过程中可以随时与系统进行数据交流。

2012 年 10 月，Siemens PLM Software 发布 NX 8.5 版本。在 NX 8.0 的基础上增加了一些新功能和许多客户驱动的增强功能。这些改进有助于缩短创建、分析、交换和标注数据所需的时间。

2013 年 10 月，Siemens PLM Software 发布 NX 9.0 版本。该版本集成了诸如二维同步技术 ST2D、4GD 及创意塑型（Realize Shape）等诸多创新功能，为客户提供前所未有的设计灵活性，同时大幅度提升了产品开发效率。

2014 年 10 月，Siemens PLM Software 发布 NX 10.0 版本。该版本可提高整个产品开发的速率和效率。通过引入新的多物理分析环境和 LMS Samcef 结构解算器，极大地扩展了可以从 NX CAE 解算的解决方案类型。NX 10.0 可提高机床性能，优化表面精加工，缩短编程时间。NX 10.0 的界面默认采用功能区样式，也可以通过界面设置，选择传统的工具样式。NX 10.0 支持中文路径，零部件名称可以直接用中文表示。

2016 年秋季，Siemens PLM Software 发布 NX 11.0 版本。该版本在建模、验证、制图、仿真/CAE、工装设计和加工制造等方面新增强了很多实用功能，以进一步提高整个产品开发过程中的生产效率。

2017 年 11 月，Siemens PLM Software 发布 NX 12.0 版本。该版本提供了强大的小平面体建模增强功能，以及大飞机受力静态分析和工业机器人加工过程等新功能，并在 NC 加工提速、大型汽车模具、注射模分模和五轴联动加工等方面的功能大大加强。

综上所述，NX 是大型的集 CAD/CAE/CAM 于一体的，当今世界最先进的计算机辅助设计、分析和制造软件之一。该软件为制造业提供了全面的产品生命周期解决方案，广泛应用于航空、航天、汽车、造船、日用消费品、通用机械和电子等工业领域。

本书以 NX 10.0 为蓝本，系统介绍 NX CAD/CAM 基础以及模具设计制造方法。

二、NX 10.0 软件简介

从 NX 10.0 版本起，NX 不再支持 32 位系统，不再支持 Windows XP 系统，只能安装在 64 位 Windows 7 及以上的系统上。并且 NX 10.0 最大的改变是全面支持中文名和中文路径；同时新增航空设计选项、偏置 3D 曲线和绘制"截面线"命令，并将修剪与延伸命令分割成两个命令，且加入了生产线设计（Line Design）模块等，能够带给用户更为非凡的设计新体验。

1. NX 10.0 软件的特色

1）最大的改变是，NX 10.0 支持中文名和中文路径。

2）【插入】→【曲线】，【优化 2D 曲线】和【Geodesic Sketch】都是新功能。

3）NX 10.0 新增航空设计选项，钣金功能增强。它分为：①航空设计弯边；②航空设计筋板；③航空设计阶梯；④航空设计支架。

4）在捕捉点的时候，新增了一项"极点"捕捉，在用一些命令的时候可以对曲面和曲面的极点进行捕捉。

5）创意塑型是从 NX 9.0 开始有的功能，NX 10.0 增加了很多功能，而且比 NX 9.0 更强大，快速建模这个方向是趋势，是重点发展方向。NX 10.0 新增功能有：①放样框架；

②扫掠框架；③管道框架；④复制框架；⑤框架多段线；⑥抽取框架多段线。

6）插入菜单多了一个 2D 组件。

7）NX 10.0 资源条管理更加方便，在侧边栏的工具条上，增加了"资源条选项"按钮，可直接对资源条进行管理。

8）在 NX 10.0 中，用鼠标操作视图放大、缩小时，和以前历来的版本刚好相反，如鼠标左键+中键，方向往下是缩小，方向往上是放大，以前则不是这样。

9）修剪与延伸命令被分割成两个命令，更好用。而且，延伸偏置值可以用负数了，以前没拆分前是不可以用负数的！也就是说现在可以缩短片体了。

10）制图里面多了绘制"截面线"命令，可以对视图进行草绘截面线。

11）删除面功能，新增"圆角"命令。

12）新增偏置 3D 曲线。

13）注射模工具里的【创建方块】（即创建箱体）功能新增两个功能：支持柱体和长方体功能。

2. NX 10.0 软件的技术特点

NX 软件发展到 NX 10.0 版本，其功能更加强大。它为用户提供了在设计和制造的不同阶段之间无缝移动的工具，并且将整个周期整合起来。

Siemens PLM Software 的产品开发解决方案 NX™ 提供了用户所需要的高性能和领先的技术，使用户可以控制产品复杂性并参与全球竞争。NX 支持产品开发中从概念设计到工程和制造的各个方面，为用户提供了一套集成的工具集，用于协调不同学科、保持数据完整性和设计意图以及简化整个流程。借助应用领域最广泛、功能最强大的最佳集成式应用程序套件，NX 可大幅提升生产效率，以帮助用户制订更明智的决策，并更快、更高效地提供更好的产品。除了用于计算机辅助设计、工程和制造（CAD/CAE/CAM）的工具集以外，NX 还支持在设计师、工程师和更广泛的组织之间进行协同，为此，它提供了集成式数据管理、流程自动化、决策支持以及其他有助于优化开发流程的工具。

全球众多企业都在努力实现 NX 产品开发解决方案的独特优势。用户可以利用 NX 的解决方案取得短期和长期的业务成果。这些解决方案能够帮助用户实现以下目标：

1）实现产品开发过程转型，这样，用户就可以更明智地工作而不必蛮干，从而提高工作效率，以提高创新速度并充分利用市场商机。

2）更快制订更明智的决策。为此，NX 提供了最新产品信息和分析功能来更好地解决设计、工程和制造问题。

3）"在第一时间"开发产品。为此，NX 将使用虚拟模型和仿真来精确地评估产品性能和可制造性，并持续验证设计是否符合行业、企业和客户要求。

4）与合作伙伴和供应商有效地协同，在整个价值链中采用各种技术来共享、沟通和保护产品与制造流程信息。

5）支持从概念到制造的整个开发流程，借助全面的集成式工具集来简化整个流程，在设计师、产品和制造工程师之间无缝共享数据以实现更大的创新。

NX 的优势在于借助面向设计、仿真和制造的高级解决方案提供了统一的产品开发平台。这一平台能够提供更全面、更强大的产品开发工具集。NX 提供了：

1）面向概念设计、三维建模和文档的高级解决方案。

2）面向结构、运动、热学、流体、多物理场和优化等应用领域的多学科仿真。

3）面向工装、加工和质量检测的完整零件制造解决方案完全集成的产品开发，NX将面向各种开发任务的工具集成到一个统一的解决方案中。所有技术领域均可同步使用相同的产品模型数据。借助无缝集成，用户可以在所有开发部门之间快速传递信息和变更流程。

4）NX利用Teamcenter® 软件［Siemens PLM Software推出的一款协同产品开发管理（CPDM）解决方案］来建立单一的产品和流程知识源，以协调开发工作的各个阶段，实现流程标准化，加快决策过程。

本 章 小 结

本章阐述了模具CAD/CAE/CAM的基本概念，指出计算机数值模拟是模具CAE的主要内容。本章论述了模具CAD/CAM系统的技术特点和关键技术，重点介绍了参数化造型技术和变量化造型技术的主要特点和区别。本章介绍了国内外模具CAD/CAM技术的发展概况；指出模具CAD/CAM技术具有传统技术不可比拟的优越性，并正朝着集成化、智能化、标准化、网络化、最优化的趋势发展。

NX是世界上最著名的CAD软件公司UGS和SDRC公司合并后推出的大型集成化的CAD/CAE/CAM系统产品，它集成了两大领先软件UG和I-DEAS的众多优秀功能，并为模具CAD/CAM提供了许多基于知识工程的设计模块。

思 考 题

1. 何谓CAD、CAM、CAE？试述模具CAE技术的具体内容。
2. 简述参数化造型技术和变量化造型的主要特点和区别。
3. 模具CAD/CAM技术有哪些优越性？
4. 何谓CIMS、KBE、PLM？
5. 试述模具CAD/CAM技术的发展趋势。

NX CAD基础

第一节　NX 基础

　　NX 是基于 Windows 平台，集 CAD/CAE/CAM 于一体的三维参数化软件，广泛应用于航空、航天、汽车、造船、通用机械、模具和家电等各个领域。针对工业生产的需要，NX 为产品的设计、分析、制造、应用等全生命周期各阶段提供完整的解决方案，已成为工业界使用最广泛的大型集成软件之一。

一、NX 的主界面

　　NX 的界面风格完全是窗口式的，用户可以使用熟悉的 Windows 操作技巧来操作 NX。NX 的主界面中主要包括以下几个部分：标题栏、菜单条、工具条区、选择条、图形区、资源条、提示/状态行等。NX 10.0 的主界面如图 2-1 所示，用户可以在【文件】→【实用工具】→【用户默认设置】→【基本环境】→【用户界面】→【布局】中，把界面切换为"带状工具条"或"经典工具体"。

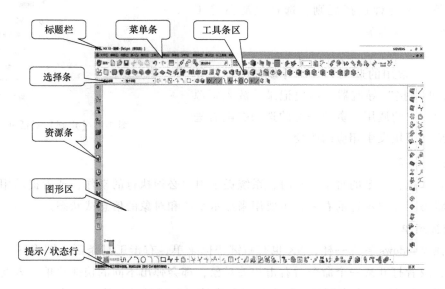

图 2-1　NX 10.0 的主界面

1. 标题栏

　　显示 NX 的版本及当前部件文件的信息，包括显示部件的名称、显示在装配关联中的当前工作部件的名称、工作部件是否为只读、自上次保存以来该工作部件是否修改过等。

2. 菜单条

菜单条位于主窗口的顶部，在标题栏下方。像其他 Windows 软件一样，NX 的菜单条集中了所有的主要功能，每个菜单标题对应于一组 UG 功能类别，从基本的草图绘制功能到 NX 的高级应用功能，都可以在菜单条中找到。

菜单选项后的"Ctrl+N""Ctrl+O"等表示该选项的快捷键，使用快捷键可以快速启动菜单选项；选项后有符号▶表示该选项具有下级菜单，当光标悬停在该菜单上时，下级菜单自动展开。

3. 工具条区

工具条中的图标是启动标准 NX 菜单选项的快捷方式，几乎所有的功能都可以通过菜单工具条中的图标来启动。NX 根据功能分组，把若干图标集中在一个工具条上。工具条可以以浮动或固定的形式出现在窗口中，将光标置于该工具条左端的抓握手柄处，按下鼠标左键拖动，即可移动工具条。

右击工具条区，系统会弹出工具条设置快捷菜单，可按照工作需要选中要显示的工具条，或取消选择以隐藏不需要的工具条。也可以在工具条区域右击快捷菜单最下端选中【定制】选项，调出【定制】对话框，如图 2-2 所示，在该对话框中可显示和隐藏工具条，或完成工具条相关设置。

图 2-2 【定制】对话框

4. 选择条

选择条提供各种选择规则、选择过滤器等工具，以高效地选择对象。

5. 资源条

NX 将一些常用的选项如装配导航器、模型导航器、"知识融接"导航器、历史记录等放入资源条中，方便用户的调用。资源条上的选项会随着进入不同的应用模块发生相应的改变。

6. 提示/状态行

提示行是执行命令的每个步骤时，系统提示用户必须执行的动作，或者提示用户下一步的动作。状态行在提示行的右侧，主要用来显示系统和对象的信息或状态。

7. 快捷菜单

与其他 Windows 软件一样，NX 也有右键快捷菜单，右击工具条区、图形区空白区、不同的对象，或者打开某一个命令后右击相关对象，都会弹出不同的快捷菜单，方便用户选择或设置。图 2-3 所示为右击图形区空白区域和实体对象时显示的快捷菜单。

8. 鼠标应用

在 NX 中，使用鼠标或使用鼠标按键与键盘按键组合可完成很多任务。常用鼠标按键组合及功能见表 2-1。

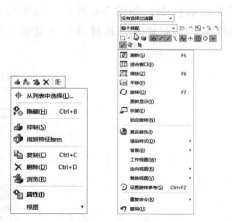

图 2-3 右键快捷菜单

表 2-1 常用鼠标按键组合及功能

按键组合	操 作	功 能
MB1(左键)	单击命令或选项	打开命令或选项
	单击对象	选择对象
	双击对象	对某个对象启动默认操作
	按下左键拖动	移动二维视图或框选对象
	按住<Shift>键并单击	在列表框中选择连续的多项,或单击已经选中的对象时取消选择
	按住<Ctrl>键并单击	选择或取消选择列表框中的非连续项
MB2(中键或滚轮)	在图形区按下中键拖动	旋转图形
	在图形区滚动滚轮	缩放图形
	打开对话框时单击鼠标中键	完成对话框中当前设置,激活下一个设置项,完成设置后等同单击【确定】或【应用】按钮
	按住<Alt>键并单击鼠标中键	取消对话框
MB3(右键)	右击对象或空白处	显示特定的快捷菜单
MB2+MB3	在图形区拖动光标	移动图形

二、对象操作

1. 对象渲染样式

单击【视图】工具条上的渲染样式下拉列表,选择渲染样式,如图2-4所示。

2. 编辑对象显示

选中线、面、体等对象,单击【编辑】→【对象显示】或【实用工具】工具条上的快捷图标,弹出图2-5所示【编辑对象显示】对话框,在该对话框中可修改选中对象的图层、颜色、线型、线宽、透明度等显示状态。

3. 对象的选择

在复杂的三维建模过程中,需要频繁地选择大量的、不同类型的图形对象。NX 提供了丰富的选择工具，集成在【工具条】上，如图 2-6 所示，以实现高效地选择对象。执行不同的建模命令，或系统要求选择不同的对象时，选择条上所显示选择工具会相应改变，主要工具有：

图 2-4　渲染样式　　　　　　　　　　　　图 2-5　【编辑对象显示】对话框

图 2-6　选择条

- 类型过滤器——过滤特定对象类型的选择内容，列表中显示的类型取决于当前操作中的可选择对象。
- 选择范围——按模型范围过滤，可以选择【整个装配】【仅在工作部件内】或【在工作部件和组件内】。
- 常规选择过滤器——提供常规过滤器，例如细节过滤、颜色和图层过滤以及按范围过滤。
- 重置过滤器——用于将所有过滤器选项重置为其初始状态。
- 类选择——打开类选择对话框，可基于类型、颜色或图层等特定准则选择对象。NX的有些命令，在打开时会先弹出类选择对话框，选择好对象确定后，才会弹出命令对话框。
- 全选——此选项仅在选择多个对象时可用。基于对象过滤器，选择工作视图中的所有可见对象时，可以使用<Ctrl+A>组合键。
- 全不选——取消选择所有对象。使用此选项可取消选择所有选定的对象，而不关闭打开的对话框。按<Esc>键将取消选择所有选定的对象，并关闭打开的对话框。
- 全部（选定的除外）——此选项在选择一个或多个对象时可用，取消选择当前选定的所有对象，并选择其他所有的可选对象。
- 链——当最近选定的对象支持成链（例如曲线或边）时，此选项可用，选择连接的对象、线框几何体或实体边。当单击链时，随后的选择操作会选择先前选择和当前选择之间所有的相连曲线和边。
- 恢复——从 NX 操作返回时，恢复全局选择的对象。
- 在导航器中查找——如果选定对象是组件或特征，则在合适的导航器窗口中查找选定对象。导航器中的节点会根据需要展开，以显示选定的对象。

- 多选手势——使用【矩形】和【套索】选项选择多个对象。单击并拖动以定义选择边界。

4. 对象的移动、旋转和缩放

- 把光标移动到图形区，滚动滚轮缩放图形，按下滚轮拖动鼠标旋转图形；光标放在图形区中上方左右拖动，绕竖直轴选中，放在中左或中右上下拖动，绕水平轴旋转。
- 单击【视图】工具条上的移动、旋转和缩放图标，如图2-7所示，按下鼠标左键在图形区拖动，实现图形的移动、旋转和缩放。

5. 对象的隐藏与显示

在【编辑】→【显示和隐藏】中，有多个命令可以实现对象的各种显示和隐藏，常用的四个显示和隐藏命令在【实用工具】工具条上的图标如图2-8所示，其功能如下：

- 按<F8>键，图形自动旋转到最近的正视图。

图2-7　移动、旋转和缩放图标

图2-8　显示和隐藏图标

- 显示和隐藏——从列表中选择要隐藏或显示某一类对象。
- 立即隐藏——隐藏选中的对象。
- 隐藏——按类选择单个对象或多个对象，软件会高亮显示要在图形窗口中隐藏的对象。
- 显示——只显示隐藏对象，从而可以选择性地使其可见。

6. 对象的删除与取消删除

右击要删除的对象，在快捷菜单中选择【删除】选项，或者按<Delete>键，删除选中的对象。注意删除对象必须是独立的，否则与之相关的对象也会被删除。

三、基准特征

1. 矢量

矢量表示一个方向，在建模过程中，当系统需要用户指定一个方向时，如拉伸方向，会在图形区显示三个蓝色箭头表示的临时矢量，如图2-9所示，它与工作坐标系方向相同，可以直接点选；在相应的对话框中会有图2-10所示的矢量构造工具条，可以在工具条的下拉列表中选择矢量构造方法，也可以单击工具条上的【矢量对话框】图标，弹出图2-11所示【矢量】对话框来构建矢量。

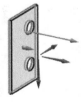

图2-9　临时矢量　　　　图2-10　矢量构造工具条　　　　图2-11　【矢量】对话框

2. 基准点

在建模过程中，当系统需要用户指定一个点时，如孔的定位点、曲线起点等，选择条上的点捕捉工具变为可用，在相应的对话框中会有图 2-12 所示的点构造工具条，可以在工具条的下拉列表中选择点构造方法，也可以单击工具条上的【点对话框】图标，或者单击主菜单【插入】→【基准/点】→【点】，弹出图 2-13 所示【点】对话框来构建点。

图 2-12　点构造工具条　　　　　　　图 2-13　【点】对话框

3. 基准轴

基准轴在建模过程中可以作为旋转特征或圆形阵列特征的旋转中心。单击主菜单【插入】→【基准/点】→【基准轴】，弹出【基准轴】对话框，如图 2-14 所示，在【类型】下拉列表中选择创建方法，根据所选创建方法，完成其他相应设置。

4. 基准面

基准面是建模中应用较多的辅助工具，是一个无限大的平面，用作草图平面、成形特征的放置面、镜像平面、修剪或切

图 2-14　【基准轴】对话框

除面等。在基准面创建过程中，可以拖动四周的圆球手柄来改变基准面的显示大小。基准面分为固定基准面和相对基准面。

● 固定基准面（Fixed Datum Plane）——在【基准面创建】对话框中，取消勾选【关联】复选框，所创建基准面位置固定，在部件导航器中显示"固定基准面"，该基准面一般只建立在根特征中。

● 相对基准面（Relative Datum Plane）——根据现存的几何特征，如线、面、边缘、控制点、表面或其他基准来建立，在【基准面创建】对话框中勾选【关联】复选框，所创建基准面的方位随着几何特征的改变而改变。

单击主菜单【插入】→【基准/点】→【基准平面】，弹出【基准平面】对话框，如图 2-15 所示，在【类型】下拉列表中选择创建方法，根据所选创建方法，完成其他相应设置。

5. 坐标系

在建模过程中，坐标系是定义各种对象方位的重要辅助工具。NX 系统常用的坐标系有三种形式，分别是绝对坐标系、工作坐标系和基准坐标系，它们都符合右手法则。

图 2-15　【基准平面】对话框

（1）绝对坐标系（ACS） 它为模型空间坐标系，位于模型空间的中心，不可见，方位由视图三重轴指示，一般位于图形区左下角，如图 2-16a 所示。

（2）工作坐标系（WCS）（用户坐标系） 它可以放置并定向在模型空间的任何地方，如图 2-16b 所示，其本身不是几何实体，但可以定位在现有实体上，包括另一坐标系实体。它的轴有标识颜色：X 轴为红色，Y 轴为绿色，而 Z 轴为蓝色，每个轴的名称都附加有字母 C。在主菜单【格式】→【WCS】中，有调整工作坐标系方位和显示的命令，也可以在图形区双击工作坐标系，动态调整其方位。

（3）基准坐标系（CSYS） 它可创建多个，由三个基准轴和三个基准面组成，不能作为坐标参照。单击主菜单【插入】→【基准/点】→【基准 CSYS】或【特征】工具条上的快捷图标，弹出【基准 CSYS】对话框，如图 2-17 所示，选择类型和需要的对象，创建基准坐标系。

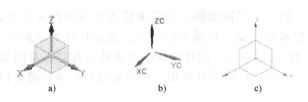

图 2-16 坐标系

a）绝对坐标系 b）工作坐标系 c）基准坐标系

图 2-17 【基准 CSYS】对话框

四、图层管理

在建模过程中，将产生大量的图形对象，如草图、曲线、片体、实体、基准特征、标注尺寸等。为方便有效地管理这些对象，NX 软件引入了"图层"的概念。

图层类似于设计师所使用的透明图纸。使用图层相当于在多个透明覆盖层上建立模型。一个图层相当于一个覆盖层，不同的是图层上的对象可以是三维的。一个 NX 部件中可以包含 256 个图层，每个图层上可以包含任意数量的对象，因此一个图层上可以包含部件中的所有对象，而部件中的对象也可以分布在一个或多个图层上。一个部件的所有图层中，只有一个图层是工作层，用户所做的任何工作都发生在工作层上。其他层可以设置为可选择层、可见层或不可见层，以方便操作。

与图层有关的所有命令都集中在【格式】下拉菜单中。其中【图层设置】对话框如图 2-18 所示，其各设置项如下：

● 选择对象——高亮显示选中对象所在的图层，可以选择任何可视对象，包括图层上可视但不可选的对象。

● 工作图层——显示当前的工作图层，可以键入从 1～256 的数字以更改工作图层。

● 按范围/类别选择图层——选择某一范围的图层，可以输入一个数字范围（例如 1～22）或输入类别名称。

● 类别显示——显示按名称列中的类别分组的图层。如

图 2-18 【图层设置】对话框

果已将图层指派给多个类别，则该图层显示在两个类别下。不选中该复选框并右击图层后，可以编辑类别描述、重命名该类别或删除该类别。

- 类别过滤器——在选中类别显示时可用。
- 图层表——显示所有图层的列表，或类别以及关联的图层，以及它们的当前状态。右击某一图层，可把图层设为工作图层、仅可见、不可见等状态，仅可见使图层仅可见，即对象可见但不能选中。
- 显示——控制要在表中显示的图层。
- 添加类别——以默认名称"新类别N"添加新的类别，其中N是整数，可通过输入新的字符串来更改类别名称。

第二节 草 图

草图是在指定平面上绘制的由点、线、圆弧、二次曲线、样条曲线等组成的图元集合，是创建其他特征的基础，如拉伸、旋转、扫描的截面，扫描的引导线，曲面片体的截面等，也可以创建有成百上千个草图曲线的大型 2D 概念布局。实体建模中多数特征都是以草图为基础的，所以实体建模实际上是实体设计、草图设计的交互使用。草图的创建步骤如图 2-19 所示。

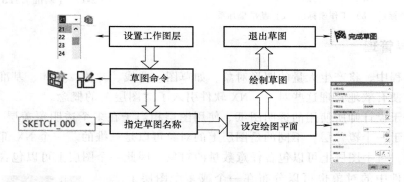

图 2-19 草图的创建步骤

草图的创建和编辑有两种模式：

- 直接草图——不进入草图任务环境，可在建模、外观造型设计或钣金应用模块中创建或编辑草图，可以查看草图更改对模型的实时影响。单击主菜单【插入】→【草图】，或单击【直接草图】工具条上的【草图】图标进入直接草图。
- 草图任务环境——单击主菜单【插入】→【在任务环境中绘制草图】，或单击【特征】工具条上的【在任务环境中绘制草图】图标进入草图任务环境绘制草图，右击已完成的草图，选择【可回滚编辑】，可重新进入草图任务环境。

一、草图设置

单击主菜单【首选项】→【草图】，弹出【草图首选项】对话框，如图 2-20 所示，可设置之后所创建草图尺寸标签的显示、自动判断的约束、固定文本高度和对象颜色显示等，也可以在草图任务环境中单击主菜单【任务】→【草图设置】，对当前草图进行设置。对话框有草图设置、会话设置、部件设置三个标签，后者是对草图中各种对象颜色的设置，前两个选项卡主要设置项如下：

图 2-20　【草图首选项】对话框

a）草图设置　b）会话设置　c）部件设置

- 尺寸标签——控制草图尺寸中表达式的显示方法。"表达式"显示表达式名称和值，如 p2＝150，完整显示复杂表达式，如 p2＝p5＊4；"名称"仅显示表达式的名称，如 p2；"值"仅显示表达式的数值，如 25.750。
- 屏幕上固定文本高度——在缩放草图时会使尺寸文本维持恒定的大小。如果清除该选项并进行缩放，则 NX 会同时缩放尺寸文本和草图几何图形。
- 文本高度——指定草图尺寸中显示的文本大小。要编辑尺寸样式，右击尺寸并选择样式。
- 约束符号大小——设置约束符号的初始默认大小。
- 创建自动判断约束——对创建的所有新草图启用【创建自动判断约束】选项。
- 连续自动标注尺寸——启用曲线构造过程中的自动标注尺寸功能。
- 显示对象颜色——使用对象显示颜色显示草图曲线和尺寸。在该选项处于关闭状态时，NX 会用部件设置中的颜色显示草图对象。
- 捕捉角——用于指定竖直、水平、平行和垂直直线的捕捉角公差。例如，如果相对于水平或竖直参考线的直线角度小于或等于捕捉角，则这条直线自动捕捉到竖直或水平位置。如果不希望直线自动捕捉到水平或竖直位置，可将捕捉角设为 0°。
- 显示自由度箭头——控制自由度箭头的显示。
- 动态草图显示——选择此选项后，如果关联的几何图形非常小，则不显示约束和顶点符号。要查看这些草图对象（不论关联几何图形大小如何），则清除此复选框。
- 显示约束符号——设置约束符号的初始显示（开或关）。
- 更改视图方向——控制在创建或编辑草图时是否更改视图方向。如果开启此选项，则在激活时视图将定向到草图平面。要将视图定向到最近的正交视图，按<F8>键。要将视图定向到草图平面，按<Shift+F8>组合键。
- 维持隐藏状态——将此首选项与隐藏命令一起使用，可控制草图对象的显示，启用时隐藏的任何草图曲线或尺寸在下次编辑草图时保持隐藏状态。禁用时编辑草图，草图会显示所有曲线和尺寸，而不管它们的"隐藏"状态如何。退出草图时，对象回到其最初的"隐藏"状态。

- 保持图层状态——控制当停用草图时，工作图层保持不变，还是返回到它的前一个值。

- 显示截面映射警告——控制草图是否发出警告。由于在当前会话中所做的更改，一个或多个草图截面可能需要重新映射，完成草图时，草图将显示这条警告。

二、草图平面

单击主菜单【插入】→【在任务环境中绘制草图】，弹出【创建草图】对话框，如图2-21所示，在该对话框中定义草图绘制平面，其各设置项如下：

- 草图类型

◇ 在平面上——用于基于现有平面或面，或新的平面或 CSYS，在原位绘制草图。

◇ 基于路径——用于基于路径绘制草图，为变化扫掠等命令构造输入。

- 草图平面——选择实体表面、基平准面、基准坐标系上的面或创建基准面作为草图平面。

图 2-21 【创建草图】对话框

- 草图方向——选择相应的边、基准轴、基准平面或面作为草图的水平（X 轴）或垂直（Y 轴）方向。

- 草图原点——选择一个点作为草图原点。

- 创建中间基准 CSYS——创建或重新附着草图时，自动创建中间基准坐标系。选择该选项，以便将中间基准 CSYS 与用来创建草图的基本特征关联起来。该选项还赋予草图以独立性，如果删除了基本特征，草图仍然保留。

- 关联原点——当选择创建中间基准 CSYS 时才可用，将草图原点关联到选中的对象。

- 投影工作部件原点——从工作部件的原点自动判断草图的原点，使用该选项可以在绝对坐标系中创建草图。

三、草图创建

在完成草绘平面设置后，系统进入草图任务环境，在主菜单【插入】中，或者【草图工具】工具条上，会显示各种创建图元的工具，主要有：

1. 基本图元

- 轮廓线——连续绘制直线和圆弧，上一条曲线的终点即是下一条曲线的起点。

- 直线——两点绘制一条线段。

- 圆弧——圆心、起点、终点或者三点绘制圆弧。

- 圆——圆心、半径或者三点画圆。

- 倒圆角——选中两图素，在圆角大致交点处单击或拖动鼠标左键滑过要倒圆角的图素。

- 倒斜角——可选择两条线，也可以按住鼠标左键并在曲线上拖动来创建倒斜角。

- 矩形——可选择 2 点、3 点、从中心点三种方法之一创建矩形图元。
- 多边形——根据中心点、边数、内接或外切圆径、旋转角度创建多边形曲线。
- 样条曲线——通过点或极点动态创建样条曲线。
- 椭圆——根据长轴、短轴、中心点和旋转角度创建椭圆曲线。
- 二次曲线——根据起点、终点、Rho 值、控制点创建二次曲线。
- 点——在草图中创建点，如果所选点在草图以外，NX 会将该点投影到草图平面上。

2. 曲线操作和编辑

- 拖动几何对象——单击并拖动曲线，曲线移动且方向不变；按下 <Ctrl> 键拖动时复制曲线；拖动曲线与其他曲线靠近时，可自动捕捉约束，如平行、相切等；若拖动曲线端点，则改变曲线的形状和方向。
- 偏置曲线——对草图平面上的曲线链进行偏置，也可以对当前装配中的投影曲线、曲线或边进行偏置。
- 镜像——通过指定的草图直线，创建草图几何图形的镜像副本。
- 阵列曲线——对与草图平面平行的边、曲线和点设置阵列。
- 交点——在指定几何体通过草图平面的位置创建一个关联点和基准轴。
- 添加现有曲线——将从别的系统导入的，与现有草图共面的曲线和点，以及椭圆、抛物线和双曲线等二次曲线（在部件导航器中未显示）添加到活动草图中。
- 派生直线——派生单条曲线、派生多条曲线（按住 <Ctrl> 键选择基线）、平行线派生、相交线派生。
- 相交曲线——在一组相切连续面与草图平面相交处创建一个光顺的曲线链。
- 投影曲线——沿草图平面法向将外部对象投影到草图，能够投影的对象有曲线、边、面、其他草图或草图中的曲线、点。可以通过关联方法或非关联方法将外部对象投影到草图上。
- 修复配方尺寸——对关联投影或关联相交到草图中的曲线，进行关联修剪，原曲线必须是关联的。
- 快速修剪——将曲线修剪到任一方向上最近的实际交点或虚拟交点。可单击要修剪部分，也可以拖动鼠标左键滑过数量较多的修剪曲线。
- 快速延伸——将曲线延伸到它与另一条曲线的实际交点或虚拟交点处。可单击要延伸部分，也可以拖动鼠标左键滑过数量较多的延伸线。
- 制作拐角——可通过将两条输入曲线延伸和/或修剪到一个公共交点来创建拐角。

3. 草图约束

NX 草图绘制是基于参数化的创建过程，即草图形状是以尺寸和约束驱动的，因此草绘草图对象时，不要求绘制的曲线很精确，只要有大概的轮廓即可，然后通过添加约束使草图对象达到设计意图。草图图元根据被约束程度分为完全约束、欠约束、过约束和冲突约束。完全约束的图元没有任何自由度；欠约束的图元控制点有一定自由度，系统会在有自由度的控制点显示自由度符号，但不影响建模；过约束和冲突约束属于约束缺陷，应避免出现。

NX 软件的约束分为尺寸约束和几何约束两类。

（1）尺寸约束　在草图任务环境中单击主菜单【插入】→【尺寸】，或单击【草图工具】工具条上的尺寸下拉列表，选择尺寸标注方法，弹出相应的【尺寸标注】对话框，如

图 2-22 所示，可对相应的图元标注尺寸。图 2-23 所示为尺寸约束示例，双击已经创建的尺寸，也会弹出【尺寸标注】对话框，可对尺寸进行编辑。每创建一个尺寸约束，系统会自动生成一个表达式，并记录在表达式列表框中。可单击主菜单【工具】→【表达式】，在弹出的【表达式】对话框中观察已创建的尺寸参数。

【尺寸】下拉菜单中的五种尺寸标注方法如下：

● 快速标注尺寸——为选定的一个或两个对象间创建尺寸约束。该命令会根据选定的对象自动判断测量方法，或者显式选择其中一种尺寸测量方法。该方法可创建线性、径向或角度尺寸。

● 线性尺寸——使用其中一种尺寸测量方法在选定的对象间创建尺寸约束。

● 半径尺寸——在选定的圆弧或圆上创建一个径向或直径尺寸约束。

● 角度尺寸——在选定的两条线间创建一个角度尺寸约束。不能将该测量方法改为其他类型。

● 周长尺寸——创建一个表达式以控制选定的一组直线和圆弧的总长度。不能将该测量方法改为其他类型。

与尺寸约束相关的其他工具：

● 自动标注尺寸——在所选曲线和点上根据一组规则，创建驱动尺寸或者自动尺寸，如图 2-24 所示。

● 连续自动标注尺寸——在每次操作后自动标注草图曲线的尺寸，绘图过程中系统自动标注的尺寸比较繁乱，建议关闭此图标按钮。

● 转换至/自参考对象——可将草图曲线从活动曲线转换为参考曲线，或将尺寸从驱动尺寸转换为参考尺寸，与右击尺寸快捷菜单中的【转换为参考（驱动）】功能相同。驱动尺寸可以修改尺寸值以驱动图形的改变，参考尺寸只是显示尺寸值，而不能修改尺寸值。

图 2-22　尺寸约束示例

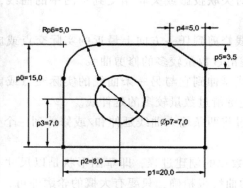

图 2-23　尺寸约束示例

图 2-24　【自动标注尺寸】对话框

（2）几何约束　在草图任务环境中单击主菜单【插入】→【几何约束】，或单击【草图工具】工具条上的几何约束图标，弹出【几何约束】对话框，如图 2-25 所示，先选择约束类型，再选择要约束的对象，通过此法在多个对象上快速创建相同的约束。图 2-26 所示为几何约束示例，通过几何约束可以将直线定义为水平或竖直、确保多条直线保持相互平行、要求多个圆弧有相同的半径等。表2-2列出了几何约束的类型、图标及含义。

图2-25 【几何约束】对话框

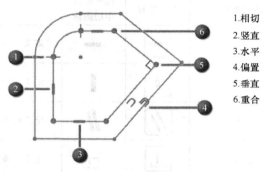

1.相切
2.竖直
3.水平
4.偏置
5.垂直
6.重合

图2-26 几何约束示例

表2-2   几何约束的类型、图标及含义

约束类型	命令图标	图形窗口 中的图标	描述
固定			根据以下所示的几何体类型,定义几何体的固定特性: 点:固定位置 直线:固定角度 直线、圆弧或椭圆圆弧端点:固定端点的位置 圆弧中心、椭圆圆弧中心、圆心或椭圆中心:固定中心点位置 圆弧或圆:固定半径以及中心点位置 椭圆圆弧或椭圆:固定半径以及中心点位置 样条控制点:固定控制点的位置
完全固定			完全固定草图几何图形的位置和方位
重合		●	定义两个或多个有相同位置的点
同心		●	定义两个或多个有相同中心的圆弧或椭圆弧
共线		=	定义两条或多条位于相同直线上或穿过同一直线的直线
点在曲线上		○	定义一个位于曲线上的点的位置
点在线串上		○	定义一个位于投影曲线上的点的位置。必须先选择点,再选择曲线
中点			定义某个点的位置,使其与直线或圆弧的两个端点等距。对于中点约束,可在除了端点以外的任意位置选择曲线

（续）

约束类型	命令图标	图形窗口中的图标	描述
水平			定义一条水平线
竖直			定义一条竖直线
平行			定义两条或多条直线或椭圆,使其互相平行
垂直			定义两条直线或椭圆,使其互相垂直
相切			定义两个对象,使其相切
等长			定义两条或多条等长直线
等半径			定义两个或多个等半径圆弧
定长			定义一条长度固定不变的直线
定角			定义一条直线,其相对于草图 CSYS 的角度固定不变
镜像曲线			定义两个相互镜像的对象
设为对称			定义两个相互对称的对象
阵列曲线			定义曲线的单方向线性、两个方向线性、圆形、常规等阵列
偏置曲线			对当前装配中的曲线链、投影曲线或曲线/边进行偏置,并使用"偏置"约束来对几何体进行约束
曲线的斜率			定义一个样条(在定义点处选择)以及另一个对象,使其在选定点相切
缩放,均匀			当两个端点都移动时(即当更改在端点之间创建的水平约束值时),样条会按比例缩放,以保持其原有形状
缩放,非均匀			当移动它的这两个端点(即更改端点之间的水平约束值)时,样条会在水平方向缩放,但在竖直方向保持原始尺寸
修剪			对关联投影或相交到草图中的曲线进行关联修剪,并创建一个"修剪"约束

与几何约束相关的其他工具：

● 自动约束——可以选择 NX 自动施加到草图的几何约束的类型，NX 分析活动草图中的几何图形，并在适当的位置施加选定的约束。将几何体添加到活动草图时，尤其是在该几何体是从其他 CAD 系统导入时，自动约束命令特别有用。

● 显示/移除约束——可显示或移除与草图几何图形关联的几何约束。【显示/移除约束】对话框如图 2-27 所示，该对话框中各设置项如下：

◇ 选定的对象——用于显示选定对象的几何约束。

◇ 选定的对象——用于显示多个对象的几何约束。

◇ 活动草图中的所有对象——显示活动草图中的所有几何约束。

◇ 约束类型——用于按类型过滤几何约束。

◇ 包含或排除——确定是否指定的约束类型是列表框中唯一显示的类型（包括，它是默认的）或唯一不显示的类型（排除）。

◇ 显示约束——用于控制列表框中几何约束的显示情况。其选项有显式、自动判断、两者皆是。

◇ 显示约束列表框——列出选定的草图几何图形的几何约束。此列表从属于"显式的""自动判断的"或"两者皆是"设置。

◇ 移除高亮显示的——用于移除一个或多个约束，方法是在约束列表框中选择它们，然后选择该选项。

◇ 移除所列的——移除显示约束列表框中显示的所有列出的约束。

◇ 信息——在"信息"窗口中显示有关活动的草图的所有几何约束信息。

● 创建自动判断约束——打开该选项绘图时，会自动创建在【自动判断约束和尺寸】对话框中选择的几何约束，并将约束施加在图形上。如果关闭此选项，则在绘图时会显示捕捉到的几何约束，但该几何约束不施加在草图上。

● 自动判断约束和尺寸——用于控制在曲线构造期间对哪些约束或尺寸进行自动判断。

四、草图编辑

1. 编辑草图

● 内部草图——通过拉伸、旋转或变化扫掠等命令创建的草图是内部草图。内部草图不显示在布局导航器中，右击草图所属主特征，然后选择【编辑草图】。进入草图环境编辑草图。右击草图所属主特征，选择【将草图设为外部】，可使草图成为外部草图。

● 外部草图——使用草图命令单独创建的草图为外部草图，可以从图形区和部件导航器中查看和访问。右击外部草图，选择【编辑参数】，可以快速修改尺寸值，选择【可回滚编辑】进入草图任务环境编辑修改草图。

2. 重新附着草图

在草图任务环境的【草图】工具条上，单击【重新附着草图】图标，弹出与【重新附着草图】对话框，如图 2-28 所示，可以重新定义草图类型、草图平面和草图方向。

3. 复制和删除草图

选中草图后，右击图形区空白处，选择【复制】，再次右击图形区空白处选择【粘贴】，在弹出的【粘贴特征】对话框中为复制的草图设置草图平面和方向，确定后完成草图复制。

图 2-27 【显示/移除约束】对话框

图 2-28 【重新附着草图】对话框

在部件导航器或图形区右击草图,选择【删除】,或者选择草图后,按<Delete>键即可删除草图。注意:若草图被用作创建其他特征时,删除草图后其他特征也会被删除。

五、草图练习

新建文件,在草图任务环境中练习绘制图 2-29 所示草图,并对草图做到全约束。

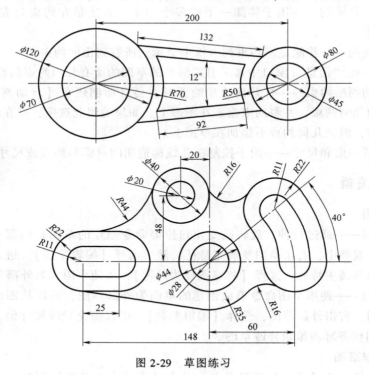

图 2-29 草图练习

第三节　NX 实体建模

单击【标准】工具条上【启动】→【建模】,进入建模模块。建模模块实质上是一个建模系统，它提供的功能可以帮助设计者快速地进行概念设计和详细设计。该模块用于产品部件的三维实体特征建模，也是辅助制图、数控加工、产品装配、结构分析、运动分析、注射流动分析等其他模块的工作基础。另外，可以通过定义部件之间的数学关系使用户的要求与设计约束结合起来。

一、建模基础

1. 特征建模

"特征（Feature）"是 NX 中普遍使用的一个术语，根据特征的不同应用，大致把特征分为以下几类：

- 体素特征——长方体、圆柱、圆锥、球等。
- 扫描特征——拉伸、旋转、扫掠等。
- 基准特征——基准平面、基准轴、基准坐标系等。
- 成型特征——孔、圆台、腔体、凸垫、键槽、沟槽等。

特征建模能为设计人员提供具有明显工程含义的特征体素（如圆柱、孔、键槽、凸垫、圆台等）和对这些特征体素进行编辑和操作的功能，使设计人员能很好地实现自己的设计意图，它是 CAD 建模方法的一个里程碑，是在技术的发展和应用达到一定水平，产品的设计、制造、管理过程的集成化和自动化要求不断提高的历史进程中逐渐发展起来的。特征建模技术使产品的设计工作不再是仅停留在底层的几何信息基础上，而是依据产品的功能要素，在更高的层次上展开。

基于特征的建模技术是把实体零件视作特征的集合，建模过程类似于零件的加工过程，由大特征到小特征，由基本特征到细节特征，这些特征可以实现实体的加材料、减材料、复制等。

2. 部件导航器

部件导航器以详细的图形树的形式显示部件信息，单击资源条上【部件导航器】，展开布局导航器，如图 2-30 所示，可以使用部件导航器执行以下操作：

- 更新并了解部件的基本结构。
- 选择和编辑树中各项的参数。
- 排列部件的组织方式。
- 在树中显示特征、模型视图、图样、用户表达式、引用集和未用项。

图 2-30　部件导航器

二、体素特征

体素主要是指长方体、圆柱体、圆锥和球，可作为实体建模的"坯料"，也可以在建模过程中，通过布尔运算加减相应形状的材料。单击主菜单【插入】→【设计特征】，选择要创建的体素特征，弹出相应的对话框，如图 2-31 所示，体素特征的创建过程类似，即选择【类型】→【定义位置】→【定义尺寸】→【其他设置】，其中长方体用对角点定位，圆柱和圆锥以底面圆心为定位点，球用中心点定位。

图 2-31　体素特征对话框

a)【块】对话框　b)【圆柱】对话框　c)【圆锥】对话框　d)【球】对话框

三、扫描特征

扫描特征包括拉伸、旋转、扫掠等特征，是将截面线串沿不同的引导线扫描得到实体或片体，截面线和引导线可以是草图、实体棱边、片体边缘或其他曲线。

1. 拉伸

拉伸是把草图、边或曲线特征等 2D 或 3D 曲线，沿指定方向，扫描一定直线距离得到实体，如图 2-32 所示。封闭曲线拉伸一般为实体，也可设置为拉伸片体，不封闭曲线拉伸时，若不指定偏置，则形成片体。拉伸是应用最多、最灵活的一个实体建模工具，事实上，大部分的建模过程都可以用拉伸完成。单击主菜单【插入】→【设计特征】→【拉伸】，或者直接按<X>键，弹出【拉伸】对话框，如图 2-33 所示，其主要设置项如下：

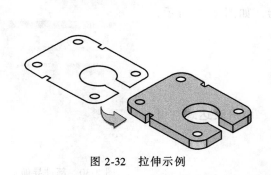

图 2-32　拉伸示例　　　　　　　　　　图 2-33　【拉伸】对话框

- 截面——激活该选项，在图形区选择拉伸截面线串，【选择条】上显示相应的曲线选择工具；也可以单击该选项右侧【绘制截面】图标，进入草图任务环境，绘制内部草图作为截面线。
- 方向——激活该选项，设置拉伸方向。
- 限制——设置拉伸的起始位置。

◇ 值——为拉伸特征的起点与终点指定数值，在截面上方的值为正，在截面下方的值为负。可以在截面的任一侧拖动限制手柄，或直接在距离框或屏显输入框中输入值。

◇ 对称值——将开始限制距离转换为与结束限制相同的值。

◇ 直至下一个——自动查找模型中的下一个面作为限制。

◇ 直至选定——将拉伸特征延伸到选定的面、基准平面或体。如果拉伸截面延伸到选定的面以外，或不完全与选定的面相交，软件会将截面拉伸到所选面的相邻面上。如果选定的面及其相邻面仍不完全与拉伸截面相交，拉伸将失败，应尝试【直至延伸部分】选项。

◇ 直至延伸部分——当截面延伸超过所选择面上的边时，将拉伸特征（如果是体）修剪到该面。

◇ 贯通全部对象——完全穿过所有的体。

● 布尔——拉伸特征与其他实体有重叠时，选择处理方式，可以求和、求差、求交，从而实现加材料或减材料。

● 拔模——用于将拔模添加到拉伸特征的一侧或多侧，如图 2-34 所示。只能将拔模添加到基于平截面的拉伸特征。

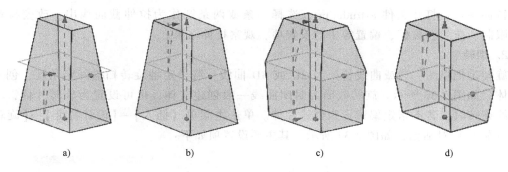

图 2-34　拔模设置

a）从起始限制　b）从截面　c）从截面-非对称角度　d）从截面-对称角度

◇ 从起始限制——以起始面开始拔模，即起始面截面形状不变。

◇ 从截面——从截面开始拔模，即拉伸草图截面的形状不变。

◇ 从截面-对称角度——从拉伸截面开始，且截面两侧拔模角度相同，适用于双侧拔模。

◇ 从截面-非对称角度——从拉伸截面开始，且截面两侧拔模角度不同，适用于双侧拔模。

◇ 从截面匹配的终止处——从拉伸截面开始，在截面两侧反向倾斜的拔模。终止限制处的形状与起始限制处的形状相匹配，并且终止限制处的拔模角将更改，以保持形状的匹配，适用于双侧拔模。

● 偏置——把所选曲线在平面内偏置，得到拉伸截面线串，如图 2-35 所示。

◇ 无——不创建也不偏置。

◇ 单侧——把所选曲线向一个方向偏置，如图 2-35a 所示。这种偏置用于填充孔和创建凸台。

◇ 两侧——把所选曲线向两个方向偏置，如图 2-35b 所示。

◇ 对称——把所选曲线向两个相反方向对称偏置，如图2-35c所示。

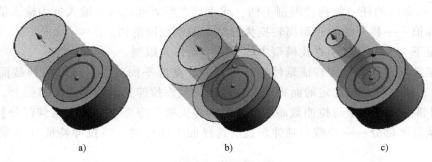

图 2-35 偏置设置

a）单侧偏置 b）两侧偏置 c）对称偏置

- 设置——指定拉伸特征的距离公差，指定拉伸特征为片体或实体。所选曲线不封闭时，若无偏置，只能拉伸片体。
- 预览——设置是否可以预览拉伸结果。

拉伸练习：打开文件 extrude.prt，选择一条或两条圆作为拉伸截面线串，改变拉伸方向、限制、布尔、拔模、偏置等中的设置项，观察拉伸结果。

2. 旋转

旋转是把草图、边或曲线特征等2D或3D曲线，绕给定轴旋转扫描一定角度，创建旋转实体，如图2-36所示。旋转截面为封闭曲线一般创建实体，也可设置为旋转片体，不封闭曲线旋转时，若不指定偏置，则创建片体。单击主菜单【插入】→【设计特征】→【旋转】，弹出【旋转】对话框，如图2-37所示，其主要设置项如下：

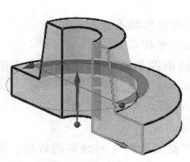

图 2-36 旋转示例

图 2-37 【旋转】对话框

- 截面——激活该选项，在图形区选择旋转截面线串，【选择条】上显示相应的曲线选择工具；也可以单击该选项右侧【绘制截面】图标，进入草图任务环境，绘制内部草图作为截面线。
- 轴——激活该选项，定义旋转轴。旋转体与旋转轴关联，旋转轴不得与截面曲线相交，但可以和一条边重合。旋转轴和旋转方向符合右手法则。

- 限制——设置旋转的起始位置。
◇ 值——为旋转特征指定起始和终止角度值。
◇ 直至选定对象——指定作为旋转的起始或终止位置的面、实体、片体或相对基准平面。
- 布尔——旋转特征与其他实体有重叠时，选择处理方式，可求和、求差、求交，从而实现加材料或减材料。
- 偏置——把所选曲线在平面内偏置，得到旋转截面线串。
◇ 无——不创建也不偏置。
◇ 两侧——把所选曲线向一个或两个方向偏置。
- 设置——指定旋转特征的距离公差，指定旋转特征为片体或实体。所选曲线不封闭时，若无偏置，只能旋转片体。
- 预览——设置是否可以预览旋转结果。

3. 扫掠

扫掠是通过沿一条、两条或三条引导线串扫掠一个或多个截面，来创建实体或片体，如图 2-38 所示。创建过程中，通过沿引导曲线对齐截面线串，可以控制扫掠体的形状；可以控制截面沿引导线串扫掠时的方位；可以缩放扫掠体；使用脊线串使曲面上的等参数曲线变均匀。

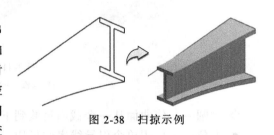

图 2-38　扫掠示例

单击主菜单【插入】→【设计特征】→【扫掠】，弹出【扫掠】对话框，如图 2-39 所示，其主要设置项如下：

- 截面——用于选择截面线串，最多可选择 150 条。每完成一个截面线串定义，单击鼠标中键，或者单击【添加新集】图标，继续定义下一个截面线串。所有定义的线串会在【列表】中列出。
- 引导线——用于定义引导串，最多可定义三条。
- 脊线——用于选择脊线。使用脊线可以控制截面线串的方位，并避免在引导线上不均匀分布参数导致的变形。当脊线串处于截面线串的法向时，该线串状态最佳，如图 2-40 所示。
- 截面位置——选择单个截面时可用。截面在引导对象的中间时，这些选项可以更改产生的扫掠。
◇ 沿引导线任何位置——沿整个引导线进行扫掠。
◇ 引导线末端——沿着引导线，从截面开始的地方向着一个方向扫掠。

图 2-39　【扫掠】对话框

- 插值——选择多个截面时可用，确定截面之间的曲面过渡的形状，如图 2-41 所示。
◇ 线性——按线性分布使曲面从一个截面过渡到下一个截面。
◇ 三次——按三次分布使曲面从一个截面过渡到下一个截面。

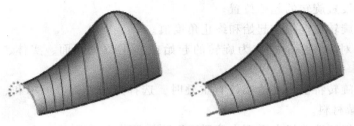

图 2-40　偏置设置

a）未使用脊线（非均匀的等参数曲线）　b）两侧偏置（均匀的等参数曲线）

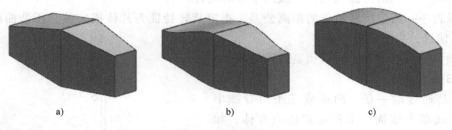

a)　　　　　　　　　　　b)　　　　　　　　　　　c)

图 2-41　插值设置

a）线性　b）三次　c）倒圆

◇ 倒圆——使曲面从一个截面过渡到下一个截面，以便连续的段是 G1 连续的。

● 方位——使用单个引导线串时可用。在截面沿引导线移动时控制该截面的方位。

◇ 固定——可在截面线串沿引导线移动时保持固定的方位，即平行的或平移的。

◇ 面的法向——将局部坐标系的第二个轴与一个或多个面（沿引导线的每一点指定公共基线）的法向矢量对齐。这样可以约束截面线串以保持和基本面或面的一致关系。

◇ 矢量方向——可以将局部坐标系的第二根轴与在引导线串长度上指定的矢量对齐。矢量方向方法是非关联的，如果为方位方向选择矢量，并稍后更改该矢量方向，则扫掠特征不更改到新方向。

◇ 另一曲线——使用通过连接引导线上的点和其他曲线上相应的点，得到局部坐标系的第二根轴，来定向截面。

◇ 一个点——与另一曲线相似，不同之处在于获取第二根轴的方法是通过引导线串和点之间的连线得到。

◇ 角度规律——用于通过规律子函数来定义方位的控制规律。旋转角度规律的方位控制的最大转数为 100、角度为 36000°。

◇ 强制方向——用于在截面线串沿引导线串扫掠时通过矢量来固定剖切平面的方位。

● 缩放——在截面沿引导线进行扫掠时，可以增大或减小该截面的大小。在使用一条引导线时以下选项可用。

◇ 恒定——可以指定沿整条引导线保持恒定的比例因子。

◇ 倒圆功能——在指定的起始与终止比例因子之间允许线性或三次缩放，这些比例因子对应于引导线串的起点与终点。

◇ 另一曲线——类似于定位方法组中的另一曲线方法。此缩放方法以引导线串和其他曲线或实体边之间连线长度上任意给定点的比例为基础。

◇ 一个点——和另一曲线相同，但是使用点而不是曲线。

◇ 面积规律——用于通过规律子函数来控制扫掠体的横截面面积。

◇ 周长规律——类似于面积规律，不同之处在于可以控制扫掠体的横截面周长，而不是它的面积。

在使用两条引导线时以下选项可用：

◇ 均匀——可在横向和竖直两个方向缩放截面线串。

◇ 横向——仅在横向上缩放截面线串。

◇ 另一曲线——使用曲线作为缩放引用以控制扫掠曲面的高度。此缩放方法无法控制曲面方位，使用此方法可以避免在使用三条引导线创建扫掠曲面时出现曲面变形问题。

● 比例因子——在缩放设置为恒定时可用。用于指定值以在扫掠截面线串之前缩放它。

● 倒圆功能——在缩放设置为倒圆功能时可用。用于将截面之间的倒圆设置为线性或三次。

● 体类型——用于指定扫掠特征为片体或实体。要获取实体，截面线串必须封闭。

● 沿引导线拆分输出——为与引导线串的段匹配的扫掠特征创建单独的面。如果未选择此选项，则扫掠特征将始终为单个面，而不管段数如何。仅适用于具有单个引导线串的单个截面。

● 保留形状——通过强制公差值为 0.0 来保持尖角。清除此选项时，NX 会将截面中的所有曲线都逼近为单个样条，并对该逼近样条进行扫掠。仅当对齐设置为参数或根据点时才可用。

● 重新构建——所有重新构建选项都可用于截面线串及引导线串。单击设置组中的引导线或截面选项卡，以分别为引导线串选择重新构建选项。

四、成型特征

成型特征是在现有的实体上加减材料，与现有实体存在父子关系，包括孔、凸台、腔体、垫块、键槽和槽等。建立成型特征的过程就像零件的粗加工过程，类似于在毛坯体上进一步加工成型，为精加工提供成型基础。

1. 孔

孔特征是在现有实体上创建各种孔，如图 2-42 所示。单击主菜单【插入】→【设计特征】→【孔】，弹出【孔】对话框，如图 2-43 所示。孔是以上表面的圆心作为定位点，其创建首先选择类型和形状；然后定义点来确定孔的位置，可直接选择一个或多个点，也可以单击对话框中【绘制截面】图标，进入草图任务环境绘制一个或多个点；最后设置孔的尺寸。各种孔的结构特点如图 2-44 所示。

2. 凸台、键槽和槽

凸台、键槽和槽都是在放置面上创建的凸起或凹槽，如图 2-45 所示，凸台和键槽的放置面必须是平面，槽的放置面是圆柱面。单击主菜单【插入】→【设计特征】→【凸台】/【键槽】/【槽】，弹出相应的对话框，其中键槽和槽必须先选择截面形状；输入特征尺寸后，选择水平参考，以便对特征进行尺寸定位，即尺寸线平行于水平参考的尺寸为水平尺寸，反之为竖直尺寸。设置好水平参考后，弹出【定位】对话框，如图 2-46 所示，可相对于现有曲线、几何实体、基准平面和基准轴来定位特征，包括有水平、竖直、平行、垂直、按一定距离平行、角度六种尺寸约束，以及点落在点上、点落在线上、线落在线上三种位置约束，系统会根据创建特征，在对话框中自动显示能够应用的约束。

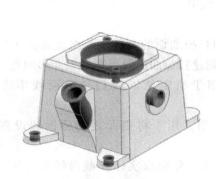

图 2-42　扫掠示例

图 2-43　【孔】对话框

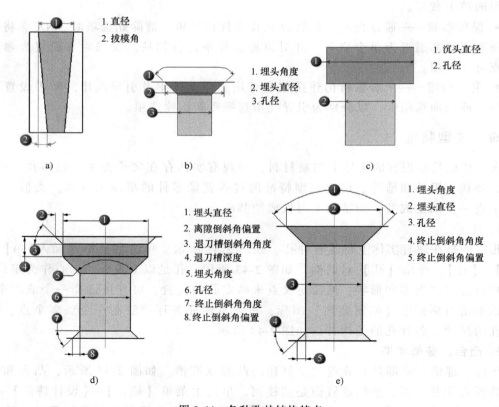

图 2-44　各种孔的结构特点

a）常规孔（带拔模角）　b）常规孔（埋头）　c）常规孔（沉头）
d）螺纹间隙孔（有退刀槽）　e）螺纹间隙孔（埋头）

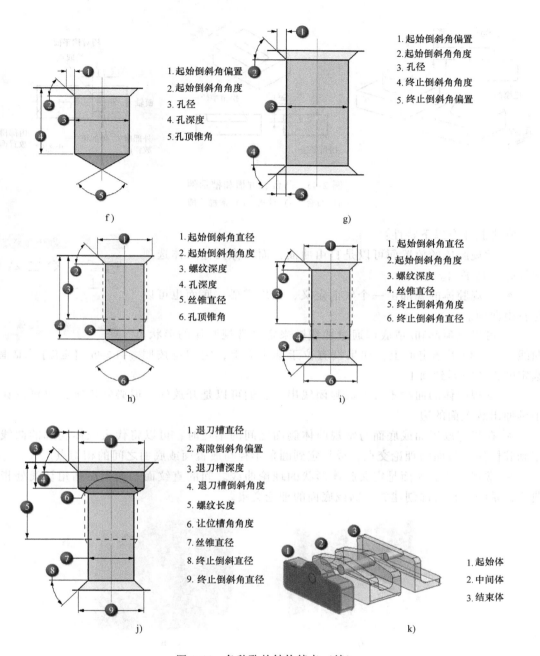

图 2-44　各种孔的结构特点（续）

f）螺纹间隙孔（单次不通过）　g）螺纹间隙孔（单次通过）　h）螺纹孔（不通孔）
i）螺纹孔（通孔）　j）螺纹孔让位槽（通孔）　k）孔系列

3. 腔体和垫块

腔体和垫块是在放置面上创建的凸起或凹槽，其形状可以是矩形、圆柱形或一般形状，其中矩形和圆柱形是规则形状，其创建过程类似于凸起。而常规形状的外形不规则，如图 2-47a、b所示。腔体和垫块分别为减材料和加材料，创建过程完全相同，所以垫块不做介绍。

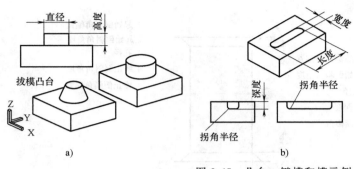

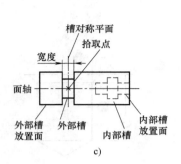

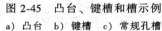

图 2-45　凸台、键槽和槽示例

a）凸台　b）键槽　c）常规孔槽

常规腔体有以下特性：

● 常规腔体的放置面可以是自由曲面，而不像其他腔体选项那样必须是平面。

● 常规腔体的底部由一个底面定义，如果需要，底面也可以是自由曲面。

● 可以在顶部和/或底部通过曲线链来定义常规腔体的形状。曲线不一定位于选定面上，如果没有位于选定面上，它们将按照选定的方法投影到面上。

图 2-46　【定位】对话框

● 常规腔体的曲线不必形成封闭线串。它们可以是开放的，但必须连续，也可以让线串延伸出放置面的边。

● 在指定放置面或底面与常规腔体侧面之间的半径时，可以将代表腔体轮廓的曲线指定到腔体侧面与面的理论交点，或指定到圆角半径与放置面或底面之间的相切点。

● 常规腔体的侧面是定义腔体形状的理论曲线之间的直纹面。如果在圆角切线处指定曲线，系统将在内部创建放置面或底面的理论交集。

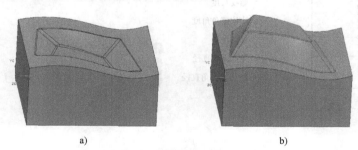

图 2-47　腔体和垫块示例

a）腔体　b）垫块

单击主菜单【插入】→【设计特征】→【腔体】，选择常规腔体，弹出图 2-48a 所示【常规腔体】对话框，其主要设置项如下：

● 放置面——用于选择腔体的放置面。腔体的顶面会遵循放置面的轮廓，如图 2-48所示。

● 放置面轮廓——用于为腔体的顶部轮廓选择相连的曲线。

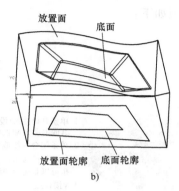

图 2-48 腔体设置示例

a)【常规腔体】对话框 b）腔体设置示意

- 底面——用于选择腔体的底面。腔体的底部会跟随底面的轮廓。
- 底面轮廓曲线——为腔体的底部轮廓选择相连的曲线。
- 目标体——如果希望腔体所在的体与第一个选中放置面所属的体不同，则应将该体选择为目标体。
- 放置面轮廓线投影矢量——如果放置面轮廓曲线/边没有位于放置面上，则这个步骤可用，以便定义能将它们投影到放置面上的矢量。
- 底面平移矢量——如果选择将底面定义为平移，则这个选择步骤可用，以便定义平移矢量。
- 底面轮廓线投影矢量——如果底面轮廓曲线/边没有位于底面上，则这个步骤可用，以便定义能将它们投影到底面上的矢量。
- 放置面上的对齐点——用于在放置面轮廓曲线上选择要对准的点。此步骤的可用的前提条件是：为两个轮廓都选择了曲线，并且为轮廓对齐方法选择了"指定点"。
- 底面对齐点——用于在底面轮廓曲线上选择要对准的点。此步骤的可用的前提条件是：为两个轮廓都选择了曲线，并且为轮廓对齐方法选择了"指定点"。
- 放置面半径——用于定义腔体放置面（腔体顶部）与侧面之间的圆角半径。
- 底面半径——用于定义腔体底面（腔体底部）与侧面之间的圆角半径。
- 拐角半径——用于定义放置在腔体拐角处的圆角半径。拐角位于两条轮廓曲线/边之间的连接处，这两条曲线/边的切线在大于角度公差时发生变化。
- 反向腔体区域——如果选择开放的而不是封闭的轮廓曲线，将有一个矢量显示会在轮廓的哪一侧建立腔体。可以使用【反向腔体区域】选项在轮廓的相反侧建立腔体。如果腔体有多个开口且已经指定了底面半径，则必须将底部的至少一个面附着到腔体的所有侧面。否则，将不会产生圆角。如果指定了"放置面半径"，则"反向腔体区域"将被禁用。
- 附着腔体——"用于将腔体缝合到目标片体，或从目标实体减去腔体。如果没有选择该选项，则腔体将作为单独的实体进行创建。

4. 筋板

使用筋板命令可通过压制相交平面部分，将薄壁筋板或筋板网络添加到实体中，如图 2-49a 所示。单击主菜单【插入】→【设计特征】→【筋板】，弹出图 2-49b 所示【筋板】对话框，其主要设置项如下：

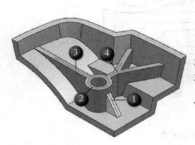

1. 单条开口曲线(没有连接任何其他的曲线端点)
2. 单条闭合曲线或样条
3. 连接的曲线可以是开口曲线，也可以是闭合曲线
4. Y接合点

a)   b)

图 2-49　创建筋板

a）筋板示意　b）【筋板】对话框

- 选择体——为筋板操作选择目标体。
- 选择曲线——通过选择将形成串或 Y 接合点的曲线指定剖面。可以选择单个曲线链；多个链或相交链网络；所有曲线必须共面；可使用绘制剖面草图创建草图曲线。
- 壁——相对于剖切平面定义筋板壁的方位。
- 反转筋板侧——在使用平行于剖切平面时反转筋板的方向。
- 尺寸——确定如何相对于剖面应用厚度。
- 厚度——筋板厚度的尺寸值。
- 将筋板与目标组合——在选中此复选框时，使用目标体统一此特征。
- 帽形体——仅在筋板壁方向与剖切平面垂直时可用。

◇ 从截面——使用与剖切平面平行的平面盖住筋板。仅在筋板壁方向与剖切平面垂直时可用。

◇ 从选中的——使用选定面链或基准平面盖住筋板。仅在壁方向垂直时可用。

- 偏置——偏置行为取决于几何体设置。
- 拔模——将拔模角应用于筋板壁。
- 角度——仅在拔模是从盖板时可用。设置 0°~89°的拔模角。

5. 螺纹

使用螺纹命令可在圆柱面上创建符号螺纹或详细螺纹，如图 2-50a、b 所示。单击主菜单【插入】→【设计特征】→【螺纹】，弹出图 2-50c 所示【螺纹】对话框，在该对话框中选择螺纹类型，设置螺纹参数，确定后完成螺纹创建。其中，符号螺纹在实体上只显示蓝色虚线符号，在工程图中剖切后显示标准螺纹线。

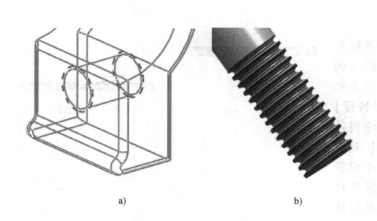

图 2-50　螺纹创建

a）符号螺纹　b）详细螺纹　c）【螺纹】对话框

五、关联复制特征

1. 抽取

使用抽取几何体命令可从现有对象中关联或非关联地抽取点、线、面、体或基准。可抽取对象包括：

- 复合曲线——创建从曲线或边抽取的曲线。
- 点——抽取点的副本。
- 基准——抽取基准平面、基准轴或基准坐标系的副本。
- 面——抽取体上选定面的副本。
- 面区域——抽取一组相连的面的副本。
- 体——抽取整个体的副本。
- 镜像体——抽取跨基准平面镜像的整个体的副本。

使用抽取几何体可：

- 保留部件的内体积用于分析。
- 在一个显示处理中部件的文件中创建多个体。
- 测试更改分析方案而不修改原始模型。
- 为部件模块提供输入。

单击主菜单【插入】→【关联复制】→【抽取几何体】，弹出【抽取几何体】对话框，在该对话框中设置抽取对象类型，在图形区选择抽取对象，确定后完成几何体复制。

2. 阵列

使用阵列功能可以通过设置各种选项，按照一定排布规则来创建特征或几何体的多个实例。阵列的方法有线性、圆形、多边形、螺旋式、沿、常规、参考、螺旋线八种。阵列特征和阵列几何体的方法和步骤类似，都可以实现：

- 在定义边界内阵列。

- 线性布局的交错排列。
- 使用表达式指定阵列参数。
- 控制阵列的方向。

在阵列特征时应注意，若特征和其他实体有依附关系的，阵列的实例也必须依附在原实体上。单击主菜单【插入】→【关联复制】→【阵列特征】或【阵列几何特征】，弹出【阵列特征】对话框或【阵列几何特征】对话框，如图 2-51 所示，在对话框中设置阵列方法和相关参数，在图形区选择阵列对象，确定后完成特征或几何体的阵列。

3. 镜像

镜像是把选中对象关于平面进行对称复制，包括【镜像特征】和【镜像几何体】，如图 2-52 所示。前者是对特征进行镜像，若特征有依附实体，镜像实例也必须依附原实体；后者是对点、曲线、边、实体、片体、面、平面、基准、CSYS 等进行镜像。

单击主菜单【插入】→【关联复制】→【镜像特征】或【镜像几何体】，弹出【镜像特征】或【镜像几何体】对话框，选择镜像对象、设置镜像平面，确定后完成特征或几何体的镜像。

图 2-51　阵列
a)【阵列特征】对话框　b)【阵列几何特征】对话框

4. WAVE 几何链接器

WAVE 几何链接器可将装配体中其他部件的几何体，关联或非关联地复制到工作部件中，包括复合曲线、点、基准、草图、面、面区域、体、镜像体、管线布置等对象。

打开一个装配体，设置某一个组件为工作部件，单击主菜单【插入】→【关联复制】→【WAVE 几何链接器】，弹出【WAVE 几何链接器】对话框，在其他组件中选择要复制的对象，确定后把选中的对象复制到当前工作部件中。

图 2-52　镜像
a) 镜像特征　b) 镜像几何体

六、组合

1. 布尔运算

布尔运算是对重叠的实体进行求和、求差、求交运算，如图 2-53 所示，在体素特征、扫描特征的创建过程中，如果与其他实体有重叠，以新创建的实体为工具体，在对话框中设置布尔运算方法。若重叠实体已经创建，可单击主菜单【插入】→【组合】→【合并】/【减去】/【相交】，对重叠实体进行布尔运算。

2. 缝合

缝合是将两个或更多有公共边的片体连接成单个新片体，如图 2-54 所示。如果所缝合片体是封闭的，则以片体为边界创建一个实体，选定片体的任何缝隙都不能大于指定公差，否则将获得一个片体。如果两个实体共享一个或多个公共（重合）面，还可以缝合这两个实体。单击主菜单【插入】→【组合】→【缝合】，分别在图形区选择目标片体和工具片体，确定后完成片体缝合。

3. 补片

补片是将实体或片体的面替换为另一个片体的面，从而修改实体或片体，如图 2-55 所示，注意工具片体的边缘必须位于目标实体或片体上。单击主菜单【插入】→【组合】→【补片】，在图形区选择目标片体（或目标实体）和工具片体，确定后完成片体缝合。

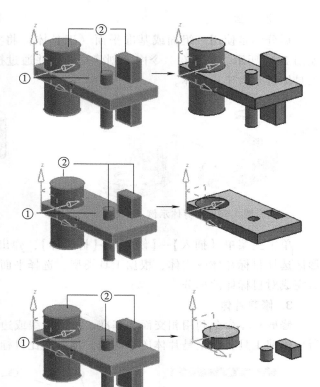

1.目标体　2.工具体

图 2-53　布尔运算

七、修剪特征

1. 修剪体

使用修剪体，可以通过面或平面来修剪一个或多个目标体。可以指定要保留的部分或要舍弃的部分，如图 2-56 所示。当用曲面或片体修剪实体时，曲面或片体必须完整无间隙，且边缘不能小于实体。

单击主菜单【插入】→【修剪】→【修剪体】，在图形区选择目标体和工具体，确定后完成体的修剪。单击对话框中的反向图标，可改变保留区域。

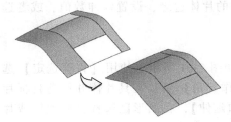

图 2-54　缝合片体

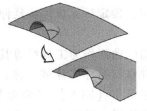 

图 2-55　补片示例

2. 拆分体

拆分体是使用一组面或基准平面（工具体）将实体或片体（目标体）拆分为多个体，如图 2-57 所示。也可在命令内部创建草图，并通过拉伸或旋转草图来创建拆分工具。注意工具体必须大于目标体。

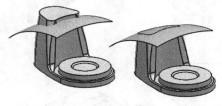

图 2-56　修剪体示例

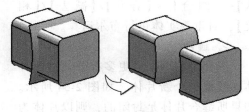

图 2-57　拆分体示例

单击主菜单【插入】→【修剪】→【拆分体】，弹出图 2-58 所示【拆分体】对话框，在图形区选择目标片体或实体，根据工具类型，选择平面、片体，或者拉伸旋转相关曲线，确定后完成对目标体的拆分。

3. 修剪片体

修剪片体命令利用相交面、基准、投影曲线或边对目标片体进行修剪，如图 2-59 所示。所用修剪工具，无论是片体还是曲线，都必须比目标片体大。

图 2-58　【拆分体】对话框

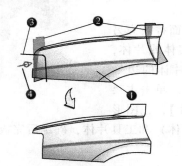

1. 要修剪的缝合片体
2. 选作边界对象的交曲面
3. 选作边界对象的曲线
4. 为所选边界曲线选定的投射方向

图 2-59　修剪体示例

单击主菜单【插入】→【修剪】→【修剪体】，在图形区选择目标片体（或目标实体）和工具片体，确定后完成片体修剪。

4. 延伸片体

使用延伸片体可以延伸或修剪片体，如图 2-60 所示，使用【偏置】选项，可以指定片体边延伸或修剪距离；使用【直至选定】选项，可将片体修剪到其他几何体。单击主菜单【插入】→【修剪】→【延伸片体】，在图形区选择要延伸的片体边缘，设置延伸数值；或者选择对象作为延伸界限，确定后完成片体延伸。

5. 修剪和延伸

该命令用延伸后的曲面作为工具修剪其他对象，如图 2-61 所示。使用【直至选定】选项，可将片体延伸并修剪目标实体或片体；使用【制作拐角】延长工具片体并修剪目标片体形成拐角。单击主菜单【插入】→【修剪】→【修剪和延伸】，在图形区选择目标实体或片体，再选择工具片体边缘，确定后完成延伸修剪或制作拐角。

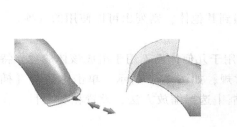

图 2-60　延伸片体示例

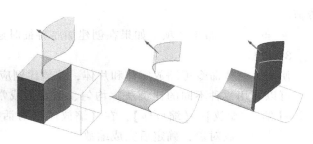

图 2-61　修剪和延伸示例

八、偏置和缩放特征

1. 抽壳

使用抽壳命令可通过指定壁厚来把实体抽为空壳，也可以对某个面单独指定厚度，或者移除某个面，如图 2-62 所示。抽壳类型有两种：

- 移除面，然后抽壳——在抽壳之前移除体的面。
- 对所有面抽壳——对体的所有面进行抽壳，且不移除任何面。

单击主菜单【插入】→【偏置/缩放】→【抽壳】，弹出【抽壳】对话框，如图 2-63 所示，设置抽壳类型、厚度，在图形区选择要移除的面，也可以在【备选厚度】中对不同的面设置不同的厚度，确定后完成实体抽壳。

图 2-62　抽壳示例

图 2-63　【抽壳】对话框

2. 加厚

使用加厚命令可将一个或多个相连面或片体偏置为实体，加厚效果是通过将选定面沿着其法向进行偏置然后创建侧壁而生成的，如图 2-64 所示。单击主菜单【插入】→【偏置/缩放】→【加厚】，弹出【加厚】对话框，如图 2-65 所示，其主要设置项如下：

- 面——可以选择要加厚的面和片体。所有选定对象必须相互连接。将显示一个加厚的箭头，该箭头垂直于所选的面，指示面的加厚方向。

图 2-64　加厚示例

- 厚度——为加厚特征设置一个或两个偏置。正偏置值应用于加厚方向，由显示的箭头表示，负值应用在负方向上。
- 区域行为——选择要冲裁掉的区域。
- 不同厚度的区域——可选择通过一组封闭曲线或边定义的区域，选定区域可指定偏置值厚度。

●布尔——布尔选项，如果在创建加厚特征时遇到其他体，则列出可以使用的选项。

3. 缩放体

使用缩放体命令可缩放实体和片体，缩放比例应用于几何体而不用于组成该体的独立特征。可以使用三种不同的比例法：均匀、轴对称或常规，如图 2-66 所示。单击主菜单【插入】→【偏置/缩放】→【缩放体】，在【缩放体】对话框中选择缩放方法，设置相关项目，在图形区选择缩放对象，确定后完成缩放。

图 2-65　【加厚】对话框

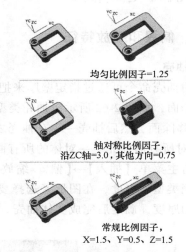

图 2-66　缩放体示例

4. 偏置曲面

使用偏置曲面命令可创建一个或多个现有面的偏置，产生与选择的面具有偏置关系的一个或多个新体，如图 2-67 所示。通过沿所选面的曲面法向来偏置点，软件可以创建真实的偏置曲面。指定的距离称为偏置距离。可以选择任何类型的面来创建偏置。单击主菜单【插入】→【偏置/缩放】→【偏置曲面】，弹出【偏置曲面】对话框，如图 2-68 所示，设置缩放厚度和其他设置项，在图形区选择要偏置的曲面，确定后完成曲面的偏置。

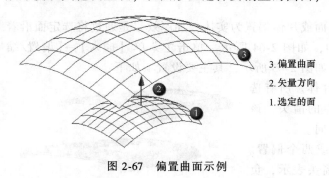

图 2-67　偏置曲面示例

图 2-68　【偏置曲面】对话框

5. 偏置面

使用偏置面命令可沿实体面的法向偏置一个或多个面，以改变原体的大小，如图 2-69

所示，可以将单个偏置面特征添加到多个体中。加厚命令与偏置面命令相似，通过加厚命令的布尔选项也可达到与偏置面相同的效果，但只能通过偏置面命令来添加或移除材料。单击主菜单【插入】→【偏置/缩放】→【偏置面】，在对话框中设置偏置值，在图形区选择要偏置的面，确定后完成面的偏置。

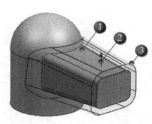

1.已选择要偏置的面
2.偏置方向
3.生成的偏置面特征

图 2-69 偏置面示例

九、细节特征

1. 边倒圆

使用边倒圆命令可将两个面之间的锐边倒圆。边倒圆可以实现以下功能：

- 将单个边倒圆特征添加到多条边。
- 创建具有恒定或可变半径的边倒圆。
- 添加拐角回切点以更改边倒圆拐角的形状。
- 调整拐角回切点到拐角顶点的距离。
- 添加突然停止点以终止缺乏特定点的边倒圆。
- 创建形状为圆形或圆锥的倒圆。

单击主菜单【插入】→【细节特征】→【边倒圆】，弹出【边倒圆】对话框，如图 2-70 所示，其主要设置项如下：

- 圆角面连续性——设置倒圆曲面和相邻面是相切还是曲率连接。

- 选择边——为边倒圆角集选择棱边，可在"添加新集"列表中添加不同半径的新集。

- 形状——用于指定圆角横截面的基础形状，有圆形和二次曲线两种。

图 2-70 【边倒圆】对话框

- 可变半径点——通过向边链添加具有不重复半径值的点来创建可变半径圆角。

- 拐角倒角——在圆角面连续性为 G1（相切）时可用。用于在边集中选择拐角终点，使用拖动手柄可根据需要增大拐角半径值。

- 拐角突然停止——使某点处的边倒圆在边的末端突然停止。

- 修剪——修剪所选面或平面的边倒圆。

- 溢出解——控制如何处理倒圆溢出。当倒圆的相切边与该实体上的其他边相交时，就会发生倒圆溢出。

- 设置——当特征内部存在圆角重叠时，包含解决方案及圆角顺序列表。

2. 倒斜角

使用倒斜角命令可斜接一个或多个体的边。根据体的形状，倒斜角可通过除料或添料来斜接边，如图 2-71 所示。倒斜角的横截面偏置方法有三种，如图 2-72 所示。

- 对称——创建一个简单倒斜角，在所选边的每一侧有相同的偏置距离。

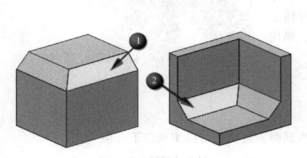

图 2-71　倒斜角示例

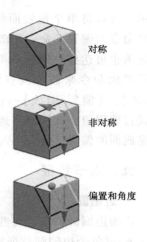

图 2-72　倒斜角偏置方法示例

- 非对称——创建一个倒斜角，在所选边的每一侧有不同的偏置距离。
- 偏置和角度——创建具有单个偏置距离和一个角度的倒斜角。当与所选边相邻的面为平面、圆柱面或圆锥面时，此选项仅对简单几何体是精确的。

单击主菜单【插入】→【细节特征】→【倒斜角】，在对话框中设置倒斜角偏置方法和数值，在图形区选择倒斜角棱边，确定后完成倒斜角。

3. 拔模

拔模命令可相对于指定的矢量将拔模应用于面或体，一般用在封闭型腔成型的部件实体上，以使部件沿脱模方向从模具中取出时，这些面可以相互移开，而不是相互靠近滑动。拔模本质上是把实体侧壁绕着枢轴旋转一定角度，枢轴所在横截面在拔模前后保持不变。根据枢轴定义方法，拔模的类型有以下四种：

- 从平面或曲面——指定固定平面或曲面，固定平面处的体的横截面未有任何更改，枢轴为所选面和拔模面的交线，如图 2-73 所示。

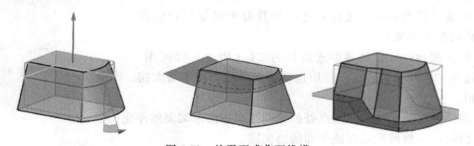

图 2-73　从平面或曲面拔模

- 从边——用于将所选的边集指定为枢轴，拔模面就是枢轴所在的侧壁面，如图 2-74 所示。
- 与多个面相切——用于在保持所选面之间相切的同时应用拔模，此选项只能加材料不能减材料，如图 2-75 所示。
- 至分型边——以固定面和拔模面相交的棱边为枢轴，固定面即是保持不变的横截面，如图 2-76 所示。

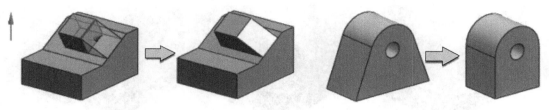

图 2-74 从边拔模 　　　　　　　图 2-75 与多个面相切拔模

单击主菜单【插入】→【细节特征】→【拔模】，弹出【拔模】对话框，如图 2-77 所示，选择拔模类型、设置拔模方向、设置固定面或拔模枢轴、输入拔模角度、设置其他设置项，确定后完成拔模。

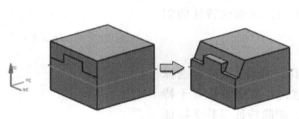

图 2-76 至分型边拔模

图 2-77 【拔模】对话框

4. 体拔模

使用拔模体命令可将拔模添加到分型面的两侧并使之匹配，如图 2-78 所示，并能使材料填充底切区域。开发铸件与注射模部件的模型时，常使用此命令。体拔模的类型有两种：

- 从边——用于选择边作为拔模枢轴。
- 要拔模的面——用于选择要拔模的面，它与固定面的相交棱边为拔模枢轴。

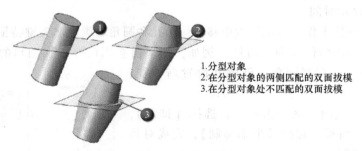

1.分型对象
2.在分型对象的两侧匹配的双面拔模
3.在分型对象处不匹配的双面拔模

图 2-78 体拔模示例

体拔模的上下匹配有无、至等斜线、与面相切三种，如图 2-79 所示。

单击主菜单【插入】→【细节特征】→【体拔模】，弹出【拔模体】对话框，如图 2-80 所示，选择拔模类型、设置拔模方向、设置固定面或拔模枢轴、输入拔模角度、设置上下匹配类型和范围、设置其他设置项，确定后完成体拔模。

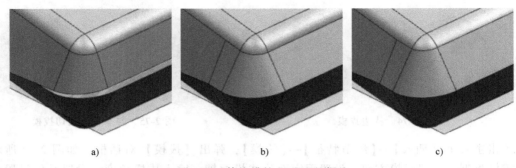

图 2-79　体拔模的上下匹配类型
a）无　b）至等斜线　c）与面相切

十、编辑特征

1. 编辑特征

在图形区或部件导航器中右击一个特征，选择【可回滚编辑】，则模型回滚到首次创建该特征时的状态，可修改特征的创建类型、方法、参数等。

2. 删除特征

在部件导航器或图形区右击特征，选择【删除】，或者选择特征后，按<Delete>键即可删除特征。注意，若所删特征有子特征时，即其他特征与所删特征有依附关系，删除特征后其子特征也会被删除。

3. 抑制与取消抑制特征

抑制特征用于临时从目标体及显示中移除一个或多个特征。实际上，抑制的特征依然存在于数据库里，只是将其从模型中删除了。因为特征依然存在，所以可以用取消抑制特征重新显示它们。抑制特征用于：

图 2-80　【拔模体】对话框

- 减小模型的大小，使之更容易操作，尤其是当模型相当大时，这便加速了创建、对象选择、编辑和显示时间。
- 为了进行分析工作，可从模型中移除像小孔和圆角之类的非关键特征。
- 在冲突几何体的位置创建特征。例如，如果需要用已经添加圆角的边来放置特征，则不需删除圆角，可抑制圆角，创建并放置新特征，然后取消抑制圆角。

在部件导航器或图形区右击特征，选择【抑制】，或单击已经抑制的特征，选择【取消抑制】，完成对特征的抑制或取消抑制。

4. 特征重排序

使用特征重排序命令可更改特征应用到体的顺序。在布局导航器中，单击选中一个特征，上下拖动，即可改变其顺序，但注意特征在顺序上不能排在其父特征之前。图 2-81 所示为通过在历史记录树中上移抽壳

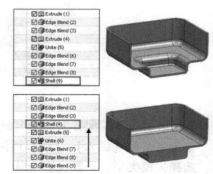

图 2-81　特征重排序示例

特征，可修改部件的内部拓扑结构。

十一、表达式

表达式是定义一些特征特性的算术或条件公式。可以使用表达式来控制部件特征之间的关系或者装配中部件之间的关系。表达式可以定义、控制模型的诸多尺寸，如特征或草图的尺寸。在 NX 系统中常用的表达式有以下两种：

- 算术表达式，如：

$p1 = 48$

$length = 15.0$

$height = length/3$

$volume = length * width * height$

- 条件表达式，如：

$Var = if(exppr1)(expr2)else(expr3)$

$Length = if(width<100)(60)else(50)$

表达式命名约定分为以下两类：

- 用户创建的用户表达式，也称之为用户定义的表达式。
- 软件表达式，指由 NX 创建的表达式。这些表达式通常以小写字母"p"开头，后随数字，例如"p53"。

实际上，用户在建模过程中输入的所有数据，系统都以表达式的形式保存，单击主菜单【工具】→【表达式】，弹出【表达式】对话框，如图 2-82 所示，在该对话框中可以查看、创建、编辑各种表达式，一个表达式包括名称和公式，公式可以是一个具体数字，也可以是由变量、函数、数字、运算符和符号组成的数学公式，还可以在数学公式中插入当前文件中的其他参数，或者其他文件中的参数。

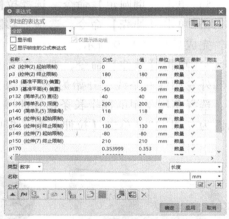

图 2-82　【表达式】对话框

十二、肥皂盒建模实例

1）新建文件，单击【启动】→【建模】，进入建模模块。

2）在 XY 平面创建草图 1，如图 2-83 所示；在 XZ 平面创建草图 2，如图 2-84 所示，创建草图时，若有对称的图元，尽量采用镜像的方法，或设置为对称约束，这样所用尺寸标注较少，且尺寸变化后不影响其对称性。两个草图完成后如图 2-85 所示。

3）单击【拉伸】命令，把选择条上曲线规则设为"相切曲线"，选择草图 1 中内轮廓线，开始为 0，结束为 26，完成后如图 2-86 所示，单击【拉伸】对话框中【应用】按钮。

4）把选择条上的曲线规则设为"特征曲线"，选择草图 2，开始设为"对称值"，在图形区拖动滑块使拉伸长度大于第一次拉伸值，布尔设为"求交"，完成后如图 2-87 所示，确定后退出【拉伸】对话框。

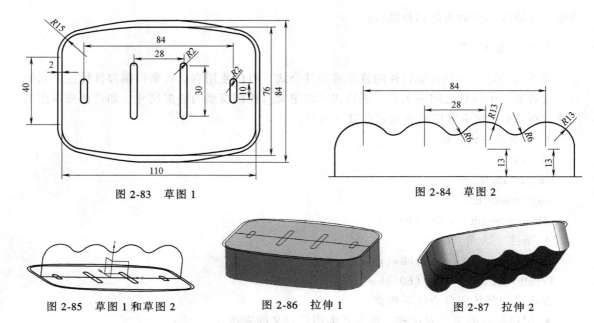

图 2-83　草图 1　　　　　　　　　　　　　　图 2-84　草图 2

图 2-85　草图 1 和草图 2　　　　　图 2-86　拉伸 1　　　　　图 2-87　拉伸 2

5）单击【倒圆角】命令，选择拉伸后下面的棱边，倒圆角 13，完成后如图 2-88 所示。

6）单击【抽壳】命令，选择"移除面，然后抽壳"类型，厚度 1，选择上表面为移除面，完成后如图 2-89 所示。

7）单击【拉伸】命令，把选择条上曲线规则设为"相切曲线"，选择草图 1 中内轮廓线和外轮廓线两条线，开始为 7，结束为 8，布尔设为"求和"，单击对话框中【应用】按钮；选择草图 1 中的四个长条内孔曲线，在图形区拖动滑块使拉伸长度与底面完全相交，布尔设为"求差"，单击【拉伸】对话框中【确定】按钮，完成后如图 2-90 所示。

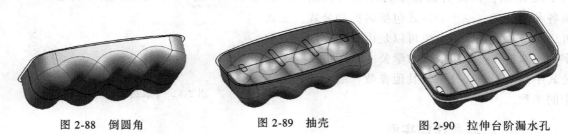

图 2-88　倒圆角　　　　　　　图 2-89　抽壳　　　　　　　图 2-90　拉伸台阶漏水孔

8）单击【基准 CSYS】命令，类型选择"偏置 CSYS"，在偏置数值文本框中输入"X：42，Y：21，Z：28"，创建基准坐标系，完成后如图 2-91 所示。

9）单击【圆柱体】命令，直径设为 4，高度为 3，点指定为基准坐标系中心，矢量方向指定为 Z 轴负方向，布尔设为"求和"，完成圆柱创建；单击【倒圆角】命令，对创建的圆柱上表面倒圆角 2，确定后退出【倒圆角】对话框，完成后如图 2-92 所示。

10）单击【阵列特征】命令，选择上一步所做的圆柱体和倒圆角，布局设为"线性"，方向 1 的方向为 X 负方向，间距设为"数量和节距"，数量 2，节距 84；勾选"使用方向 2"，方向为 Y 负方向，数量 2，节距 42，确定后退出【阵列】对话框，隐藏除实体外的其他特征，完成后如图 2-93 所示。

图 2-91　创建基准坐标系

图 2-92　创建凸台

图 2-93　阵列凸台

第四节　NX 装配

装配是把零部件按特定的位置进行组合，形成装配体。NX 的装配功能相对于其他三维建模软件有其自身的特点和优势，零件的装配过程就是在装配中建立零部件之间的链接关系，通过定义匹配关系，NX 系统可以确定零部件在整个装配体中的位置。在装配过程中，零部件的几何参数是被引用的，即零部件的几何参数是保存在它们自己的文件中的，而不是被复制到装配中，不管如何编辑零部件或到另一台计算机上编辑零部件，整个装配体部件总是保持关联性。如果某一零件被修改，则引用该零件的装配体将随着零件的最新变换做出自动更新。

NX 装配有以下主要特点：

* 组件的几何特征是指向装配体的，而不是复制到装配体中的。
* 用户可以利用自顶向下或自底向上的方法生成装配体。
* 多个组件可以同时打开和进行编辑。
* 组件的几何特征可以在装配体中进行创建和编辑，不论如何和在何处进行编辑，关联性一直存在于装配体中。
* 装配体中的组件会自动根据所在装配体的修改而修改。
* 装配条件让用户能按照指定的约束关系放置组件。
* 装配导航器为装配结构体提供了一个图形界面，让用户用另一种方式选择和操纵组件。
* 装配可以应用在其他方面，比如制图和制造上。

一、NX 装配术语

1. 装配体（Assembly）

装配体由单个零件和子装配体组成。在 NX 中，一个装配体是包含组件的部件文件。

2. 组件（Component）

组件是处于装配体中特定方位和地点的装配体的一部分。组件可以是包含其他低级组件的子装配体，也可以是单个零件。每一个组件只包含对于使用它的装配的一个指针，当改变一个组件的几何特征时，使用这一组件的装配将自动反映这一变化。

3. 零部件（Component Part）

零部件是装配体中组件指向的部件文件或主模型。实际几何特征是存储在零部件中的，并由装配体引用而不是复制。

4. 自顶向下建模（Top-down Modeling）

自顶向下建模是在装配级别创建几何体的建模方法，并可将几何体移动或复制到一个或多个组件中。

5. 自底向上建模（Bottom-up Modeling）

自底向上建模是先创建零件，然后将其添加到装配中的建模方法。

6. 显示部件（Displayed Part）

显示部件是当前显示在图形区的部件。

7. 工作部件（Work Part）

工作部件是指用户创建和编辑几何特征的部件。工作部件可以是显示部件或任何包含在显示装配体中的零部件。对于单个零件，工作部件就是显示部件。

8. 引用集（Reference Set）

引用集是一个部件中命名的某个或某几个几何特征的集合，可以用于简化在更高一级装配体中零部件的图形显示。

打开一个组件文件，单击主菜单【格式】→【引用集】，弹出图 2-94 所示对话框，除"整个部件"和"空"两个引用集为系统自带，无法修改外，在列表中可以新建、删除引用集，单击一个引用集后，包含在该引用集中的对象会在图形区高亮显示，可以向引用集中添加或移除对象。

图 2-94 【引用集】对话框

在装配图中右击一个组件，光标悬停在快捷菜单的【替换引用集】上，会列出该组件的所有引用集，选择哪个引用集，该引用集包含的对象就显示在图形区。

9. 配对条件（Mating Condition）

配对条件是单个零部件的约束条件集。每一个在装配体中的零部件只能有一个配对条件，不过每一个配对条件可以包含相对于其他几个零部件的约束关系。

10. 装配导航器（Assembly Navigator）

装配导航器是将装配结构中的零部件以树状结构显示的图表，每个组件都以一个节点的形式显示在树状结构中，如图 2-95 所示。单击资源条上的装配导航器图标，装配导航器就会自动弹出。应用装配导航器可以：

- 查看显示部件的装配结构。
- 将命令应用于特定组件。
- 通过将节点拖到不同的父项对结构进行编辑。
- 标识组件。
- 选择组件。

装配导航器中组件名称左侧有三种符号：

⊞/⊟：⊞表示当前是折叠装配体或子装配体，单击该符号会展开子装配体组件列表；⊟表示当前已经展开子

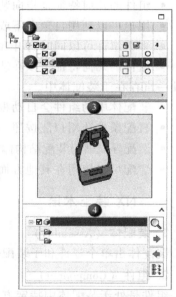

1.装配导航器： 标识特定组件，并显示层次结构树主面板列
2.组件节点： 显示与各组件相关的信息
3.预览面板： 显示所选组件的已保存部件预览
4.相依性面板： 显示所选装配或零件节点的父-子相依性

图 2-95 装配导航器

装配体列表，单击该符号折叠列表。

🔧/🔩：前者表示组件为子装配体，后者表示组件为单独零件；当图标是黄色显示时，表示此装配体或子装配体在工作部件中；当图标为灰色显示、黑色边界时，表示此装配体或子装配体是非工作部件；当图标是灰色显示、虚线边界时，此装配体或子装配体为关闭状态。

☑：显示组件状态。检查盒为空时，表示零件并没有被加载；红色对钩表示当前部件可见；灰色对钩表示当前部件不可见。

二、自底向上装配

自底向上装配是把已经创建好的组件，按照一定的方位装配在一起，主要应用【添加组件】命令。勾选主菜单【启动】→【装配】，会显示装配工具条，主菜单【装配】中会显示全部装配命令。

1. 添加组件

单击主菜单【装配】→【组件】→【添加组件】，或者单击【装配】工具条上相应图标，弹出图 2-96 所示对话框，其主要设置项如下：

● 部件——指定要添加到组件中的部件。可从已加载的部件列表或最近访问的部件列表中选取，也可打开一个新的组件文件。"数量"指可设置添加部件的实例数。

● 定位——设置添加组件的定位方法：

◇ 绝对原点——将组件原点放置在绝对点（0，0，0）上。

◇ 选择原点——将组件原点放置在所选的点上。将显示【点】对话框用于选择点。

◇ 通过约束——在指定初始位置之后打开【装配约束】对话框。

◇ 移动——用于在定义初始位置之后移动已添加的组件。

● 分散复选框——选中该复选框后，可自动将组件放置在各个不同位置，以使组件不重叠。

● 多重添加——确定是否要添加多个组件实例：

◇ 无——仅添加一个组件实例。

◇ 添加后重复——重复添加相同组件。

◇ 添加后生成阵列——用于创建新添加组件的阵列。如果要添加多个组件，则此选项不可用。

图 2-96　【添加组件】对话框

● 名称——选择单个组件时可用。用于为要添加的组件指定组件名称。

● 引用集——设置添加组件的引用集。

● 图层选项——设置要向其中添加组件和几何体的图层。

◇ 原始的——组件几何特征原来在哪个图层，添加到装配体后，放置在相同图层。

◇ 工作的——把组件添加到当前工作图层。

◇ 按指定的——把组件添加到指定图层。

注意：若选择"原始的"，且原始的图层号在当前装配体中没有打开，则预览窗口中看不到组件。

- 预览——勾选预览复选框，显示预览窗口，否则不显示。

2. 定位组件

如果在【添加组件】对话框的"放置"类型为"通过约束"，确定后会弹出【装配约束】对话框，或者单击主菜单【装配】→【组件位置】→【装配约束】，弹出【装配约束】对话框，如图 2-97 所示，对图形区的组件进行位置约束。打开此对话框后，用鼠标拖动图形区组件的任何对象，可在自由度范围内移动或转动组件。该对话框中约束类型如下：

- 对齐/锁定——对齐不同组件中的两个轴，同时防止绕公共轴发生任何旋转。通常，当需要将螺栓完全约束在孔中时，这将作为约束条件之一。

图 2-97 【装配约束】对话框

- 角度——定义两个对象间的角度尺寸。
- 胶合——将组件"焊接"在一起，将它们作为刚体移动。
- 中心——使一对对象之间的一个或两个对象居中，或使一对对象沿另一个对象居中。
- 同心——约束两个组件的圆形边或椭圆形边的中心重合，并使边所在平面共面。
- 距离——指定两个对象之间的最小 3D 距离。
- 配合——将两个半径相等的圆柱面或锥形面靠拢，使圆柱面的线性公差为 0.1mm，锥形面的角度公差为 1°。如果以后半径变为不等，则该约束无效。配合约束对于将销或螺栓定位至孔中很有用。
- 固定——将组件固定在其当前位置上。
- 平行——将两个对象的方向矢量定义为相互平行。
- 垂直——将两个对象的方向矢量定义为相互垂直。
- 接触对齐——约束两个组件，使它们彼此接触或对齐。

◇ 接触——两面对齐，且法向相反，或两个棱边对齐。

◇ 对齐——两面对齐，且法向相同，或边和线对齐。

◇ 自动判断中心/轴——指定圆柱面或圆锥面的中心或轴对齐。

3. 移动组件

如果在【添加组件】对话框的"放置"类型为"移动"，确定后会弹出【移动组件】对话框，或者单击主菜单【装配】→【组件位置】→【移动组件】，弹出【移动组件】对话框，如图 2-98 所示，移动或转动图形区的组件。打开此对话框后，用鼠标拖动图形区组件的任何对象，可在自由度范围内移动或转动组件。该对话框中变换类型如下：

- 动态——用于通过拖动、使用图形窗口中的屏显输入框或通过【点】对话框来重定位组件。

图 2-98 【移动组件】对话框

- 通过约束——用于通过创建移动组件的约束来移动组件。
- 距离——用于定义选定组件的移动距离。
- 点到点——用于将组件从选定点移到目标点。
- 增量 XYZ——根据 WCS 或绝对坐标系，将组件沿 XC、YC 和 ZC 移动指定的距离。
- 角度——用于沿着指定矢量按一定角度移动组件。
- 根据三点旋转——使用三个点旋转组件，即枢轴点、起点和终点。
- CSYS 到 CSYS——根据两个坐标系的关系移动组件。
- 轴到矢量——可使用两个指定矢量和一个枢轴点来移动组件。
- 投影距离——用于将组件沿着矢量移动，或者将组件移动一段距离，该距离是投影到运动矢量上的两个对象或点之间的投影距离。

三、自顶向下装配

自顶向下装配方式可以在装配过程中参考其他零部件对当前工作部件进行编辑，也可以在装配体中新建一个组件，然后参照装配体中的其他组件对其进行设计，也就是所谓上下文设计。在实际设计中，自底向上和自顶向下装配常常是结合起来使用的。

1. 新建组件

使用新建组件命令可在装配中创建新组件，新组件可用于自顶向下的设计方法创建装配。使用自顶向下的方法，可以将现有几何体复制或移到新组件中，或者创建一个空组件文件，随后向其中添加几何体。新建组件时，若工作部件是装配体，则在装配体下增加一个新的组件，若工作部件是一个零件，则新建组件装配在该零件下，该零件变为子装配体。

图 2-99 【新建组件】对话框

单击主菜单【装配】→【组件】→【新建组件】，弹出【新组件文件】对话框，该对话框与【新建】对话框类似，设置文件模板、文件名和存储路径，确定后弹出【新建组件】对话框，如图 2-99 所示，选择要包含到新组件中的对象，设置名称、引用集、图层等选项，确定后创建一个新的组件。

2. 关联设计

完成一个新组件创建后，下一步在新组件中创建几何体，自顶向下设计的优势就是在组件创建过程中，可以参考装配体中所有点、线、面、体等对象。单击主菜单【插入】→【关联复制】→【WAVE 几何链接器】，弹出【WAVE 几何链接器】对话框，如图 2-100 所示，选择复制对象类型，在图形区其他组件中选择要复制的对象，确定后把选中的对象复制到当前工作部件，并在部件导航器中添加链接的特征。也可以在工作部件中创建几何特征过程中，在选择对象时，如图 2-101 所示，把选择条上的选择范围设为"整个装配"，并单击【创建部件间链接】图标，在图形区选择对象，同样可以起到关联复制的作用。

图 2-100 【WAVE 几何链接器】对话框

以下为部件间关联设计示例：

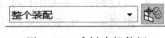

整个装配

图 2-101 【创建部件间
链接】图标

1）在装配导航器中，右击图 2-102a 所示定位器组件，然后选择设为工作部件。

2）打开 WAVE 几何链接器，在类型列表中，选择"草图"，在图形窗口中，选择图 2-102b 所示草图。

确保"关联"复选框处于选中状态。

（可选）取消对"隐藏原先的"复选框的选择，以将源几何体保留在图形窗口显示中。

（可选）选中"使用父部件的显示属性"复选框，以保留父部件的显示属性。

确定后在部件导航器中显示"链接的草图"特征。

3）拉伸关联的曲线，并将它从定位器中减去，以创建修剪效果。对原始草图特征进行的任何编辑都会更新定位器。

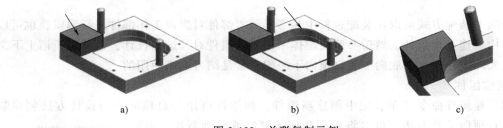

a)   b)   c)

图 2-102　关联复制示例
a）设置工作部件　b）复制草图　c）拉伸减材

四、爆炸图和装配序列

爆炸图和装配序列都是把装配在一起的组件"展开"。爆炸图是把每个组件移动变换到新的位置，形成一个静态爆炸视图，以便用于图纸或图解，组件的移动变换不会更改其实际装配位置，如图 2-103 所示。装配序列则是动态地展开组件，对显示组件的装配和拆卸进行仿真，每个序列均与装配布置（即组件的空间组织）相关联。

单击【装配】工具条上的【爆炸图】图标，弹出【爆炸图】工具条，如图 2-104 所示，工具条上集成了所有爆炸图的创建和编辑工具，或者单击主菜单【装配】→【爆炸图】，选择爆炸图的创建和编辑工具。

在工具条上单击【新建爆炸图】图标，输入爆炸图名称后，在爆炸图列表中显示为当前工作图，单击【编辑爆炸图】图标，弹出图 2-105 所示对话框，在对话框中勾选"选择对象"，在图形区选择要移动的组件，再勾选对话框中"移动对象"，把选中的组件移动到合适的位置。重复以上步骤，展开所有组件，完成爆炸视图。爆炸视图可以有多个，可在爆炸图工具条上的爆炸视图列表中切换。

单击主菜单【装配】→【序列】，或者单击【装配】工具条上相应图标，进入装配序列任务环境，并显示装配序列相关工具条，如图 2-106 所示。单击【装配序列】工具条上的【新建序列】图标，可在名称列表中修改序列名称。单击【序列工具】工具条上的【插入运动】图标，弹出【录制组件运动】工具条，如图 2-107 所示，在工具条上单击"选择对象"图标，在图形区选择要移动的组件，再单击"移动对象"图标，把选中的组件移动到合适

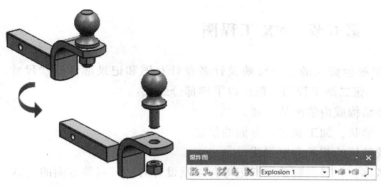

图 2-103　爆炸示意图

图 2-104　【爆炸图】工具条

图 2-105　【编辑爆炸图】对话框

的位置。重复以上步骤，展开所有组件，如果需要改变视图方位，在改变之前单击工具条上"摄像机"图标，系统会记录改变后的视图方位。完成所有组件移动后，单击工具条上绿色对钩确定图标，在【序列回放】工具条上，可以向前或向后播放动态过程，也可以把动态过程导出为视频文件。

图 2-106　装配序列工具条

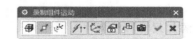

图 2-107　【录制组件运动】工具条

五、装配练习

新建文件，把 assembly 文件夹中所有文件按照图 2-108 所示装配在一起。

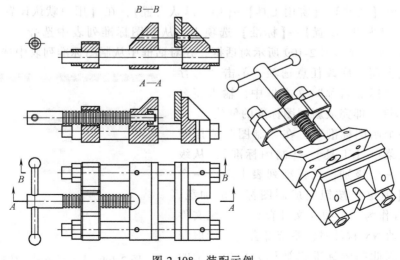

图 2-108　装配示例

第五节　NX 工程图

NX 工程图是由三维主模型派生而来的，是反映设计者设计意图和记录部件形状尺寸、加工要求等信息的重要载体，一张二维工程图一般由以下四部分组成：

- 一组视图：表达零部件结构或由装配体组成。
- 标注：表达模型尺寸、形状、加工要求等方面的信息。
- 文字注释：模型局部或整体的相关文字说明。
- 边框和标题栏：部件名称、材料、数量、标记等，以及设计者、时间等方面的信息。

工程图的创建步骤如下：

1. 设置制图标准和图纸首选项

在创建图纸前，建议先设置新图纸的制图标准、视图首选项和注释首选项。设置后，所有新创建的视图和注释都将保持一致，并具有适当的视觉特性和符号体系。

2. 新建图纸

创建图纸的第一步是新建图纸页，可以直接在当前的工作部件中创建图纸页，也可以先创建包含模型几何体（作为组件）的非主模型图纸部件，进而创建图纸页。

3. 添加视图

NX 能够创建单个视图或同时创建多个视图。所有视图均直接派生自主模型，并可用于创建其他视图，例如剖视图和局部放大图。基本视图决定了投影视图的正交区域和视图对齐。

4. 添加尺寸和注释

将视图放在图纸上之后，即可添加尺寸和注释。尺寸和注释与视图中的几何体相关联。如果移动视图，相关联的尺寸和注释也将一起移动。如果对模型进行了编辑，则尺寸和注释会更新以反映所做的更改。

一、制图标准和首选项设置

单击主菜单【文件】→【实用工具】→【用户默认设置】，在【用户默认设置】对话框中，选择【制图】→【常规/设置】→【标准】选项卡，从制图标准列表中选择一个标准，单击"定制标准"选项，弹出图 2-109 所示对话框，在对话框中从制图标准列表中选择任意节点，

并在选项卡式页面上修改任意选项，单击"另存为"按钮，在"标准名称"文本框中，输入新名称并按<Enter>键，即完成新制图标准的创建。

要加载一个制图标准时，在"制图"应用模块中，单击主菜单【工具】→【制图标准】，从级别列表中选择一个级别，从标准列表中选择一个标准，单击【确定】按钮完成制图标准的加载。NX 把制图标准作为一个独立文件存放在系统文件夹中，每次启动 NX 软件时，系统都会自动读取制图标准文件，因此制图标准也被称为用户级别的

图 2-109　【定制制图标准】对话框

设置。

单击主菜单【首选项】→【制图首选项】，弹出图2-110所示【制图首选项】对话框，在该对话框中可完成以下设置：

● 设置工作流、图纸和视图选项，以定制与"制图"环境的交互。

● 控制制图对象的版本更新，包括所有尺寸标注类型、截面线以及注释、标签、符号、中心线和剖面线等制图辅助。

图2-110 【制图首选项】对话框

● 控制制图视图的外观、更新方法、组件加载行为以及视觉特征。

● 控制制图注释和尺寸的格式以及保留的注释和尺寸的行为和外观。

● 控制表和零件明细栏的格式。

● 设置制图自动化规则和自动图纸默认条件。

制图首选项只规定首选项设置完成以后所创建对象的行为、格式、外观，即无法规范在首选项设置之前已经创建的对象，因此在创建图纸之前，首先设置首选项，这些设置项会被记录在当前文件中，因此制图首选项又被称作文件级别的设置。

在图形区右击一个对象，如视图、尺寸等，选择【设置】，在弹出的对话框中可以完成与对象相关的设置，这些设置只针对某一个特定对象，所以该设置被称为对象级别的设置。

二、图纸页创建

单击【启动】→【制图】，进入制图环境，单击主菜单【插入】→【图纸页】，弹出图2-111所示【图纸页】对话框，可以创建三种图纸页：

● 使用模板——在模板列表中选择标准图纸模板，所创建的标准图纸有边框和标题栏，打开170图层即可显示。

● 标准尺寸——根据标准尺寸创建图纸页，图纸页无边框和标题栏。

● 定制尺寸——手动输入图纸页的高度和长度，创建非标准图纸页，图纸页无边框和标题栏。

图2-111 【图纸页】对话框

在【图纸页】对话框中完成其他设置，确定后创建图纸页。在建模或制图环境中，打开部件导航器中"图纸"列表，可以看到所有创建的图纸，双击图纸或右击在快捷菜单中选择"打开"，即打开图纸页，右击某一图纸，在快捷菜单中可完成对图纸的删除、复制等操作。

三、视图创建

1. 基本视图

基本视图是由主模型部件、当前部件或其他已加载的部件添加到当前图纸页中的视图，从基本视图中可创建关联其他子视图，如投影视图、剖视图和局部放大图。

单击主菜单【插入】→【视图】→【基本视图】或【视图创建向导】，可创建基本视图，其中试图创建向导是把选择部件、样式设置、布局等整合在一个对话框中，可同时创建多个视图。图2-112所示为【基本视图】对话框，其主要设置项如下：

- 指定位置——使用光标来指定一个屏幕位置。
- 要使用的模型视图——用于选择一个要用作基本视图的模型视图。在主模型模式中，模型视图的列表来自主模型部件，而不是当前图纸部件。如果要从图纸部件添加视图，则必须首先在已加载的部件列表中选择图纸部件。
- 定向视图工具——打开定向视图工具并且可用于定制基本视图的方位，单击定向视图图标后，弹出【定向视图】对话框和预览窗口，在对话框中定义以下两个方向：
  ◇ 法向——用于指定垂直于视向平面的矢量。
  ◇ X向——指定水平方向矢量，一旦选择并确认了水平方向，显示内容则定向到指定的方向。
- 比例——在向图纸页添加制图视图之前，为制图视图指定一个特定的比例。默认的视图比例值等于图纸比例。对于局部放大图，默认比例是大于其父视图比例的一个比例值。

放置视图之前，右击在快捷菜单中选择"设置"，弹出图2-113所示【设置】对话框，可设置视图相关对象。完成后在合适位置单击放置视图。

图2-112 【基本视图】对话框

图2-113 【设置】对话框

2. 投影视图

投影视图是从现有基本图纸、正交视图或辅助视图投影的视图。当环绕父视图的中心移动光标时，NX会自动判断正交对齐和辅助对齐，如图2-114所示。单击主菜单【插入】→【视图】→【投影】，或者右击父视图边界，在快捷菜单中选择【添加投影视图】，弹出图2-115所示【投影视图】对话框，其主要设置项如下：

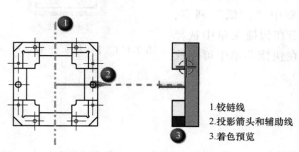

1.铰链线
2.投影箭头和辅助线
3.着色预览

图2-114 投影视图示例

图2-115 【投影视图】对话框

- 父视图——选择要投影的视图。
- 铰链线——视图投影方向的垂直参考。
- 视图原点——指定视图的屏幕位置。

3. 局部放大图

局部放大图用于将现有视图中的某局部进行放大，其放大比例可根据其父视图单独进行调整，以便更容易地查看在视图中显示的对象并对其进行注释，边界可以是圆形或矩形，如图 2-116 所示。单击主菜单【插入】→【视图】→【局部放大图】，弹出图 2-117 所示【局部放大图】对话框，其主要设置项如下：

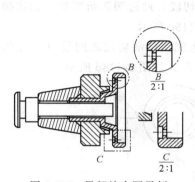

图 2-116　局部放大图示例

图 2-117　【局部放大图】对话框

- 类型——选择边界形状，分为以下三种：
◇ 圆形——创建有圆形边界的局部放大图。
◇ 按拐角绘制矩形——通过选择对角线上的两个拐角点创建矩形局部放大图边界。
◇ 按中心和拐角绘制矩形——通过选择一个中心点和一个拐角点创建矩形局部放大图边界。
- 边界——根据边界类型，确定边界点。
- 父视图——选择一个父视图。
- 原点——指定局部放大图的放置位置。
- 比例——局部放大图的比例因子大于父视图的比例因子。
- 父项上的标签——提供下列在父视图上显示的标签：
◇ 无——无边界。
◇ 圆——圆形边界，无标签。
◇ 注释——有标签但无指引线的边界。
◇ 标签——有标签和半径指引线的边界。
◇ 内嵌的——标签内嵌在带有箭头的缝隙内的边界。
◇ 边界——显示实际视图边界。例如，没有标签的局部放大图。
- 设置——打开【设置】对话框。

- 隐藏的组件（仅与装配部件一起可用）——选择视图中要隐藏的组件。
- 非剖切——在视图为剖切状态时，选择要显示为非剖切的组件或实体。

4. 剖视图

剖视图包括以下四类：

- 全剖/阶梯剖：简单剖视图由穿过部件的单一剖切段组成。剖切段平行于铰链线，并具有两个表示视线方向的箭头线段；阶梯剖视图由穿过部件的多个剖切段组成，所有剖切段都与铰链线平行，并通过一个或多个折弯段相互附着，如图 2-118a 所示。
- 半剖：部件的一半被剖切，另一半未被剖切，如图 2-118b 所示。由于剖切段与铰链线平行，因此半剖视图类似于简单剖视图和阶梯剖视图，剖切线只包含一个箭头、一个折弯和一个剖切段。
- 旋转剖：旋转剖视图的截面线符号包含两条支线，它们围绕位于圆柱形或锥形部件的轴上的公共旋转点旋转，每条支线包含一个或多个剖切段，通过圆弧折弯段互相连接，旋转剖视图在公共平面上展开所有单个的剖切段，如图 2-118c 所示。
- 点到点：由父视图中通过选定点的多个剖切段生成，且剖切段之间没有相连的折弯段，在剖视图中将剖切展开或"展平"为单个的视图平面，如图 2-118d 所示。

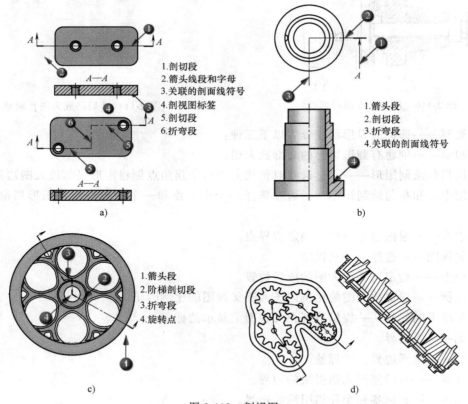

图 2-118　剖视图
a）全剖/阶梯剖　b）半剖　c）旋转剖　d）点到点

单击主菜单【插入】→【视图】→【剖视图】，弹出图 2-119 所示【剖视图】对话框，其主要设置项如下：

● 定义——设置用于指定截面线的方法。

◇ 动态——用于以交互方式创建截面线。这些截面线不直接与任何草图几何体关联。将提供屏幕手柄，用于在创建或编辑动态截面线时移动和删除折弯点、截面线段和箭头点。

◇ 选择现有的——用于选择现有的独立截面线。可以使用"截面线"命令创建独立截面线，也可以创建动态截面线，然后右击图形区，在快捷菜单中选择"仅截面线"，然后再放置截面线。

● 方法——设置要创建的剖视图类型。

● 铰链线——创建铰链线，可用的选项取决于选择的方法。

● 截面线段——创建截面线，可用的选项取决于从方法列表中选择的方法。

图 2-119 【剖视图】对话框

● 父视图——用于选择不同的父视图（如果图纸页上有多个视图）。

● 方向——设置剖视图的方向。

◇ 正交视图——创建正交的剖视图。

◇ 继承方向——设置剖视图的方向等同于另一个现有视图的方向。

◇ 剖切现有的——将剖切操作应用于现有视图。

● 设置——打开【设置】对话框。

● 隐藏的组件（仅与装配部件一起可用）——选择视图中要隐藏的组件。

● 非剖切——在视图为剖切状态时，选择要显示为非剖切的组件或实体。

5. 局部剖视图

局部剖视图是通过移除部件的某个外部区域来查看部件的内部情况，如图 2-120 所示。局部剖切区域由一个封闭曲线定义，且先于局部剖切视图创建。右击要局部剖视的视图，在快捷菜单中选择"活动草图视图"，使用草图曲线命令创建代表局部剖视图边界的曲线。单击主菜单【插入】→【视图】→【局部剖】，弹出图 2-121 所示【局部剖】对话框，其主要设置项如下：

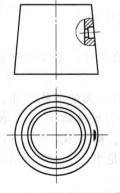

图 2-120 局部剖视图示例

图 2-121 【局部剖】对话框

- 创建——激活局部剖视图创建步骤。
- 编辑——修改现有的局部剖视图。
- 删除——从主视图中移除局部剖视图。删除断开曲线选项确定是否同时删除视图中的边界曲线。
- 创建步骤——创建步骤引导完成创建局部剖视图的交互式过程。
◇ 选择视图——在当前图纸页上选择将要显示局部剖的视图。
◇ 指出基点——基点是封闭区域剖切深度的参考点。
◇ 指出拉伸矢量——拉伸封闭曲线的方向，它与视图平面垂直并指向观察者。
◇ 选择曲线可以定义局部剖的边界曲线。用户可以手动选择一条封闭的现有曲线环，或让 NX 自动闭合开放的现有曲线环。
- "视图选择"列表框——列出当前图纸页上所有可用作局部剖视图的视图。可从该列表中选择一个视图，也可以直接从图形区选择视图。
- 切穿模型——选中该选项时，局部剖会切透整个模型。

四、标注

1. 尺寸标注

单击主菜单【插入】→【尺寸】→【快速尺寸】，弹出图 2-122 所示【快速尺寸】对话框，可以完成工程图中所有尺寸的标注，其主要设置项如下：

图 2-122 【快速尺寸】
对话框

- 参考——选择尺寸所关联的几何体。如果 NX 能够根据选择的第一个对象确定尺寸类型，则不必选择第二个对象。例如，如果测量方法设置为自动判断并且选择了一个圆弧，NX 将创建一个圆柱尺寸或直径尺寸，具体取决于光标的位置。但是，如果要创建不同的尺寸类型，则可以选择第二个对象。
- 原点——指定尺寸放置位置。
- 方法——选择要创建的尺寸类型。
◇ 自动判断——让 NX 根据光标的位置和选择的对象自动判断要创建的尺寸类型。
◇ 水平——仅用于创建水平尺寸。
◇ 竖直——仅用于创建竖直尺寸。
◇ 点到点——能够在两个点之间创建尺寸。如果想指定显示两个点间的测量方向的矢量，使用线性命令。
◇ 垂直——仅用于创建使用一条基线和一个点定义的垂直尺寸。基线可以是现有的直线、线性中心线、对称线或圆柱中心线。
◇ 圆柱形——创建一个等于两个对象或点位置之间的线性距离的圆柱尺寸。直径符号会自动附加至尺寸。圆柱尺寸可用于对整个直径或半个直径进行尺寸标注。NX 使用所选对象的类型以及选择顺序来确定尺寸表示真实直径还是表示半径，如果 NX 确定标注的是真实直径，则尺寸中将显示实际的物理距离，如果 NX 确定标注的是半径，则将以所显示实际物理距离的两倍作为显示尺寸的尺寸值。
◇ 角度——仅在两个选定对象之间创建角度尺寸。

◇ 径向——仅用于创建简单的半径尺寸。如果想创建更复杂的径向尺寸，例如带折线的半径，要使用径向命令。

◇ 直径——仅用于创建直径尺寸。

● 驱动——在向图纸中创建的草图添加尺寸时，用于设置要创建的尺寸类型。

● 设置——打开【设置】对话框后可以更改所创建的尺寸的显示内容。只有当【快速尺寸】对话框打开时此操作才能影响用户所创建尺寸的设置。如果关闭该对话框或启动其他命令，设置会返回其默认值。

● 选择要继承的尺寸——将选择的现有尺寸的样式设置应用到所创建或编辑的尺寸。

用户在【快速尺寸】对话框中可以完成绝大多数尺寸的标注，也可以在主菜单【插入】→【尺寸】中选择其他尺寸标注方法。

2. 几何公差标注

模型特征的几何公差标注用特征控制框命令完成。可以创建和编辑有或无指引线的以下控制框：

● 单线特征控制框。

● 多线公差框。

● 复合特征控制框。

● 下方（复合总是在上方）有一个或多个附加公差框的复合特征控制框。

也可以将特征控制框附着在现有尺寸上。单击主菜单【插入】→【注释】→【特征控制框】，弹出图 2-123 所示【特征控制框】对话框，其主要设置项如下：

● 原点——指定几何公差的位置和关联对象。

● 指引线——设置指引线的样式。

● 特性——指定表单、位置、方位、轮廓或跳动的几何控制符号类型。

● 框样式——指定单框或复合框。

● 公差——设置公差值。

● 基准参考——用于指定第一、第二或第三基准参考字母。

● 公差修饰符——指定公差修饰符。

● 继承——用于选择从其中继承内容和样式的现有特征控制框。

图 2-123 【特征控制框】
对话框

● 设置——打开【设置】对话框，可以设置特征控制框的注释和指引线的显示特性。

3. 表面粗糙度标注

表面粗糙度命令可在图纸上创建符合标准的表面粗糙度符号，符号可带或不带指引线，与边、轮廓和截面边等几何体或与尺寸和中心线关联，如图 2-124 所示。单击主菜单【插入】→【注释】→【表面粗糙度的符号】，弹出图 2-125 所示【表面粗糙度】对话框，其主要设置项

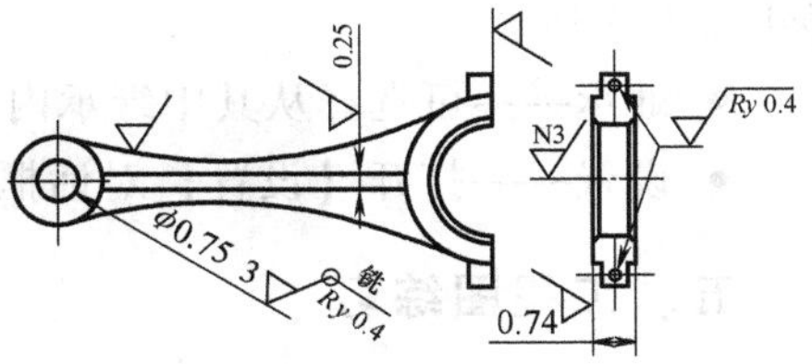

图 2-124 表面粗糙度标注示例

如下：

- 原点——指定表面粗糙度的位置和关联对象。
- 指引线——设置指引线的样式。
- 属性——设置除料方法、标注样式、公差等。
- 继承——可选择从其中继承内容和样式的现有表面粗糙度符号。
- 设置——打开【设置】对话框，或者设置显示实例的样式。

4. 文本标注

使用文本标注命令可创建和编辑注释及标签。注释由文本组成，标签由文本以及一条或多条指引线组成。可以通过对表达式、部件属性和对象属性的引用来导入文本，文本可包括由控制字符序列构成的符号或用户定义的符号。在编辑或创建注释、标签或几何公差的过程中，当输入每个字符时，NX 都会直接在图形窗口中提供预览。

单击主菜单【插入】→【注释】→【注释】，弹出图 2-126 所示【注释】对话框，其主要设置项如下：

图 2-125 【表面粗糙度】对话框

图 2-126 【注释】对话框

- 原点——指定文本的位置和关联对象，如果在图纸空白处单击，在单击处创建文本，若光标放在对象上拖动鼠标，则创建有指引线的标签。
- 指引线——设置指引线的样式。
- 文本输入——输入或编辑文本，可以插入文本框中列出的各种符号，也可以导入、导出文本文档。
- 继承——可选择从其中继承内容和样式的现有文本标注。
- 设置——打开【设置】对话框，或者设置显示实例的样式。

五、工程图练习

打开 "drawing_practise.prt" 文件，创建与图 2-127 相同的工程图。

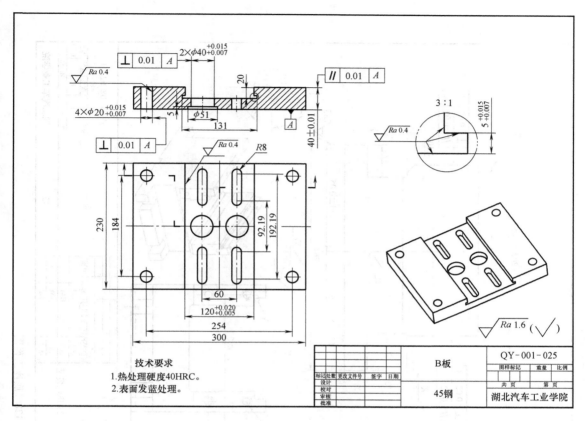

图 2-127　工程图练习

本 章 小 结

本章首先介绍了 NX 软件的界面和基础操作等软件基础知识，以及图层的概念，基准特征的应用和创建；介绍了草图创建和编辑的步骤、方法，参数化草图的设计理念，并提供了草图的练习题；详细介绍了实体建模常用命令的原理、方法和相关设置，以及参数化三维实体设计的理念，为读者提供了部分习题和示例；介绍了 NX 装配的常用方法和相关命令，以及关联设计的知识；讲解了 NX 工程图的组成、创建方法、步骤及相关设置。

综 合 练 习

1. 利用本章所学 NX 软件的草图和实体建模功能，做出图 2-128 ~ 图 2-133 零件的三维实体。

2. 把题 1 做出的 6 个三维实体，按照图 2-134 所示组装为一个装配体。

3. 根据题 1 做出的 6 个三维实体，按照图 2-128 ~ 图 2-133 所示的样式，分别做出每个实体的二维工程图。

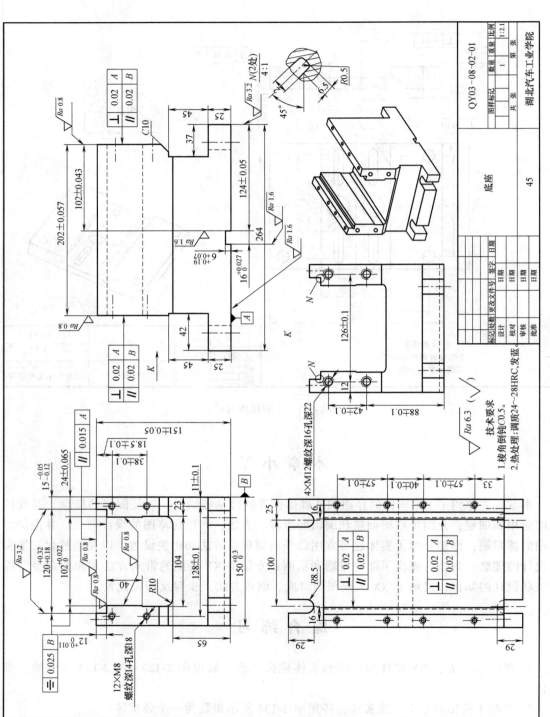

图 2-128 底座工程图

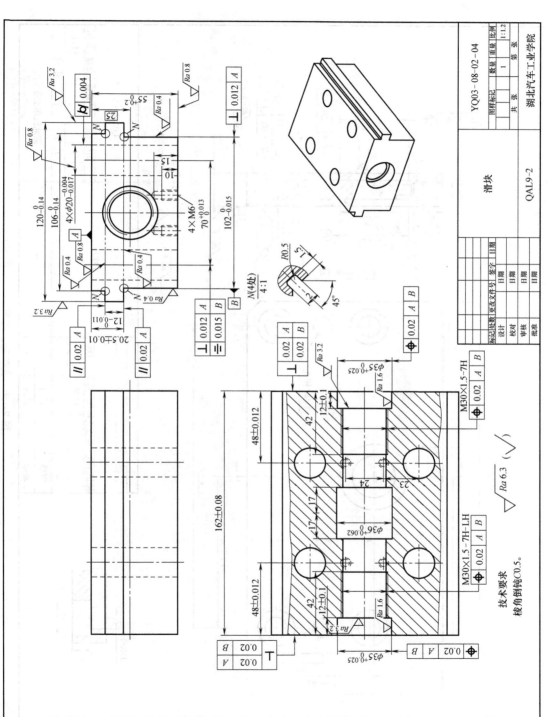

图 2-129　滑块工程图

技术要求
棱角倒钝C0.5。

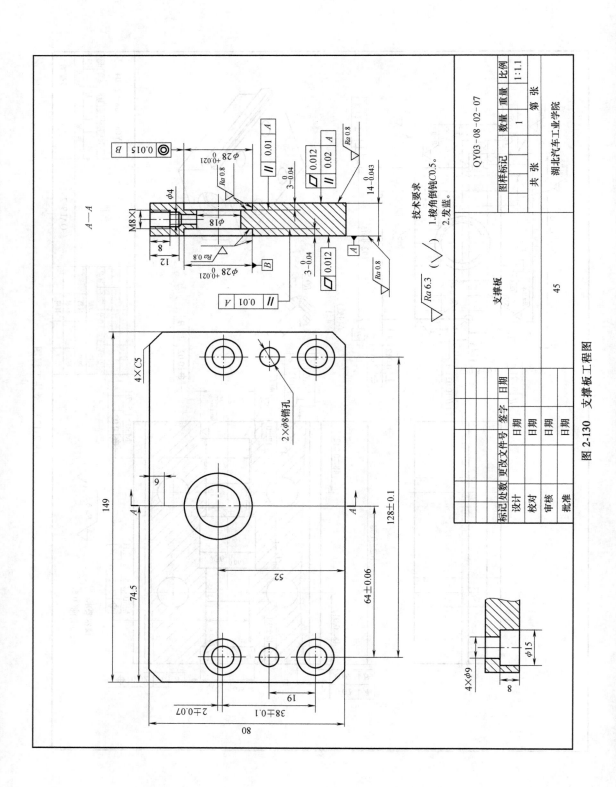

图 2-130 支撑板工程图

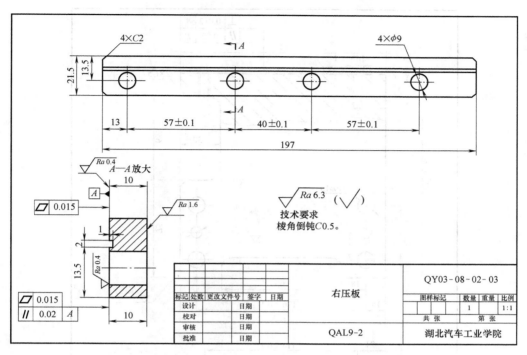

图 2-131 右压板工程图

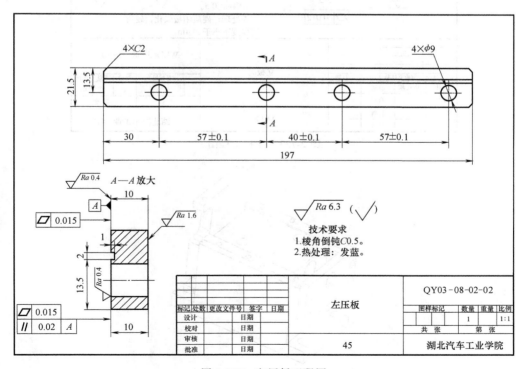

图 2-132 左压板工程图

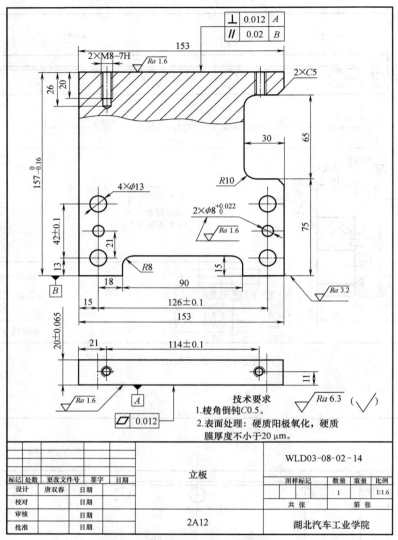

图 2-133 立板工程图

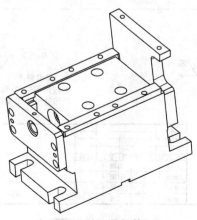

图 2-134 装配体

第三章

锻造模具NX设计

锻件造型是实体建模中最为复杂的。使用 CAD 构建零件时，不管是什么样的零件，它的特征决定了使用什么样的建模工具。锻件特征包括：拔模、分模线、倒圆、加强筋等。本章将介绍锻件和锻模的 NX 设计过程。

第一节 锻造工艺分析

一、锻造工艺概述

锻造工艺是指金属毛坯在外力的作用下发生体积变形使其充满模膛，获得所需形状、尺寸并具有一定力学性能的生产工艺。

1）根据锻造时锻件是否形成横向飞边，锻造工艺可分为以下两种：

① 有飞边锻造，即开式锻造，如图 3-1a 所示。分模面与模具运动方向垂直，在锻造过程中分模面之间的距离逐渐缩小，沿分模面形成横向飞边，依靠飞边的阻力使金属充满模膛。其特点是锻件周围沿分模面形成横向飞边。

② 无飞边锻造，即闭式锻造，如图 3-1b 所示。分模面与模具运动方向平行，在锻造过程中分模面之间的间隙保持不变，不形成飞边，如果毛坯体积过多，则在模膛充满后出现少量的纵向飞边。

2）根据金属毛坯的温度不同，锻造工艺可以分为以下三种：

① 热锻，即将金属毛坯加热至再结晶温度以上的始锻温度范围内进行锻造。

② 温锻，即将金属毛坯加热至再结晶温度以下某个适当的温度范围内进行锻造。

③ 冷锻，即在室温中对金属毛坯进行锻造。

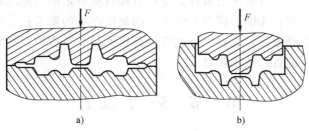

图 3-1 开式锻造与闭式锻造

a）开式锻造　b）闭式锻造

二、锻造模具的分类

锻造模具是实现锻造工艺的工装，是进行锻造生产的关键因素之一。锻造模具可以按所使用的锻造设备进行分类，也可按工艺用途进行分类，还可按模具结构和分模面的数量进行分类。其具体分类情况如下：

1）根据锻造设备可分为：①锤用锻模；②螺旋压力机用锻模；③热模锻压力机用锻模；④平锻机用锻模；⑤水压机用锻模；⑥辊锻机用锻模；⑦楔横轧机用锻模；⑧摆辗机用锻模；⑨自动镦锻机用锻模。

2）根据锻造工艺用途可分为：①锻造模具；②挤压模具；③辊锻模具；④镦锻模具；⑤摆辗模具；⑥校正模具；⑦压印模具；⑧精整模具；⑨精锻模具；⑩粉末压制与锻造模具；⑪切边模具；⑫冲孔模具。

3）根据锻造模具结构可分为：①整体模具；②组合模具。

4）根据锻造模具分模面数量可分为：①单向分模面模具；②多向分模面模具。

三、锻造模具的设计程序和一般要求

锻造模具设计是为了实现一定的变形工艺而进行的，因此，为了实现某一模锻件的生产，首先应根据相应零件的形状、尺寸、技术要求、生产批量和车间的生产条件等情况确定变形工艺和锻造设备，然后再设计锻造模具。

在锻造生产中，为了从原材料获得锻件，需要采用一系列的生产工序。由这一系列生产工序构成的锻件生产过程，就称为锻造工艺过程。

锻造工艺过程一般由下列基本工序构成：

①坯料准备；②坯料加热；③模锻；④切边、冲孔；⑤热校正或热精压；⑥磨去飞边；⑦热处理；⑧清理去除氧化皮；⑨冷校正或冷精压；⑩质量检验；⑪防锈包装入库。

锻造模具设计是在制订锻造工艺过程之后进行的，应以锻件图、工艺参数、金属流动分析、变形力和变形功、设备参数等为依据。锻造模具设计的主要内容和一般步骤如下：

①确定模膛形状和尺寸；②确定坯料在模膛中定位的方法；③确定从模具中迅速取出锻件的方法；④确定模膛的压力中心和模具的压力中心；⑤确定模具工作部分或工作零件的结构、材料、硬度，核算其强度；⑥进行模具的整体和零件的设计，选定零件的材料，进行必要的强度核算；⑦确定模具零件的加工精度、表面粗糙度等级和技术条件。

设计锻造模具时应满足以下要求：

①保证获得满足尺寸精度要求的锻件；②锻造模具应有足够的强度和高的寿命；③锻造模具工作时应当稳定可靠；④锻造模具的结构应满足生产率的要求；⑤便于操作；⑥制造简单；⑦安装、调整、维修方便；⑧在保证强度的前提下尽量节省模具材料；⑨锻造模具的外轮廓尺寸等应符合锻造设备的技术规格。

第二节 锻 件 设 计

锻件是在成品零件的基础上添加余量、余块、拔模斜度、圆角、冲孔连皮等形成的。余量在锻件的机械加工表面添加，可以采用拉伸面特征方法。余块可以通过删除孔、槽等特征形成。模锻斜度采用锥度命令得到。圆角和冲孔连皮等则可以通过 NX 相关的特征操作来完成。

实例：连杆锻件设计。图 3-2 所示为连杆零件的三维模型，在此基础上完成锻件设计。

该连杆零件的二维工程图如图 3-3 所示，读者可以参照图中尺寸进行连杆零件的三维实体造型，创建连杆零件文件"Ex_Connecting_rod. prt"。具体造型步骤可以采用整体造型方法，用毛坯轮廓一次拉伸到实际高度，然后再进行其他粗加工和精加工的特征操作。也可以根据连杆零件的上下对称性，先完成上半部分的造型，再用镜像的办法完成整体造型。后一种方法简称为对称造型法，使用这种方法更方便快捷。

图 3-2　连杆零件的三维模型

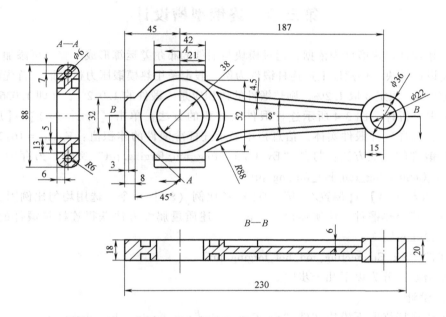

图 3-3　连杆零件的二维工程图

按照以下建模的基本步骤进行锻件设计的特征造型：

创建连杆锻件文件。打开"Ex_Connecting_rod. prt"文件，另存为连杆锻件文件"Ex_Connecting_rod_forging. prt"。

1）删除孔和槽特征以添加余块。该连杆小头部分的孔直径太小无法锻造，应添加余块。此外，大头部分的环形槽和螺钉孔也应作为余块处理。

2）拉伸特征添加余量。该连杆的大头和小头部分的上下表面，以及大头部分的圆孔需要进行机械加工，因此应该添加余量（本例分别设定为：大头 1.5mm，小头 2mm）。

3）模锻斜度设计。连杆侧边的所有面都应该设计模锻斜度（本例分别设定为：外斜度 7°，内斜度 10°）。

4）冲孔连皮设计。在连杆大头部分的中心孔处应该设计冲孔连皮（本例分别设定为：连皮厚度 3mm，圆角半径 3mm）。

5）添加圆角。最后在连杆锻件的所有尖角处分别添加内外圆角（本例分别设定为：内圆角半径设为 2mm，外圆角半径设为 1mm）。

保存文件"Ex_Connecting_rod_forging. prt"。

设计好的连杆锻件如图 3-4 所示。

如果连杆零件的建模采用的是整体造型方法,可以先切除下半部分;如果连杆零件采用的是对称造型方法,可以先删除镜像生成的下半部分。然后在上半部分完成上述特征造型后,再通过镜像生成下半部分。上述建模步骤只是大概的顺序,具体建模步骤应根据 NX 特征建模的实际过程和要求进行调整。

图 3-4　设计好的连杆锻件

第三节　终锻型槽设计

终锻型槽设计以热锻件为依据,通过模块与锻件的布尔差运算形成型腔,再添加飞边槽和钳口。首先设计模块。仍然以上述连杆锻件为例,假定采用热模锻压力机模锻。首先应对冷锻件加放收缩率 δ,假定 δ 取 1.2%,则热锻件的体积应是冷锻件的 1.012^3 倍(即 1.0364 倍)。

在 NX 中分析计算图 3-4 所示连杆锻件的体积的方法:单击【分析(L)】→【质量属性(P)】命令,选择连杆锻件实体,信息栏中显示连杆冷锻件的体积值: $V_{冷锻件} = 161264mm^3$。

连杆热锻件的生成方法:打开"Ex_Connecting_rod_forging. prt"文件,另存为连杆热锻件文件"Ex_Connecting_rod_hot_forging. prt"。

选择【插入(S)】→【偏置/比例(O)】→【比例(S)】命令,选用均匀比例因子 1.012。操作结束即可获得热锻件三维实体模型。再用上述质量属性方法获得连杆热锻件的体积值: $V_{热锻件} = 167139mm^3$。

保存文件"Ex_Connecting_rod_hot_forging. prt"。

终锻型槽设计分为以下几个步骤。

1. 型腔设计

首先生成连杆终锻下模块文件"Ex_Connecting_rod_forging_die_ down. prt"。

锻模模块选择两端带斜度(10°)的 a 型镶块结构,模块的尺寸为 450mm×260mm×100mm。用【长方体(Block)】特征操作生成下模块时,定位坐标应为(-155,-130,-101)。以下模块为例,采用布尔差运算生成型腔。由于热模锻压力机闭合时,上模块和下模块有间隙(等于飞边桥部高度 $h = 2mm$)。调入文件"Ex_Connecting_rod_hot_forging. prt"进行求差操作,在模块(目标体)与热锻件(工具体)定位时,锻件的分模线应高出 $h/2 = 1mm$。注意到连杆锻件图的坐标原点位于连杆大头部分的圆心处,按照型腔位于模块中央的原则,连杆锻模下模型腔设计的效果如图 3-5 所示。

保存文件"Ex_Connecting_rod_forging_die_down. prt"。

2. 飞边槽设计

采用Ⅱ型热模锻压力机飞边槽(见图 3-6),飞边桥部在上模。飞边槽参数: $h = 2mm$, $r = 1mm$, $b = 6mm$, $b_1 = 28mm$, $h_1 = 6mm$, $R = 4mm$, $R_1 = 5mm$。飞边槽面积为 $199.4mm^2$。

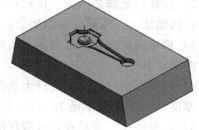

图 3-5　连杆锻模下模型腔设计的效果图

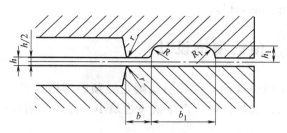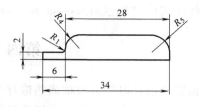

图 3-6　飞边槽尺寸和面积

由于本连杆锻件上下对称，可以在上述下模型腔设计的基础上添加飞边槽形成上模。

打开下模块文件"Ex_Connecting_rod_forging_die_down. prt"，另存为上模块文件"Ex_Connecting_rod_forging_die_up. prt"。采用带偏置的拉伸特征造型可以很方便地形成桥部和仓部，拉伸特征操作的编辑参数如下：

起始距离：-5；终止距离：0；第一偏置：6；第二偏置：34。执行布尔差运算。

然后添加圆角 r、R 和 R_1 完成飞边槽桥部和仓部的造型。连杆锻模上模型槽设计的效果如图 3-7所示。

保存上模块文件"Ex_Connecting_ rod_forging_die_up. prt"。

3. 钳口设计

钳口用来容纳夹持坯料的夹钳和便于从型槽中取出锻件。其另一个作用是作为浇注检验用的铅或

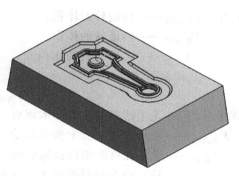

图 3-7　连杆锻模上模型槽的设计效果

盐样件的浇口。本例连杆锻件在热模锻压力机上锻造，钳口的作用主要为样件的浇口。因此可以采用小尺寸的特殊钳口。钳口宽度取 50mm，深度取 5mm，钳口斜度和坡度均取 10°；钳口颈尺寸取 8mm×2.5mm。

打开下模块文件"Ex_Connecting_rod_forging_die_down. prt"，另存为带钳口模块文件"Ex_Connecting_rod_forging_die. prt"。

可采用带锥度的拉伸特征操作生成钳口。首先在连杆大头仓部处（距大头端部24mm）绘制宽50mm、深5mm，并带45°斜边的草图，然后依此草图做拉伸特征操作。拉伸特征操作的参数如下：

起始距离：0；终止距离：150；锥度：-10°。执行布尔差运算。

然后在钳口槽底添加 $R5mm$ 的圆角，在钳口与飞边槽仓部交接处添加 $R2.5mm$ 的圆角。

钳口颈可采用拉伸特征或腔体特征操作生成。腔体特征操作的参数如下：

长度：40；宽度：8；深度：2.5；拔模角：20°。执行布尔差运算。

最后完成的连杆锻模下模钳口和型槽设计如图 3-8 所示。

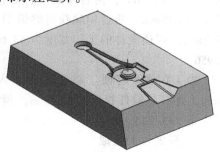

图 3-8　连杆锻模下模钳口和型槽设计

保存文件"Ex_Connecting_rod_forging_die.prt"。

第四节　预锻型槽设计

预锻型槽是以终锻型槽或热锻件为基础设计的，设计的原则是经预锻型槽成形的坯料，在终锻型槽中最终成形时，金属变形均匀，充填性好，产生的飞边最小。为此，结合连杆锻造实例，需具体考虑如下问题：

连杆锻件当预锻后在终锻型槽中应以镦粗方式成形，取预锻型槽的高度尺寸比终锻型槽大5mm，宽度则比终锻型槽小2mm，横截面面积比终锻型槽大3%。

按照上述原则，在NX中设计预锻型槽，可采用以下步骤进行：

1. 计算预锻件的体积 $V_{预锻件}$

$$V_{预锻件} = V_{热锻件} + V_{飞边}$$

式中　$V_{预锻件}$——预锻件的体积；

　　　$V_{热锻件}$——热锻件的体积；

　　　$V_{飞边}$——飞边所占的体积。

$V_{飞边}$ 根据下式计算：

$$V_{飞边} = K F_{飞边槽} L_{轮廓}$$

式中　K——飞边槽充满系数，本例取0.3；

　　　$F_{飞边槽}$——飞边槽面积，本例参见图3-6，计算为199mm^2；

　　　$L_{轮廓}$——锻件在终锻型槽投影的外轮廓的周长，在热锻件工程图中用NX【分析】→【弧长】命令计算得出 $L_{轮廓}$=598mm。

因此，$V_{飞边}$=0.3×199mm^2×598mm=35701mm^3。

$V_{热锻件}$运用NX【分析】→【质量属性】命令计算，得出 $V_{热锻件}$=167139mm^3。

最后计算得出：

$$V_{预锻件} = V_{锻件} + V_{飞边} = (167139+35701)mm^3 = 202840mm^3$$

2. 比例因子的确定

预锻型槽的高度尺寸比终锻型槽大5mm，热锻件大头部分的高度为20.24mm，则预锻型槽高度为25.24mm。由此可知，高度方向的比例因子应是25.24/20.24=1.25。

终锻型槽的平均宽度的确定方法：首先计算热锻件在终锻型槽上的投影面积。可以通过NX的【分析】→【面属性】命令，得到终锻型槽承击面的面积为97180mm^2，再计算分模面的面积为107900^2，两者相减获得热锻件在终锻型槽上的投影面积为10720mm^2，热锻件的长度为235mm，两者相除获得终锻型槽的平均宽度为45.6mm，预锻型槽的宽度比终锻型槽小2mm，则预锻件的平均宽度为43.6mm。由此可知，宽度方向的比例因子应是43.6/45.6=0.956。

为了在终锻时便于将预锻件放入终锻型槽，预锻型槽的长度方向也取比终锻型槽短2mm，连杆热锻件长度为235mm，预锻件长度应为233mm。由此可知，长度方向的比例因子应是233/235=0.991。

3. 预锻件的生成

打开连杆热锻件文件"Ex_Connecting_rod_hot_forging.prt"，另存为连杆预锻件文件

"Ex_Connecting_rod_preforging. prt"。

采用 NX 比例特征操作，长、宽、高三个方向的比例因子分别取 0.991、0.956 和 1.25，对热锻件模型进行 NX 比例特征操作，可获得预锻件的 NX 三维特征模型。

保存文件 "Ex_Connecting_rod_preforging. prt"。

4. 体积校核

运用 NX【分析】→【质量属性】命令计算预锻件 NX 三维特征模型的体积为

$$V_{预锻件模型} = 197934 mm^3$$

而上述计算的包括终锻飞边体积的预锻件体积为

$$V_{预锻件} = 202840 mm^3$$

比较预锻件 NX 三维特征模型的体积 $V_{预锻件模型}$ 和上述包括终锻飞边体积的预锻件的计算体积 $V_{预锻件}$：①如果两者相当，则预锻型槽无须设计飞边槽仓部；②如果 $V_{预锻件}$ 明显小于 $V_{预锻件模型}$，则说明上述预锻型槽设计过大，即上述长、宽、高三个方向的比例因子设计不合理，应调整预锻件的长、宽、高尺寸，重新设计长、宽、高三个方向的比例因子；③如果 $V_{预锻件}$ 明显大于 $V_{预锻件模型}$，则必须设计飞边槽仓部。本例两者的差值为

$$\delta_V = V_{预锻件} - V_{预锻件模型} = (202840 - 197934) mm^3 = 4906 mm^3$$

δ_V 是预锻时向飞边槽充填的金属体积。

计算预锻件在分模面上投影轮廓周长 $L_{预锻件}$ 为 587mm，则预锻时流向飞边的金属截面面积为 $(4906/587) mm^2 = 8.4 mm^2$，只占飞边槽截面面积的 4.2%。故可以不设计飞边槽仓部，必要时可以微调预锻件的长、宽、高尺寸。

5. 参照终锻型槽设计方法在 NX 中生成预锻型槽

首先生成连杆预锻下模块文件 "Ex_Connecting_preforging_die_down. prt"。

选取与终锻型槽同样大小的模块；然后将预锻模块与预锻件模型进行布尔差运算，生成预锻型腔；加大在型槽分模面转角处的圆弧和型槽内的圆角半径，本例修正增加值为 2mm，因此圆角半径取 3mm，其目的是减小金属流动阻力；由于本例中飞边较小，可以不设置钳口；必要时设置飞边槽。本例连杆锻件的预锻型槽下模最后设计结果如图 3-9 所示。

保存文件 "Ex_Connecting_preforging_die_down. prt"。

注意：由于加大型槽分模面转角处和型槽内的圆角半径，使得预锻型槽体积增大，如果增大的体积与 δ_V 相当，则不再需要设计预锻飞边槽仓部。

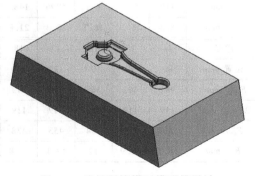

图 3-9 连杆预锻模下模型槽设计

第五节 制坯型槽设计

制坯型槽设计的主要依据是计算毛坯图，因此制坯型槽设计的主要任务是计算毛坯图。本节主要介绍计算毛坯的设计方法和步骤。

计算毛坯图的设计依据是热锻件图。在热锻件图三维模型的基础上，运用 NX【裁剪

（R）】菜单中的【修整（Trim）】命令获取热锻件的横截面；再运用【质量属性（P）】菜单中的【面积（A）】命令获取横截面面积；然后加上飞边槽充填面面积便是计算毛坯截面面积。根据计算毛坯截面面积可以导出计算毛坯半径值，由此可以作出截面位置（X坐标值）和计算毛坯半径值（Y坐标值）的样条曲线。最后运用NX【设计特征（E）】菜单中的【回转拉伸（R）】特征操作获得计算毛坯直径图。具体步骤如下：

1）打开连杆热锻件三维实体模型文件"Ex_Connecting_rod_hot_forging.prt"，如图3-10所示。调整坐标系的方向，使锻件的轴线为Z轴方向，坐标原点位于锻件左端部，如图3-11所示。

图3-10　计算毛坯图的设计依据——热锻件图

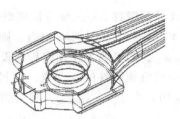

图3-11　调整锻件图的坐标系

2）定义连杆截面位置尺寸。首先按10mm均匀分隔，然后在面积突变处、最大截面处和最小截面处添加截面位置。设计计算毛坯数据，见表3-1。

表3-1　计算毛坯数据

序号	1	2	3	4	5	6	7	8	9	10	11	12	13
位置/mm	0	8.86	10	20	24.3	28	30	40	46.8	50	60	65	70
$F_{截面}$/mm²	0	715	752	1177	1364	1825	1753	1267	1214	1225	1448	1825	1295
$2F_{飞充}$/mm²	119	119	119	119	119	119	119	119	119	119	119	119	119
$F_{计}$/mm²	119	834	871	1296	1483	1944	1872	1386	1333	1344	1567	1944	1414
$R_{计}$/mm	6.2	16.3	16.7	20.3	21.8	24.9	24.4	21.0	20.6	20.7	22.4	24.9	21.2
序号	14	15	16	17	18	19	20	21	22	23	24	25	26
位置/mm	80	90	100	120	140	160	180	200	210	216	220	230	236
$F_{截面}$/mm²	981	402	365	336	319	302	285	505	875	920	898	612	0
$2F_{飞充}$/mm²	119	119	119	119	119	119	119	119	119	119	119	119	119
$F_{计}$/mm²	1100	521	484	455	438	421	404	624	994	1039	1017	731	119
$R_{计}$/mm	18.7	12.9	12	12.1	11.8	11.6	11	14	17.8	18.2	18	15.3	6.2

3）锻件截面的获取与面积的计算。首先在连杆大头左端建立一个ZC-ZY的基准面，然后执行【修剪体（Trim）】命令，弹出【修剪体】对话框（图3-12a），在选择连杆实体后，要定义截平面的方向和位置，先选择ZC-ZY的基准面，再选择修剪方向反向，然后在【基准面偏置】对话框中输入坐标参数，例如选取表3-1中序号9的位置坐标值46.8mm，获取的锻件截面图如图3-12b所示。

在【分析】工具栏中执行【面属性（F）】命令。在【选择意向】对话框中选择"单个面"为过滤器，如图3-13a所示。单击选取锻件截面，在快捷菜单中会立即显示所选截面面

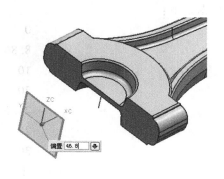

图 3-12　修剪锻件的截面

a)【修剪体】对话框　b）46.8mm 处的锻件截面图

积值的结果数据为 1214mm^2，如图 3-13b 所示。将面积数据填入表 3-1 中 $F_{\text{截面}}$ 所对应的行中。

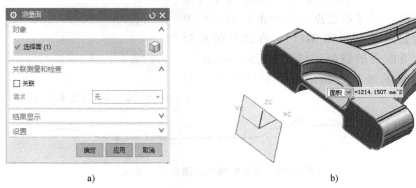

图 3-13　计算截面面积

a)【测量面】对话框　b）面积分析计算结果

4）依次按照表 3-1 中的位置数据，重复上述步骤，分别获取其他截面的面积，并填入表 3-1 中，最后获得的锻件截面面积数据如表 3-1 中数据 $F_{\text{截面}}$ 行所示。

5）计算毛坯截面面积等于上述热锻件截面面积加上 2 倍的飞边槽充填面积。充填系数 η 取 0.3，飞边槽截面面积 $F_{\text{飞}}$ 为 199mm^2，则计算毛坯截面面积的公式为

$$F_{\text{计}} = F_{\text{截面}} + 2F_{\text{飞充}}$$

而

$$2F_{\text{飞充}} = 2\eta F_{\text{飞}} = 2 \times 0.3 \times 199\text{mm}^2 = 119\text{mm}^2$$

将该数据填入表 3-1 中"$2F_{\text{飞充}}$"所对应的行中。然后依次计算 $F_{\text{计}}$，数据填入表 3-1 中 $F_{\text{计}}$ 所对应的行中。

6）换算计算毛坯半径值。计算毛坯半径 $R_{\text{计}}$ 的计算公式为

$$R_{\text{计}} = 0.5 \times 1.13 \times \sqrt{F_{\text{计}}}$$

根据表 3-1 中 $F_{\text{计}}$ 的数据依次计算 $R_{\text{计}}$，结果填入表 3-1 中 $R_{\text{计}}$ 所对应的行中。

7）生成计算毛坯直径图。首先编辑样条曲线的数据文件"Ex_Spline. dat"。文件格式

和部分数据如下：

0	6.2	0
8.86	16.3	0
10	16.7	0
20	20.3	0
24.3	21.8	0
28	24.9	0
30	24.4	0
⋮	⋮	⋮

其中，每一行为样条曲线数据点的坐标值（X, Y, Z），X、Y 的数据取自表 3-1 中的位置值和计算毛坯半径值 $R_{计}$，数据之间用空格分隔。

新建计算毛坯直径图文件 "Ex_Preform_Config- uration_D_dwg. prt"。执行 NX【曲线】菜单中的【样条（S）】命令，在【样条】对话框中选择【通过点】选项，接着在【通过点生成样条】对话框中选择【指定点】选项（见图 3-14）。在文件游览对话框中打开样条曲线的数据文件 "Ex_Spline. dat"，最后生成的计算毛坯直径图的样条曲线如图 3-15 所示。

图 3-14 【艺术样条】对话框

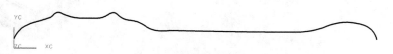

图 3-15 计算毛坯直径图的样条曲线

8）生成计算毛坯直径图。执行【回转拉伸（R）】特征操作，在【回转体】对话框中选择【曲线】选项，然后再选择【轴和角】选项，轴选择 XC 轴，起始角为 0°，终点角度为 360°。最后生成的计算毛坯直径图的三维模型如图 3-16 所示。接着运用【分析】下拉菜单中的【质量属性（P）】命令可获得计算毛坯的体积为 194099mm³。

保存计算毛坯直径图文件 "Ex_Preform_Configuration_D_dwg. prt"。

图 3-16 计算毛坯直径图的三维模型

9）计算毛坯直径图的修正。为了便于金属坯料充填锻模型槽，应该对计算毛坯直径图中大头中部由于锻件孔腔造成的凹部进行修正。修正的原则是修正前后的计算毛坯直径图体积不变。修正的方法为调整凹部附近的样条曲线控制点，然后查询计算毛坯直径图体积与原值是否相当。修正后的样条曲线（可作为计算毛坯半径值曲线）和计算毛坯直径图如

图 3-17 所示。其体积 $V_{毛坯}$ 为 194102mm^3。

将计算毛坯直径图文件另存为"Ex_Preform_Configuration_D_Modified. prt"。

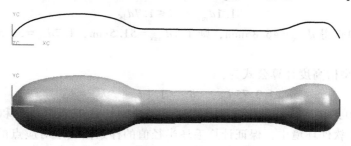

图 3-17 修正后的计算毛坯直径图

10）制坯工步选择。首先计算相关参数：

① 毛坯平均直径：

$$d_{均} = 1.13 \times \sqrt{\frac{V_{毛坯}}{L_{计}}} = 1.13 \times \sqrt{\frac{194102}{236}} \, mm = 32.4mm$$

式中 $L_{计}$——计算毛坯的长度，本例中等于锻件的长度。

② 毛坯最大直径 d_{max} 可以通过 NX 的信息查询命令在修正后的计算毛坯直径图中获得，为 46.8mm。

③ 繁重系数的计算：

$$\alpha = \frac{d_{max}}{d_{均}} = \frac{46.8}{32.4} = 1.44, \quad \beta = \frac{L_{计}}{d_{均}} = \frac{236}{32.4} = 7.28$$

锻件质量 m 可以通过连杆锻件的体积 $V_{冷锻件} = 161264mm^3$ 计算，或直接在 NX 软件中查询锻件模型，可得 $m = 1.26kg$。

采用以上繁重系数查找《锻模设计手册》，并考虑该锻件为双头一杆，可以对计算毛坯进行简化等情况，最后选用闭式滚挤为制坯工步。由于热模锻压力机上不能进行滚挤制坯操作，因此可以采用辊锻制坯，或者改在模锻锤上进行闭式滚挤制坯。无论哪种方式制坯，都应以上述求得的计算毛坯直径图作为设计依据。下面以锤上模锻为例说明采用 NX 软件设计闭式滚挤型槽的方法。

11）坯料尺寸的确定。用闭式滚挤制坯时，

$$d_{坯} = (1.05 \sim 1.2)d_{均}$$

本连杆锻件为两头一杆，取较小的系数，假设为 1.08。由于 $d_{均} = 32.4mm$，故 $d_{坯} = 34.99mm$，最后选定 $d_{坯} = 35mm$。

12）闭式滚挤型槽设计。

① 闭式滚挤型槽的宽度 B 按下式计算：

$$B = 1.15 \frac{F_0}{h_{min}}$$

式中 F_0——坯料截面面积，按 $d_{坯} = 35mm$ 计算，则 $F_0 = 962mm^2$；

h_{min}——杆部最小高度。

在 NX 软件中查询上述计算毛坯半径值的样条曲线可得 $R_{min} = 11.38mm$，因此 $h_{min} = $

$2R_{min} = 22.76mm$；所以求得型槽宽度 $B = 48.61mm$。

B 值的校核。B 值应满足公式：

$$1.1d_{max} \leq B \leq 1.7d_{坯}$$

在 NX 软件中查得 $d_{max} = 46.85mm$，则 $1.1d_{max} = 51.5mm$，$1.7d_{坯} = 59.5mm$。最后取 $B = 52mm$。

② 闭式滚挤型槽高度计算公式为：

$$h_{杆} = 0.75d_{计}, \quad h_{头} = 1.1d_{计}, \quad h_{拐} = d_{计}$$

在实际设计中无须计算每点的型槽高度，只需分别计算头部的 h_{max} 和杆部的 h_{min} 的半径值，然后在 NX 软件环境中，保证计算毛坯半径值的样条曲线中对应点的高度，其他点按便于金属流动充型的原则进行光顺调整。

本例计算毛坯图中大头部分 $R_{max} = 23.4mm$，小头部分 $R_{max} = 18.2mm$，杆部 $R_{min} = 11.4mm$。因此滚挤型槽大头部分 $R_{max} = 25.8mm$，小头部分 $R_{max} = 20.0mm$，杆部 $R_{min} = 8.54mm$。

在计算毛坯半径值的样条曲线（文件 "Ex_Preform_Configuration_D_Modified. prt"）的基础上（见图 3-18a），维持拐点处的半径值不变，按上述计算结果修改头部和杆部三个关键点的半径值，其他控制点进行光顺处理。调整处理后的样条曲线作为闭式滚挤型槽的高度母线，如图 3-18b 所示。

将调整后的样条曲线作为闭式滚挤型槽高度母线，文件另存为 "Ex_Edge_Rolling_H_Spline. prt"。

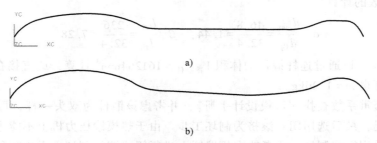

图 3-18　计算毛坯半径曲线和闭式滚挤型槽高度母线

a）计算毛坯半径值的样条曲线　b）闭式滚挤型槽高度母线

③ 闭式滚挤型槽的生成。进一步完善闭式滚挤型槽的高度母线。在图 3-18b 的基础上，增加钳口部分的高度母线。钳口高度 $h_{钳}$ 按公式 $h_{钳} = 0.6d_{坯} + 6mm$ 计算，计算结果为 $h_{钳} = 27mm$，则钳口半高为 $13.5mm$。钳口斜度为 $45°$，钳口圆角半径 R 按公式 $R = (1.5 \sim 3)(R_{max} - R_{min})$，最后取 $R = 25mm$。最后形成图 3-19 所示的闭式滚挤型槽高度母线。

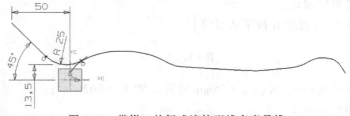

图 3-19　带钳口的闭式滚挤型槽高度母线

将添加了钳口的样条曲线文件另存为"Ex_Edge_Rolling_H_Spline_Modified.prt"。

闭式滚挤型槽的截面形状按椭圆设计。截面椭圆长轴径即为型槽的宽度 B，其值为 52mm；截面椭圆短轴半径即为型槽的高度 h，其值可以根据高度母线确定。根据上述原则可以制订闭式滚挤型槽的截面数据，见表 3-2。表 3-2 中的 x、y 值是用 NX 的【信息（I）】【点（P）】命令在图 3-18 中的闭式滚挤型槽截面高度母线上采点获得的。

表 3-2　闭式滚挤型槽的截面数据

序号	1	2	3	4	5	6	7	8	9	10	11	12	13	14	15
位置 (z)/mm	−50	−2.78	9.77	45.3	79.0	90.0	125	154	176	194	205	216	226	236	240
短半轴 (y)/mm	50.1	13.5	17.0	25.8	18.1	12.9	10.2	8.56	9.80	12.1	16.7	20.0	18.1	6.16	0.001
长半轴 (x)/mm	50	26	26	26	26	26	26	26	26	26	26	26	26	26	26

接下来新建闭式滚挤型槽曲面片文件"Ex_edge_rolling_face_sheet.prt"。

根据表 3-2 中的数据，运用 NX 中的【曲线（C）】【椭圆（P）】命令，起始角为 0°，终止角为 180°，构建图 3-20 所示的闭式滚挤型槽截面椭圆曲线。然后运用 NX 中的【曲面（F）】【通过曲线组】命令（图 3-21），构建图 3-22 所示的闭式滚挤型槽曲面片。

保存文件"Ex_edge_rolling_face_sheet.prt"。

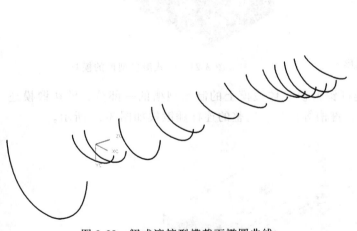

图 3-20　闭式滚挤型槽截面椭圆曲线

图 3-21　【通过曲线组】对话框

④ 连杆锤锻模闭式滚挤型槽部分模型的生成。创建闭式滚挤型槽部分模型的部件文件 "Ex_edge_rolling.prt"，依据上述滚挤型槽的尺寸，运用 NX 中的【长方体（B）】命令，起始点为（−60，−50，0），长宽高（z、x、y 方向）尺寸为 350mm×120mm×80mm，构建锤锻模闭式滚挤型槽部分的坯料。然后运用 NX 中的【裁剪（T）】【修剪体（T）】命令，目标体选择坯料，刀具体选择型槽曲面片，生成图 3-23 所示的闭式滚挤型槽三维模型的雏形。

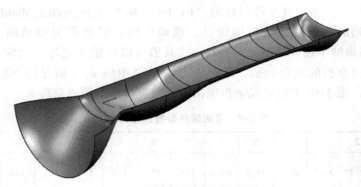

图 3-22　闭式滚挤型槽曲面片

在此基础上，采用 NX 中的【成形特征】下的【腔体】命令，生成型槽尾部的毛刺槽，最后添加圆角特征，生成的闭式滚挤型槽的模具如图 3-24 所示。

保存文件 "Ex_edge_rolling. prt"。

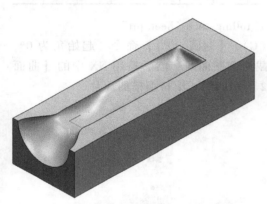

图 3-23　闭式滚挤型槽三维模型的雏形

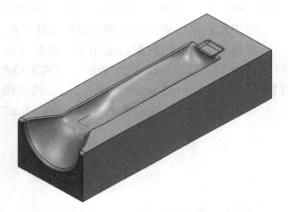

图 3-24　闭式滚挤型槽的模具

在此必须指出，图 3-24 只是连杆锤锻模整体锻模上的制坯型槽的一部分，整块锻模还包括终锻型槽和预锻型槽以及燕尾、键槽等部分。完整的连杆锤锻模如图 3-25 所示。

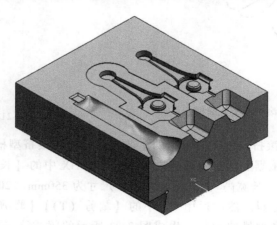

图 3-25　完整的连杆锤锻模

本 章 小 结

　　模锻斜度是模具三维设计中经常遇到的特征操作。本章首先进行了锻造工艺分析，然后介绍了 NX 中的拔模特征操作：拔锥（Taper）和拔模体（Body Taper）。然后以典型锻件连杆为例，系统地介绍了采用 NX 软件进行连杆零件和锻件设计的方法，以及热模锻压力机上终锻型槽和预锻型槽的设计方法。最后介绍了锤上模锻的制坯型槽的设计方法。并给出了整个连杆锻件锤锻模的设计示例。

　　连杆锻件属于长轴类锻件，读者在掌握了连杆锻模的设计方法后，其他长轴类锻模的设计可以举一反三、迎刃而解。至于短轴类锻模的设计，相对长轴锻模的设计要容易得多，相信读者在掌握了本章介绍的 NX 模具设计方法后，不难触类旁通、一一化解。

综 合 练 习

1. 依据图 3-3 所示的连杆零件图，并参照本章介绍的方法和步骤，完成以下设计：

1）连杆零件的三维设计。

2）连杆锻件的三维设计。

3）热模锻压力机上模锻的终锻型槽设计。

4）热模锻压力机上模锻的预锻型槽设计。

2. 在上题设计的基础上，构造锤锻模。采用普通飞边槽形式，设定飞边桥部在上模。

3. 某圆头连杆锻件图如图 3-26 所示，完成以下设计：

1）圆头连杆的三维锻件模型。

2）参照本章介绍的方法，设计锤锻模。

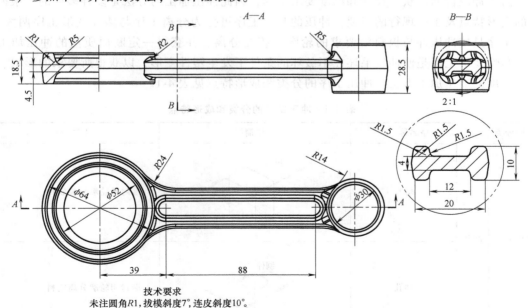

技术要求
未注圆角R1，拔模斜度7°，连皮斜度10°。

图 3-26　圆头连杆锻件图

第四章

冲压模具NX设计

第一节　冲压工艺分析

冲压是借助相应的设备（压力机）和工具（冲模），使金属板料经分离或成形而得到制件的加工方法。冲压加工通常在常温状态下进行，因此也称为冷冲压。

一、冲压加工的特点

冲压加工主要有以下特点：

1）生产效率高，操作简便，易于实现自动化生产。
2）材料利用率高，能耗小，属于无屑加工。
3）制件尺寸比较稳定，互换性好。
4）经塑性变形后，制件力学性能得到适当提高。
5）便于获得形状复杂的薄壳制件或大型覆盖件。

二、冲压的基本工序

由于冲压件的形状、尺寸和精度要求不同，因此冲压加工的方法是多种多样的。根据材料的变形特点及工厂现行的习惯，冲压的基本工序可分为分离工序与塑性变形工序两大类。分离工序是使冲压件与板料沿要求的轮廓线相互分离，并获得一定断面质量的冲压加工方法；塑性变形工序是使冲压毛坯在不破坏的条件下发生塑性变形，以获得所要求的形状、尺寸和精度的冲压加工方法。冲压工序的分类和成形特点见表4-1。

表 4-1　冲压工序的分类和成形特点

工序分类	工序名称		工序简图	工序特点
分离工序	冲裁	落料	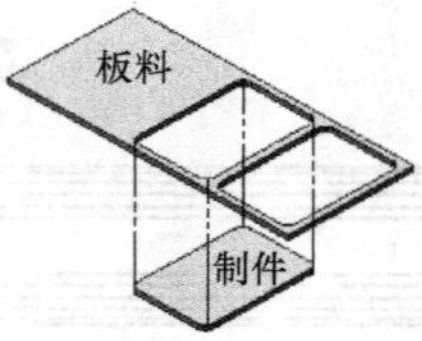	沿封闭轮廓分离制件
		冲孔	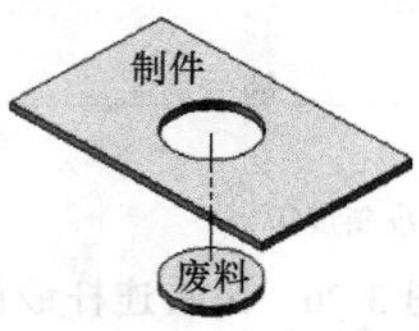	沿封闭轮廓分离废料

（续）

工序分类	工序名称	工序简图	工序特点
变形工序	弯曲	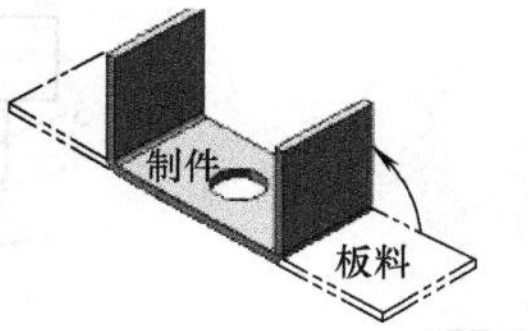	使板料沿直线弯曲形成制件
	拉深		将板料冲压成空心制件
	翻边	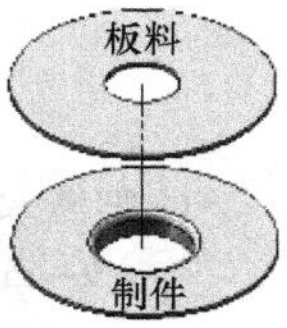	将板料上的孔或外缘翻成直壁
	胀形	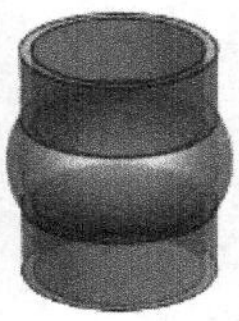	使空心件局部直径扩张

三、冲压模具的基本结构及分类

冲压模具是指通过加压将金属、非金属板料或型材分离、成形而获得制件的工艺装备。冲压模具种类众多，功能各异，组成零件多样，但它们的基本结构大体相同。其组成可概括为如图 4-1 所示的两大部分（上模和下模）和七种零件。上模座、模柄、凸模、凸模固定板、导套、螺钉及模柄固定螺钉等构成冲压模具的上模，导柱、下模座、卸料板和凹模等零件构成冲压模具的下模。典型的落料、冲孔复合模的结构如图 4-2 所示。

冲压模具的分类方法较多。按工序组合程度，冲压模具可分为单工序模、复合模和级进模；按冲压工艺性质，冲压模具可分为冲裁模（包括落料模、冲孔模和精冲模等）、弯曲模、拉深模、成形模等；按冲压板材厚度，冲压模具可分为厚材模（板材厚度大于 0.5mm）和薄材模（板材厚度不大于 0.5mm）；按功能，冲压模具可分为工程模和级进模，如图 4-3 所示。其中，工程模包括冲孔模、复合落料模、折弯模、拉深模、旋切模和侧冲模等，级进模包括端子模和大型级进模等。

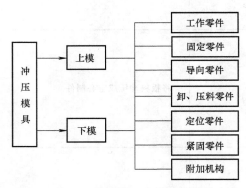

图 4-1　冲压模具的基本结构

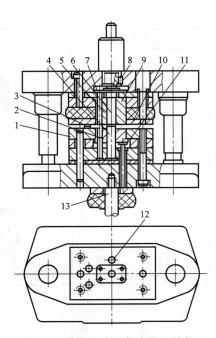

图 4-2　落料、冲孔复合模的结构

1—凹模　2、7—顶板　3、4—凸模　5、6、11—顶杆　8—推杆
9—凸凹模　10—卸料板　12—挡料销　13—顶件装置

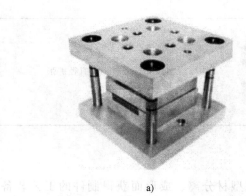

a)

b)

图 4-3　工程模和级进模
a）工程模　b）级进模

四、冲压成形设备

冲压成形设备包括主用设备和辅助设备。冲压主用设备统称压力机，包括压力机和液压机等，如图 4-4 所示；冲压辅助设备包括送料机、整平机和收料机。曲柄压力机是冲压成形中使用的重要设备，它能借助冲压模具进行各种冲压和模锻加工，直接生产出制件或毛坯。

1．曲柄压力机的结构

曲柄压力机的结构如图 4-5 所示，它主要由以下几部分组成：

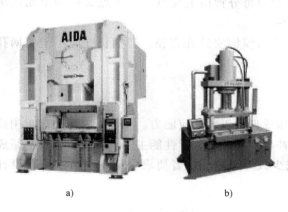

图 4-4　冲压设备
a）压力机　b）液压机

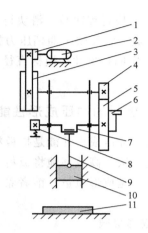

图 4-5　曲柄压力机的结构
1—小带轮　2—电动机　3—大带轮　4—小齿轮
5—大齿轮　6—离合器　7—曲轴　8—制动器
9—连杆　10—滑块　11—工作台

（1）工作机构　工作机构一般为曲柄滑块机构，由曲柄、连杆、滑块、导轨等零件组成。其作用是将传动系统的旋转运动转变成滑块的往复直线运动，承受和传递工作压力，并在滑块上安装模具。

（2）传动系统　传动系统包括带轮和齿轮传动等机构。其作用是将电动机的能量和运动传递给工作机构，并对电动机的转速进行减速，使滑块获得所需的行程次数。

（3）操作系统　操作系统包括离合器、制动器及其控制装置。其作用是用来控制压力机安全、准确地运转。

（4）能源系统　能源系统包括电动机和飞轮。飞轮将电动机空程运转时的能量吸收积蓄，在冲压时释放出来。

（5）支承部件　作为支承部件的机身，其作用是把压力机所有的机构连接起来，承受全部工作变形力和各种装置部件的重力，并保证压力机所要求的精度和强度。

此外，压力机上还有各种辅助系统与附属装置，如润滑系统、顶件装置、保护装置、滑块平衡装置等。

2．曲柄压力机的主要技术参数

（1）公称压力　公称压力是指曲柄压力机在下滑块离下死点前某一特定距离时滑块所允许承受的最大作用力。所选压力机的公称压力必须大于实际所需的冲压力。

（2）滑块行程　滑块行程是指滑块从上死点（滑块的最上位置）到下死点的距离。其值等于压力机曲柄长度的两倍。

（3）闭合高度　闭合高度是指滑块在下死点时，滑块底面到压力机工作台面上表面的距离。

（4）装模高度　装模高度是指滑块移动到下死点时，滑块底平面到工作台垫板上平面的距离。

（5）工作台面尺寸　工作台面尺寸每边应大于冲模下模座尺寸 50~70mm，为固定下模留出足够的空间。

（6）滑块行程次数　滑块行程次数是指滑块每分钟由上死点经下死点又回到上死点所往复的次数。它反映了曲柄压力机的工作频率。

（7）模柄孔尺寸　模柄直径应略小于滑块内模柄安装孔直径，模柄长度应小于模柄孔深度。

五、板料的冲压成形性能

板料的冲压成形性能是指板料对各种冲压成形加工的适应能力。具体而言，即能否用简便的工艺方法，高效率地将板料加工成优质冲压件。冲压成形性能主要有两个方面：一是成形极限，二是成形质量。前者希望尽可能减少成形工序，后者要求保证制件质量符合设计要求。

1. 成形极限

在冲压成形中，材料的最大变形极限称为成形极限。对于不同的冲压工序，成形极限采用不同的极限变形系数来表示。无论发生在变形区还是非变形区，板料冲压时，材料将出现两类问题：一是受拉部位的缩颈断裂，二是受压部位的失稳起皱。为此，从材料方面看，要提高冲压成形极限，必须提高板材的塑性指标和增强抗拉、抗压能力。

2. 成形质量

冲压制件不仅要求具有所需形状，而且必须保证产品质量。制件质量指标主要包括尺寸精度、表面质量、厚度变化以及冲压后材料的物理力学性能等。影响冲压制件尺寸和精度的主要因素有回弹和畸变。由于在塑性变形的同时伴随着弹性变形，因此，卸载后必然会出现回弹现象，从而导致尺寸和形状精度的降低。另外，模具质量等方面的原因还会引起冲压过程中制件表面的擦伤，例如不锈钢材料拉深时就很容易出现此类问题。

第二节　钣金建模

一、钣金建模概述

在实际生产中，钣金件占有较大的比例，因此钣金建模是 NX 重要的功能模块之一。钣金模块是专门为钣金以及模具设计和制造而设计的模块，具有钣金专业设计功能的建模特征，可有效地进行各种钣金件和冲压件的设计，通过对翻边、折弯、冲孔等专业化造型命令和成形展开的运用，能较大程度地减少设计时间，提高生产效率。

钣金设计模块功能强大，可生成复杂的钣金零件，对模型进行参数化编辑，定义和模拟钣金零件的制造过程，对钣金零件进行展开和折叠的模拟操作，生成精确的二维展开图样数据，而且钣金零件展开功能可考虑可展和不可展曲面情况，并根据材料中性层特性进行补偿。NX 钣金建模本身是在特征建模的基础上进行的，因此可以利用一般的实体、片体和曲线等特征建模对象。

NX 钣金设计模块的特点如下：

1）高效地实现钣金弯边、桥接、冲压和创建钣金孔、槽等特征。

2）指定明确的特征属性和标准检查。

3）实现动态的钣金模型状态。

4）通过自定义特征编辑和修整钣金零件的功能。

5）钣金零件的平面展开。

6）可以同时使用建模和钣金特征进行钣金设计。

二、NX 钣金设计过程

1）新建一个模型文件，进入 NX 钣金模块。

2）以钣金件所支持或保护的内部零部件大小和形状为基础，创建基础钣金特征。例如，设计机床床身护罩时，先要按床身的形状和尺寸创建基础钣金。

3）添加弯边钣金。在基础钣金创建之后，往往需要在其基础上添加另外的钣金，即弯边钣金。

4）在钣金模型中，还可以随时添加一些实体特征，如实体切削特征、孔特征、圆角特征和倒角特征等。

5）创建钣金孔等特征，为钣金的折弯做准备。

6）进行钣金的折弯。

7）进行钣金的展开。

8）创建钣金件的工程图。

三、NX 钣金模块的首选项设置

提高钣金件的设计效率并使钣金件在设计完成后能顺利地加工及精确地展开，NX 10.0 提供了对钣金零件属性及其平面展开图处理的相关设置。通过首选项的设置，用户可大幅度提高钣金零件的设计速度，这些参数包括材料厚度、折弯半径、让位槽深度、让位槽宽度和折弯许用半径公式。进入 NX 钣金模块后，单击下拉菜单【首选项】→【钣金】命令，系统弹出图 4-6 所示【钣金首选项】对话框，然后对每个选项卡中的各参数进行设置。

四、钣金特征操作

1. 突出块

使用【突出块】命令可以创建平整薄板，即突出块钣金壁，它是一个钣金零件的基础特征，其他的钣金特征（如冲孔、成形、折弯和切割等）都要在这个"基础"上构建，因此这个平整的薄板是钣金件最基础的部分。

创建突出块的基本步骤如下：

1）在钣金建模环境中，单击菜单【插入】→【突出块】命令，或从工具栏上获取特征命令，弹出【突出块】对话框，如图 4-7 所示。

2）选择突出块类型。

3）单击绘制草图按钮，选择草图平面，绘制截面草图。

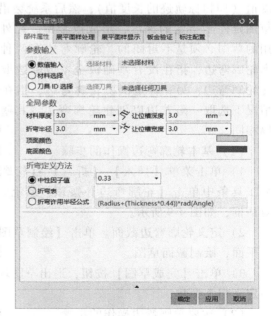

图 4-6 【钣金首选项】对话框

4）定义厚度，在厚度文本框中输入数值。

5）单击【确定】按钮，完成基本突出块的创建。

创建基本突出块是指创建一个平整的钣金基础特征；次要突出块是指在已有钣金壁的表面，添加正面平整的钣金薄壁材料，其壁厚无须用户定义，系统自动设定为与已存在的钣金壁的厚度相同。

2. 钣金弯边

钣金弯边是指在已存在的钣金壁的边缘，创建出简单的折弯及弯边区域，其厚度与原有的钣金厚度相同。

钣金弯边的基本步骤如下：

1）单击菜单【插入】→【折弯】→【弯边】命令，系统弹出图4-8所示【弯边】对话框。

2）在基础特征上选取线性边。

3）定义宽度，在宽度区域的宽度选项下拉列表中选择完整选项。

4）定义弯边属性。在长度和角度文本框中输入相应数值。

5）定义弯边参数。在偏置区域和折弯半径文本框中输入相应数值。

6）单击【确定】按钮，完成特征的创建。

3. 轮廓弯边

轮廓弯边特征以扫掠的方式创建钣金壁。在创建轮廓弯边特征前需要先绘制钣金壁的侧面轮廓草图，给定钣金的宽度值（即扫掠轨迹的长度值），然后系统会沿指定方向将轮廓草图延伸至指定的深度，形成钣金壁。此外，轮廓弯边所使用的草图必须是不封闭的。轮廓弯边有两种类型：一种是基本轮廓弯边，指在没有基础钣金壁或不选取附着边时直接创建轮廓弯边；另一种是次要轮廓弯边，指在有基础钣金壁的情况下选取一附着边以创建轮廓弯边，其壁厚与原有钣金壁厚相同。

（1）基本轮廓弯边操作的步骤

1）单击菜单【插入】→【折弯】→【轮廓弯边】命令，或从工具条中单击【轮廓弯边】按钮，系统弹出【轮廓弯边】对话框，如图4-9所示。

2）定义轮廓弯边截面。单击【绘制草图】按钮，选取草图平面，绘制截面草图。

3）单击【完成草图】按钮，退出草图环境，返回对话框中定义相关参数。

（2）次要轮廓弯边操作的步骤

1）在图4-9所示【轮廓弯边】对话框中【类型】区域选

图4-7 【突出块】对话框

图4-8 【弯边】对话框

择【次要】选项。

2）定义宽度类型并输入宽度数值。

3）定义轮廓弯边截面。单击【绘制草图】按钮，系统弹出图4-10所示【创建草图】对话框，定义路径、弧长和草图的水平参考，绘制截面草图。

4）定义弯折参数。在【轮廓弯边】对话框中定义折弯半径以及止裂口区域。

5）在【轮廓弯边】对话框中单击【确定】按钮，完成特征的创建。

4. 折边弯边

折边弯边特征是指在现有的钣金模型的边线上添加不同的卷曲形状，其壁厚与钣金件厚度相同。在创建折边弯边时，需要在现有的钣金上选取一条或者多条边线作为折边弯边的附着边，再定义折边弯边的类型和相应的参数。

建立折边弯边的基本步骤如下：

1）单击菜单【插入】→【折弯】→【折边弯边】命令，或从工具条中单击【折边弯边】按钮，系统弹出【折边弯边】对话框，如图4-11所示。

2）定义折边弯边类型。

图4-9　【轮廓弯边】对话框

图4-10　【创建草图】对话框

图4-11　【折边弯边】对话框

3）定义折边弯边的附着边，选取钣金壁边线为附着边。

4）在内嵌选项区域定义弯边位置。

5）定义折弯参数。

6）定义斜接类型。

7）单击【确定】按钮，完成折边弯边特征的创建。

5. 钣金的折弯与展开

（1）钣金折弯　钣金折弯指将钣金的平面区域沿指定的直线弯曲某个角度。钣金折弯包括三个要素：折弯角度、折弯半径和折弯应用曲线。

建立钣金折弯的基本步骤如下：

1）单击菜单【插入】→【折弯】→【折弯】命令，或在 NX 钣金工具条中单击【折弯】按钮，系统弹出【折弯】对话框，如图 4-12 所示。

2）指定创建折弯特征的草图平面，一般选钣金模型的表面作为草图平面。

3）绘制折弯曲线，保证折弯线是一条直线。

4）根据需要更改折弯的矢量方向和折弯侧矢量。

5）定义折弯角度。

6）单击【确定】按钮，完成折弯特征的创建。

（2）二次折弯　二次折弯特征是指在钣金件平面上创建两个 90°的折弯区域，并且在折弯特征上添加材料。二次折弯特征的折弯限位于放置平面上，并且必须是一条直线。

建立二次折弯的基本步骤如下：

1）单击菜单【插入】→【折弯】→【二次折弯】命令，或在 NX 钣金工具条中单击【二次折弯】按钮，系统弹出【二次折弯】对话框，如图 4-13 所示。

2）指定创建二次折弯特征的草图平面，一般选钣金模型的表面作为草图平面。

3）绘制折弯曲线，保证折弯线是一条直线。

4）根据需要更改二次折弯的方向。

5）定义二次折弯的高度和折弯半径。

6）单击【确定】按钮，完成二次折弯特征的创建。

图 4-12　【折弯】对话框

图 4-13　【二次折弯】对话框

（3）伸直 在钣金设计中，如果需要在钣金件的折弯区域创建裁剪或孔等特征，则首先要用【伸直】命令取消折弯钣金件的折弯特征，然后就可以在展平的折弯区域创建裁剪或孔等特征。

创建伸直的基本步骤如下：

1）单击菜单【插入】→【成形】→【伸直】命令，或在NX钣金工具条中单击【伸直】按钮，系统弹出【伸直】对话框，如图4-14所示。

2）选取固定面或边，在钣金模型中选择一个平面或者一条线性边作为固定位置。

3）选取折弯面。选择要伸直的折弯面，可选择多个折弯特征。

4）单击【确定】按钮，完成特征的创建。

（4）重新折弯 将伸直后的钣金壁部分或全部重新折弯回来，即是钣金的重新折弯。

创建重新折弯的基本步骤如下：

1）单击菜单【插入】→【成形】→【重新折弯】命令，或在NX钣金工具条中单击【重新折弯】按钮，系统弹出【重新折弯】对话框，如图4-15所示。

2）选取折弯面，在钣金模型中选择执行重新折弯操作的折弯面，可以选择一个或多个面。

3）单击【确定】按钮，完成特征的创建。

图4-14 【伸直】对话框

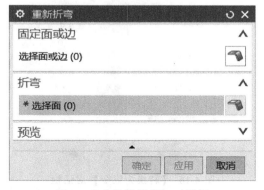

图4-15 【重新折弯】对话框

（5）将实体零件转换为钣金件 实体零件通过【壳】命令，可以创建出壁厚相等的零件，若想将此类零件转换成钣金件，则必须使用【转换钣金】命令。

将实体零件转换为钣金件的基本步骤如下：

1）单击菜单【插入】→【转换】→【转换为钣金】命令，或在NX钣金工具条中单击【转换为钣金】按钮，系统弹出【转换为钣金】对话框，如图4-16所示。

2）选择基本面，可选择钣金件模型的表面作为固定位置。

3）选取要撕开的边缘，此操作为可选项。

4）草绘要撕开的边缘，此操作为可选项。

5）设置折弯止裂口的相关参数。

6）单击【确定】按钮，完成特征的创建。

（6）展平实体　在钣金零件的设计过程中，【展平实体】命令可将成形的钣金零件展平为二维的平面薄板。

1）钣金件展开的作用如下：

① 钣金展开后，可更容易地了解如何裁剪薄板以及确定其各个部分的尺寸。

② 有些钣金特征需要在钣金展开后创建。

③ 钣金展开对钣金的下料和创建钣金的工程图十分有用。

2）创建展平实体特征的基本步骤如下：

① 单击菜单【插入】→【展平图样】→【展平实体】命令，或在 NX 钣金工具条中单击【展平实体】按钮，系统弹出【展平实体】对话框，如图 4-17 所示。

② 选择钣金零件平面作为参考面。

③ 选择边，定义 X 轴和原点。

④ 单击【确定】按钮，完成特征的创建。

图 4-16　【转换为钣金】对话框

图 4-17　【展平实体】对话框

（7）冲压除料　冲压除料就是用一组连续的曲线作为轮廓沿着钣金件表面的法向进行裁剪，同时在轮廓线上建立弯边，如图 4-18 所示。

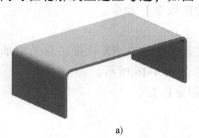
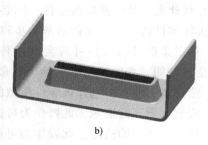

a)　　　　　　　　　　　　　　　　　　　　b)

图 4-18　冲压除料

a）冲压除料前　b）创建冲压除料后

冲压除料的基本步骤如下：

1）单击菜单【插入】→【冲孔】→【冲压除料】命令，或在 NX 钣金工具条中单击【冲孔】按钮，在其下拉列表中选择【冲压除料】按钮，系统弹出【冲压除料】对话框，如图 4-19 所示。

2）指定成形面截面线的草图平面，绘制成形面的截面线，截面线可以是封闭的，也可以是开放的。

3）定义除料属性。

4）确认冲压除料的裁剪方向。

5）单击【确定】按钮，完成特征的创建。

（8）筋 【筋】命令可以完成沿钣金件表面上的曲线添加筋的功能，如图 4-20 所示。筋用于增加钣金件强度，但在展开实体的过程中，筋是不可以被展开的。

图 4-19 【冲压除料】对话框

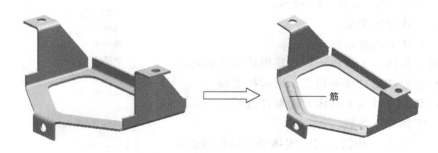

图 4-20 创建筋特征

创建钣金件表面筋的基本步骤如下：

1）单击菜单【插入】→【冲孔】→【筋】命令，或在 NX 钣金工具条中单击【筋】按钮，系统弹出【筋】对话框，如图 4-21 所示。

2）指定筋特征的草图平面，绘制引导线，并且保证筋的引导线是曲线。

3）设置筋的属性。

4）根据需要改变筋的方向。

5）单击【确定】按钮，完成筋特征的创建。

（9）钣金实体冲压 钣金实体冲压是通过模具等对板料施加外力，使板料分离或者成形而得到工件的一种工艺，如图 4-22 所示。在钣金特征中，通过冲压成形的钣金特征占钣金件成形的比例很大。

1）钣金实体特征包括三个要素：

① 目标面：实体冲压特征的创建面。

② 工具体：使目标体具有预期形状的体。

③ 冲裁面：指定穿透的工具体的表面。

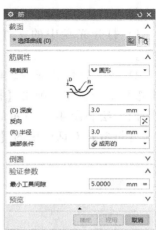

图 4-21 【筋】对话框

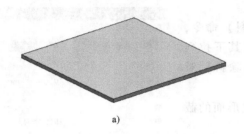
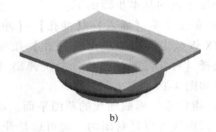

a)   b)

图 4-22   实体冲压特征

a) 冲压前   b) 冲压后

2) 创建实体冲压特征的基本步骤如下:

① 单击菜单【插入】→【冲孔】→【实体冲压】命令, 或在 NX 钣金工具条中单击【实体冲压】命令, 系统弹出 【实体冲压】对话框, 如图 4-23 所示。

② 选择实体冲压类型。

③ 在目标体上选择目标面。

④ 选择工具体, 工具体一般在建模环境中创建。

⑤ 若目标面和工具体不相交, 则选择变换。

⑥ 若需要, 可以从工具体上选取冲裁面。

⑦ 设置实体冲压参数。

⑧ 单击【确定】按钮, 完成实体冲压特征的创建。

五、钣金应用实例

下面以计算机光驱盒底盖的设计方法为例, 主要运用 "折弯" "弯边" "冲压除料" 和 "筋" 等特征。具体操作步骤如下:

1) 打开光盘中的文件 box_down_ex. prt, 如图 4-24 所示。

图 4-23 【实体冲压】对话框

2) 创建折弯特征一。单击菜单【插入】→【折弯】→ 【折弯】命令, 系统弹出【折弯】对话框; 单击【绘制草图】按钮, 选取零件上表面为草图平面, 绘制图 4-25 所示的折弯线草图, 然后返回对话框设置相关参数, 如图 4-26 所示。单击【折弯】对话框中的【确定】按钮, 完成折弯特征一的创建。

图 4-24   光驱底板模型

图 4-25　折弯线草图

图 4-26　相关参数设置

3）创建折弯特征二。与创建折弯特征一方法相同，完成折弯特征二的创建，如图 4-27 所示。

4）创建弯边特征一。单击菜单【插入】→【折弯】→【弯边】命令，系统弹出【弯边】对话框；选取模型边线为线性边，如图 4-28 所示。相关参数设置如图 4-29 所示，单击【确定】按钮，完成弯边特征一的创建，如图 4-30 所示。

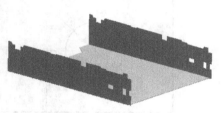

图 4-27　折弯特征

图 4-29　相关参数设置

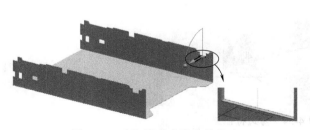

图 4-28　选取模型边线为线性边

5）创建法向除料特征一。单击菜单【插入】→【切割】→【法向除料】命令，系统弹出【法向除料】对话框。单击【编辑草图】按钮，选择弯边特征一的表面为草图平面，绘制图

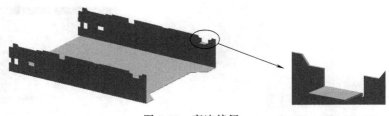

图 4-30　弯边特征一

4-31 所示的截面草图；定义相关属性，如图 4-32 所示；单击【确定】按钮，完成法向除料特征一的创建，如图 4-33 所示。

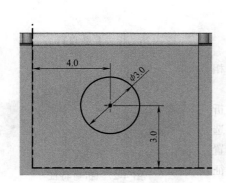

图 4-31　截面草图

图 4-32　法向除料的属性定义

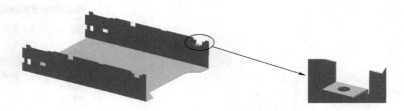

图 4-33　法向除料特征一

6）创建弯边特征二，参照步骤 4）进行创建，完成的弯边特征二，如图 4-34 所示。

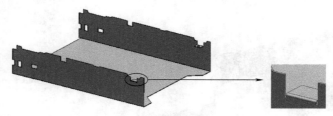

图 4-34　弯边特征二

7）创建法向除料特征二，参照步骤 5）进行创建。

8）创建弯边特征三，选择线性边如图 4-35 所示，具体参数设置如图 4-36 所示，完成的弯边特征三，如图 4-37 所示。

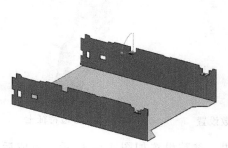

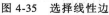

图 4-35　选择线性边

图 4-36　参数设置

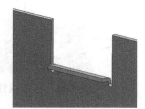

图 4-37　弯边特征三

9）创建弯边特征四，选择弯边特征三上的线性边，具体参数设置如图 4-38 所示，完成后的弯边特征四如图 4-39 所示。

图 4-38　参数设置

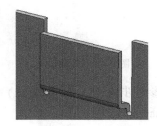

图 4-39　弯边特征四

10）用与步骤 8）和步骤 9）同样的方法创建另一侧的两个弯边特征，即弯边特征五和弯边特征六，如图 4-40 所示。

11）创建弯边特征七，选择线性边如图 4-41 所示，参数设置如图 4-42 所示，完成后的弯边特征七如图 4-43 所示。

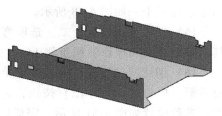

图 4-40　弯边特征五和弯边特征六

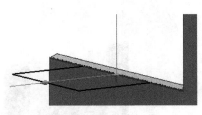

图 4-41　选择线性边

图 4-42　参数设置

图 4-43　弯边特征七

12）创建弯边特征八，选择弯边特征七上的线性边，参数设置如图 4-44 所示，完成后的弯边特征八如图 4-45 所示。

图 4-44　参数设置

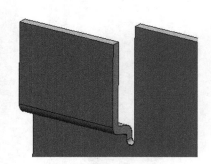

图 4-45　弯边特征八

13）参照步骤 11）和步骤 12）同样的方法创建另一侧的两个弯边特征，即弯边特征九和弯边特征十。

14）创建弯边特征十一，选择线性边如图 4-46 所示，参数设置如图 4-47 所示，完成后的弯边特征十一如图 4-48 所示。

15）创建弯边特征十二，选取弯边特征十一上的线性边，在长度文本框中输入数值 3，其余参数设置和操作参照步骤 14），完成后的弯边特征十二如图 4-49 所示。

16）创建凹坑特征。单击拉菜单【插入】→【冲孔】→【凹坑】命令，系统弹出【凹坑】对话框。单击【绘制草图】按钮，选择模型侧表面为草图平面，绘制图 4-50 所示的截面草图，参数设置如图 4-51 所示，完成后的凹坑特征如图 4-52 所示。

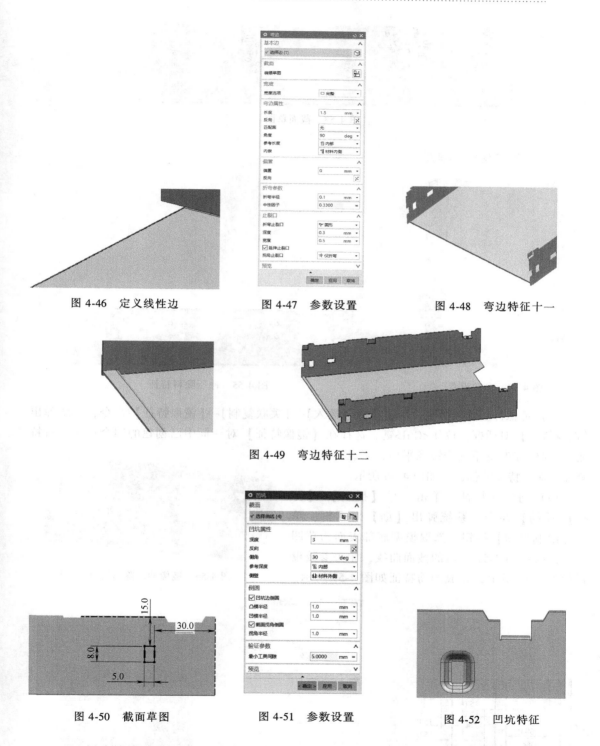

图 4-46　定义线性边　　　　图 4-47　参数设置　　　　图 4-48　弯边特征十一

图 4-49　弯边特征十二

图 4-50　截面草图　　　　图 4-51　参数设置　　　　图 4-52　凹坑特征

17）创建冲压除料特征。单击菜单【插入】→【冲孔】→【冲压除料】命令，系统弹出
【冲压除料】对话框。单击【绘制草图】按钮，绘制图 4-53 所示的截面草图，参数设置如
图 4-54 所示，完成的冲压除料特征如图 4-55 所示。

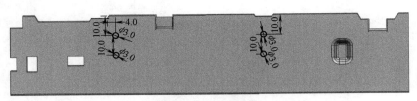

图 4-53　截面草图

图 4-54　参数设置

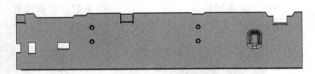

图 4-55　冲压除料特征

18）镜像冲压除料特征。单击菜单【插入】→【关联复制】→【镜像特征】命令，系统弹出【镜像特征】对话框；按住<Ctrl>键，选择在【镜像特征】对话框中已创建的四个冲压除料特征，选取 *ZX* 基准平面为镜像平面，完成模型另一侧冲压除料特征的创建，如图 4-56 所示。

19）创建筋特征。单击菜单【插入】→【冲孔】→【筋】命令，系统弹出【筋】对话框，单击【绘制草图】按钮，选取模型底部表面为草图平面，绘制图 4-57 所示的截面曲线，相关参数设置如图 4-58 所示，完成的筋特征如图 4-59 所示。

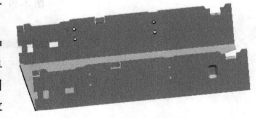

图 4-56　镜像冲压除料特征

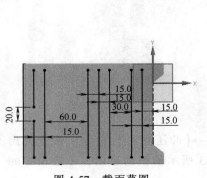

图 4-57　截面草图

图 4-58　参数设置

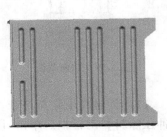

图 4-59　筋特征

第三节 NX 冲模设计

一、冲模设计概述

冲模设计模块提供了一套专门的工具，用来创建钣金冲压模具中的模具结构部件。典型的模具部件，如切边镶块、翻边镶块、废料刀，可以用标准的建模工具和各种特征创建。用这种方法每个部件包含数以百计的特征，相反，模具设计模块可以用一个特征来定义。另外，这些模具结构部件特征具有相关性，若产品零件发生改变，模具结构部件也因此进行相应的更新。总之，冲模设计模块提供了一种更具生产率的直观的方法来创建模具结构部件。

二、冲模设计功能启动

冲模设计功能启动的操作步骤如下：

1）启动 NX 10.0 软件，选择要打开的软件。

2）在菜单栏中选择【启动】→【所有应用模块】→【车辆制造自动化】→【冲模设计】，如图 4-60 所示。

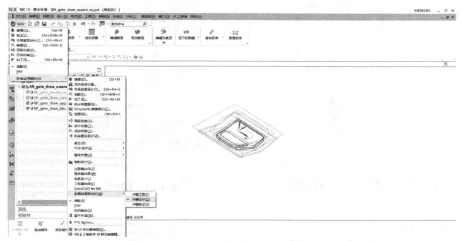

图 4-60　启动冲模设计

3）【冲模设计】工具条如图 4-61 所示，冲模设计操作可在工具条图标中直接操作。

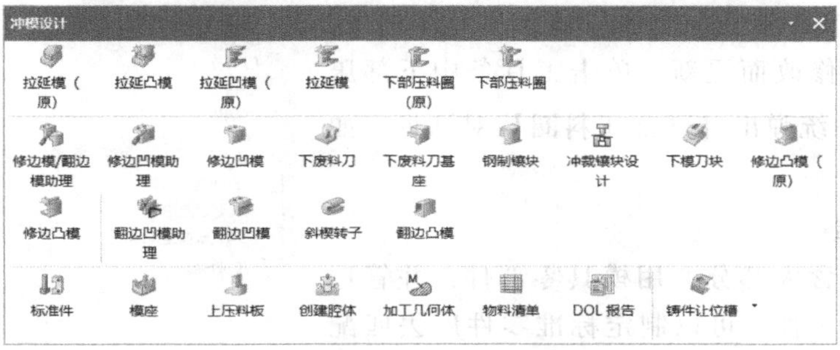

图 4-61　【冲模设计】工具条

三、冲模的主要设计功能

1. 拉延凸模

该选项指定所有必需的几何和数字输入，并生成一个拉延凸模。单击工具条拉延凸模选项，系统弹出【拉延模（原）】对话框，如图 4-62 所示。该选项输出的拉延凸模为一个由单个实体组成的 DRAW_DIE_PUNCH 特征，这个实体和输入几何体相关，随父几何体修改而更新。

2. 拉延凹模

该选项指定所有构建一个完整的拉延凹模必需的几何数据，并创建拉延凹模。该选项输出一个由单个实体组成的 UPPER_DRAW_DIE 特征。该实体特征和输入几何体相关，随父几何体修改而更新。单击工具条拉延凹模选项，系统弹出【拉延凹模（原）】对话框，如图 4-63 所示。

图 4-62 【拉延模（原）】对话框

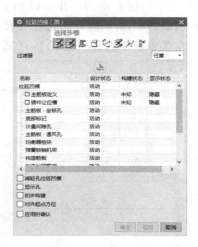

图 4-63 【拉延凹模（原）】对话框

3. 下部压料圈

该选项创建一个压料圈。压料圈在拉延操作过程中，通过在拉延凹模与压料圈之间压紧钣金片体来夹紧钣金片体。该功能输出一个由单个实体组成的 LOWER_BINDER 特征。实体与输入几何体相关，随输入几何体的修改而更新。单击工具条中下部压料圈选项，系统弹出【下部压料圈】对话框，如图 4-64 所示。

4. 标准件库

标准件库包含大部分通用模具零部件，并管理系统安装和调整零件，可以制定标准零件库去匹配公司或企业的模具设计标准，并可扩展数据库包含

图 4-64 【下部压料圈】对话框

任意的部件或装配。单击工具条中的标准件  选项，系统弹出【标准件管理】对话框，如图 4-65 所示。

模具标准零件管理系统提供下列功能：

1）库注册系统组织和显示选择的分类和组件。

2）安装功能复制、重命名和添加部件到模具装配。

3）部件定位功能定向、定位和匹配标准零件到模具装配。

4）数据库驱动配置系统容许选择驱动参数。

5）删除部件。

6）文件属性功能定义零件目录表和部件标识。

7）表达式系统在零部件和模架之间连接参数。

5. 创建腔体

在完成选择和放置标准件及其他部件后，可以用腔体功能创建具有相关性或非相关性的腔体，即是标准件的一个假体链接到目标体并将其从目标实体上减去，通常系统提供一个基于 NAAMS（North American Automotive Metric Standard）的选择项。单击工具条中的创建腔体 选项，系统弹出【腔体】对话框，如图 4-66 所示。

图 4-65 【标准件管理】对话框

图 4-66 【腔体】对话框

第四节　冲模设计案例

下面以汽车掀背门为例，完成该零件的拉延模设计。

一、模型准备

1）在光盘中打开文件 lift_gate_draw_assem_nx. prt，如图 4-67 所示。

2）在装配导航器中检查装配，设置 lift_gate_draw_punch_nx. prt 为工作部件，隐藏装配树中其他部件，如图 4-68 所示。

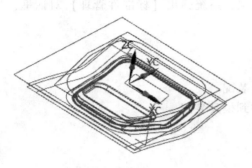

图 4-67　掀背门

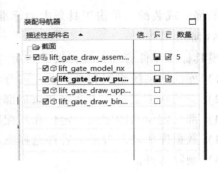

图 4-68　设置工作部件

二、创建拉延凸模特征

1）在冲模设计工具条中选择图标 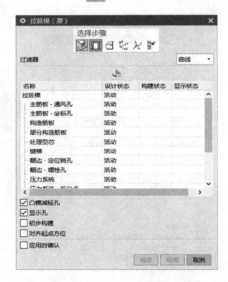，弹出图 4-69 所示【拉延模（原）】对话框。

2）选择图标，选择凸模轮廓线如图 4-70 所示。

图 4-69　【拉延模（原）】对话框

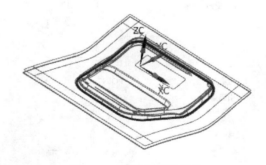

图 4-70　选择凸模轮廓线

3）选择基座方位图标，选择平面子功能图标，在【点】对话框中选择 Z 轴，输入-900，单击【确定】按钮，生成的坐标位置如图 4-71 所示。

4）选择图标，选择片体，如图 4-72 所示。

5）选择图标，选择 CSYS，这里默认原来的 CSYS。

注意：选择好 CSYS 后，+ZC 必须从底面指向片体。设置完成凸模特征后，在【拉延模（原）】对话框中必须完成其他特征设定后再单击【应用】按钮。

6）在图 4-69 所示的【拉延模（原）】对话框中选中【拉延模】选项，右击，选择【其他参数】，系统弹出【拉延模】对话框，设置相关参数，如图 4-73 所示。

a)

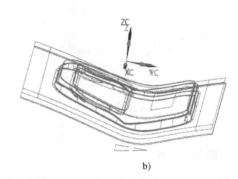

b)

图 4-71　指定基座方位

a)【点】对话框　b）坐标位置

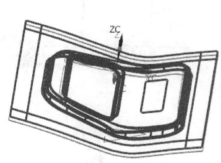
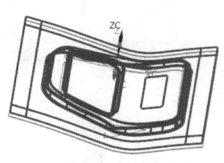

图 4-72　选择片体

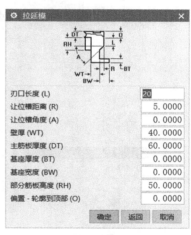

图 4-73　设置拉延凸模截面参数

三、创建凸模让位槽

1）设置图层，设置第二层可选。

2）在图 4-69 所示的【拉延模（原）】对话框中选中【铸件让位槽】选项，右击，选择【创建】，弹出【铸件让位槽】对话框，如图 4-74 所示。

3）选择轮廓线，如图 4-75 所示。

4）在让位槽深度（RD）文本框中输入"-10"，如图 4-76 所示。

5）在【铸件让位槽】对话框中单击【确定】按钮两次，完成让位槽的创建。

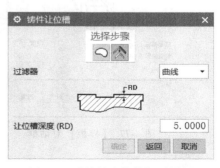

图 4-74　【铸件让位槽】对话框

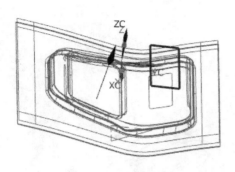

图 4-75　选择轮廓线

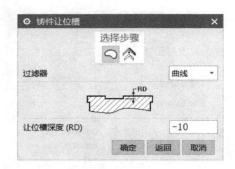

图 4-76　定义让位槽深度

四、创建导板

1）设置图层，设置第三层可选，第二层不可见。

2）在图 4-69 所示的【拉延模（原）】对话框中选中【导板】选项，右击，选择【创建】，弹出【导板】对话框，如图 4-77 所示。

3）选择 ⬚ 选项，选择两个定位点；选择 ⬚ 选项，选择方位平面，如图 4-78 所示。

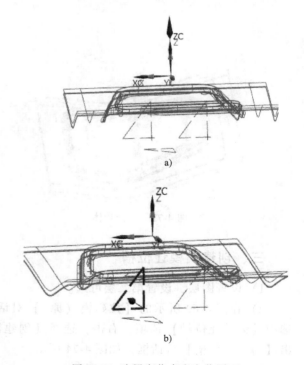

图 4-77　【导板】对话框

图 4-78　选择定位点和方位平面
　　　　　　a）定位点　b）平面

4）使用默认矩形凸垫形状，在曲面偏置（SO）文本框中输入"-5"，如图 4-79 所示。

5）在【导板】对话框中单击【确定】按钮两次，完成导板的创建。

五、创建处理型芯

1）设置图层，设置第四层可选，设置第三层不可见。

2）在图 4-69 所示的【拉延模（原）】对话框中选中【处理型芯】选项，右击，选择【创建】，弹出【处理型芯】对话框，如图 4-80 所示。

3）选择定位点，如图 4-81 所示。

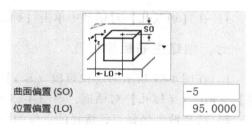

曲面偏置 (SO)　　　　　　−5
位置偏置 (LO)　　　　　　95.0000

图 4-79　设置导板参数

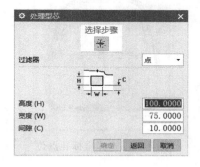

图 4-80　【处理型芯】对话框

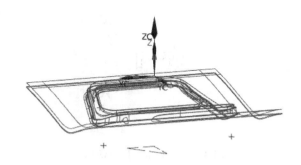

图 4-81　选择定位点

4）参数使用默认值，如图 4-80 所示。

5）在【处理型芯】对话框中单击【确定】按钮两次，创建的处理型芯如图 4-82 所示。

六、创建主筋板通风孔

1）设置图层，选择第五层可选，设置第四层不可见。

2）在图 4-69 所示的【拉延模（原）】对话框中选中【通风孔】选项，右击，选择【创建】，弹出【通风孔】对话框，如图 4-83 所示。

3）选择两个气孔位置点，如图 4-84 所示。

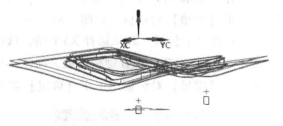

图 4-82　创建的处理型芯

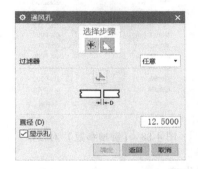

图 4-83　【通风孔】对话框

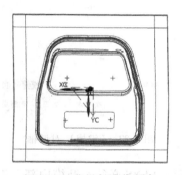

图 4-84　选择气孔位置点

4）在【通气孔】对话框中单击【确定】按钮两次，完成主筋板通风孔的创建。

七、创建主筋板坐标孔

1）在图4-69所示的【拉延模（原）】对话框中选中【坐标孔】选项，右击，选择【创建】，弹出【坐标孔】对话框，如图4-85所示。

2）选择两个坐标点，选择的点位如图4-86所示。

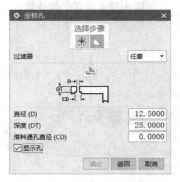

图4-85　【坐标孔】对话框

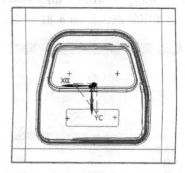

图4-86　选择坐标孔点位

3）设置落料通孔直径（CD）为30，默认其他参数设置。

4）在【坐标孔】对话框中，单击【确定】按钮两次，完成特征创建。

八、创建键槽

1）在图4-69所示的【拉延模（原）】对话框中选中【键槽】选项，右击，选择【创建】，弹出【键槽】对话框，如图4-87所示。

2）选择键槽位置。默认选择XYY型，选择矩形端部样式。

3）选择 🔧 选项，设置键槽参数，如图4-88所示，使用默认尺寸，单击【确定】按钮。

4）在【键槽】对话框中单击【确定】按钮，创建的键槽如图4-89所示。

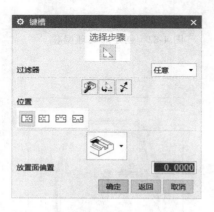

图4-87　【键槽】对话框

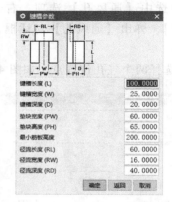

图4-88　【键槽参数】对话框

注意：CSYS必须在凸模内部，否则键槽不能正确生成。

九、创建加强筋和局部加强筋

1）在图 4-69 所示的【拉延模（原）】对话框中选中【构造筋】板选项，右击，选择【创建】，弹出【构造筋板】对话框，如图 4-90 所示。

2）在【构造筋板】对话框中设置图样参数。X 图样偏置（XO）文本框中输入参数 0，距离（XD）文本框中输入参数 300；在 Y 图样偏置（YO）文本框中输入参数 0，距离（YD）文本框中输入参数 250。

3）减轻孔和矩形槽，这里默认不选择，即无减轻孔，沿外形形状。

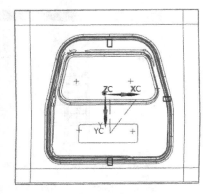

图 4-89 键槽

4）选择 选项，弹出【筋板尺寸】对话框，设置筋板尺寸，输入参数 RT = 40，RAT = 45，其他参数选择默认，如图 4-91 所示。

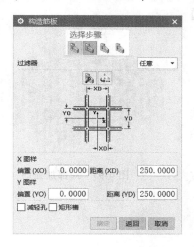

图 4-90 【构造筋板】对话框

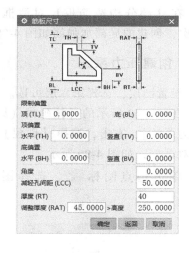

图 4-91 【筋板尺寸】对话框

5）在【构造筋板】对话框中单击【确定】两次，创建的主筋板如图 4-92 所示。

6）在图 4-69 所示的【拉延模（原）】对话框中选中【部分构造筋板】，右击，选择【创建】，弹出【部分构造筋板】对话框，在 X 图样偏置（XO）文本框中输入参数 150，距离（XD）文本框中输入参数 300；在 Y 图样偏置（YO）文本框中输入参数 125，距离（YD）文本框中输入参数 250，如图 4-93 所示。

7）选择 选项，编辑筋板尺寸，输入参数 RT = 40，RAT = 45，其他使用默认参数，完成后单击【确定】按钮，如图 4-94 所示。

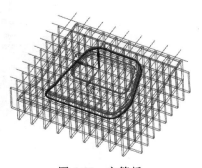

图 4-92 主筋板

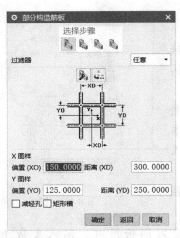

图 4-93 【部分构造筋板】对话框

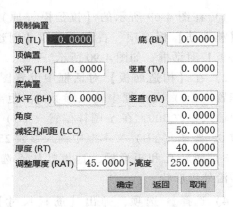

图 4-94 设置筋板参数

8）在【部分构造筋板】对话框中单击【确定】按钮两次，创建的局部加强筋如图 4-95 所示。

十、创建压力系统

1）设置图层，选择第六层可选。

2）在图 4-69 所示的【拉延模（原）】对话框中选中【压力系统】，右击，选择【创建】，弹出【压力系统点】对话框，如图 4-96 所示。

3）单击选点图标 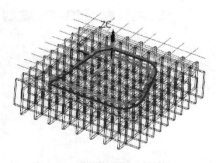，选择图 4-97 所示的五个点。

图 4-95 局部加强筋

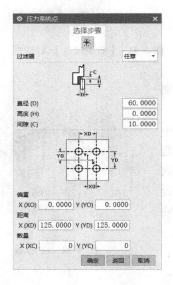

图 4-96 【压力系统点】对话框

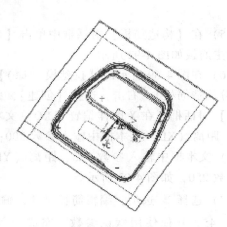

图 4-97 选择点位

4）使用默认尺寸，在【压力系统点】对话框中单击【确定】按钮，完成压力系统的创建。

十一、生成拉延凸模

在完成上述所有特征创建后，在【拉延模（原）】对话框中单击【应用】按钮，创建拉延凸模，如图4-98所示。

十二、创建拉延凹模特征

1）在装配导航器中设置 lift_gate_draw_upper_die_nx 为工作部件，隐藏装配树中其他部件，如图4-99所示。

2）选择图标，弹出图4-100所示【拉延凹模（原）】对话框。

3）选择图标，选择压料圈壁中心线轮廓，如图4-101所示。

4）选择图标，选择毛坯轮廓线，如图4-102所示。

图4-98　拉延凸模

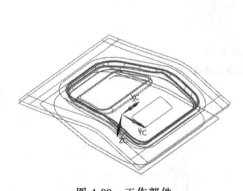

图4-99　工作部件

图4-100　【拉延凹模（原）】对话框

5）选择图标，选择基座方位，选择平面子功能图标，在【点】对话框中选择 Z 轴，输入100，单击【确定】按钮，如图4-103所示。

6）选择图标，选择片体，如图4-104所示。

7）选择图标，设置 CSYS，这里默认原来的 CSYS。

8）选择图标，选择基座翻边轮廓，如图4-105所示。

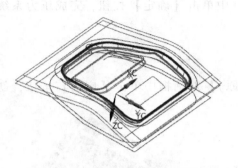

图 4-101　选择压料圈壁中心线轮廓

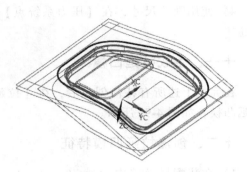

图 4-102　选择毛坯轮廓线

a)

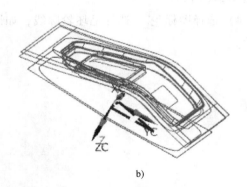

b)

图 4-103　设置基座方位

a）输入坐标点　b）设置坐标后

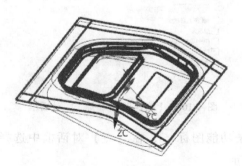

图 4-104　选择片体

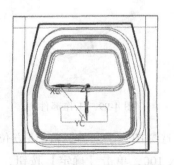

图 4-105　选择基座翻边轮廓

十三、定义凹模参数

在图 4-100 所示的【拉延凹模（原）】对话框中选中【拉延凹模】选项，右击，选择

【其他参数】，打开【拉延凹模】对话框，如图 4-106 所示，设置相关参数，这里使用默认参数。

十四、创建中间加强筋

1）在图 4-100 所示的【拉延凹模（原）】对话框中选中【主筋板】选项，右击，选择【其他参数】，打开【主筋板定义】对话框，如图 4-107 所示。

2）选择 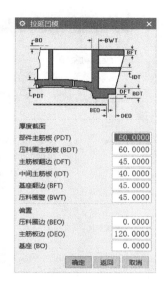 图标，选择内主筋板片体，如图 4-108 所示。

3）选择 图标，选择主筋板轮廓，可选项，这里不选择，使用默认值。

4）选择 图标，选择压料圈边轮廓，可选项，这里不选择，使用默认值。

5）选择 图标，选择中间主筋板轮廓线，如图 4-109 所示。

图 4-106　【拉延凹模】对话框

图 4-107　【主筋板定义】对话框

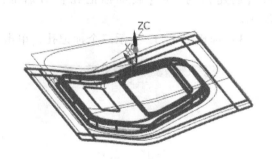

图 4-108　选择内主筋板片体

6）选择 图标，定位中间加强筋位置，选择平面子功能图标 ，在【点】对话框中选择 Z 轴，输入 -100，如图 4-110 所示。

7）在【点】对话框中单击【确定】按钮，在【平面】对话框中单击【确定】按钮，完成中间加强筋的创建。

十五、创建底部标记孔

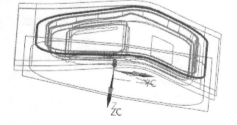

图 4-109　选择中间加强筋轮廓线

1）设置图层，设置第二层可选。

2）在图 4-100 所示的【拉延凹模（原）】对话框中选中【底部标记】选项，右击，选

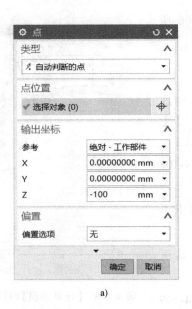

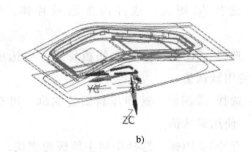

a)   b)

图 4-110 设置加强筋位置

a) 坐标点输入   b) 设置坐标后

择【创建】，打开【底部标记孔】对话框；设置参数，这里使用默认参数，如图 4-111 所示。

    3）选择图 4-112 所示三个标记孔，单击【确定】按钮，完成底部标记孔的创建。

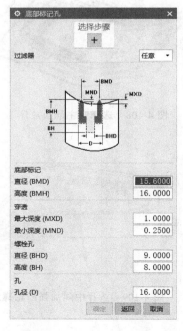

图 4-111 【底部标记孔】对话框

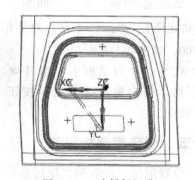

图 4-112 选择标记孔

十六、创建通风孔

1）设置图层，设置第三层可选，第二层不可见。

2）在图 4-100 所示的【拉延凹模（原）】对话框中选中【主筋板通风孔】选项，右击，选择【创建】，打开【通风孔】对话框；勾选【显示孔】复选框，设置参数，这里使用默认参数，如图 4-113 所示。

3）选择图 4-114 所示的四个点，单击【确定】按钮两次。

图 4-113 【通风孔】对话框

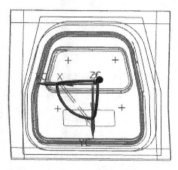

图 4-114 选择通风孔点位

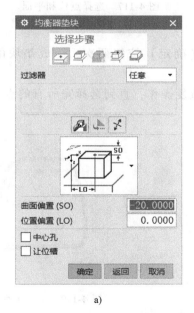

a)

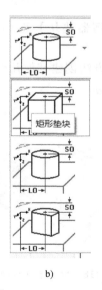

b)

图 4-115 【均衡器垫块】对话框

a）参数设置 b）选择凸台样式

十七、创建均衡器垫块

1）设置图层，设置第四层可选，第三层不可见。

2）在图 4-100 所示的【拉延凹模（原）】对话框中选中【均衡器垫块】选项，右击，选择【创建】，打开【均衡器垫块】对话框；选择圆形凸台样式，设置参数，在曲面偏置（SO）文本框中输入20，在位置偏置（LO）文本框中输入0，如图4-115所示。

3）在【均衡器垫块】对话框中选择 图标，编辑形状参数，在直径（D）文本框中输入100，如图4-116所示。

4）在【形状参数】对话框中单击【确定】，在【均衡器垫块】对话框中选择一点，再选择 图标，选择对应的平面，如图4-117所示。

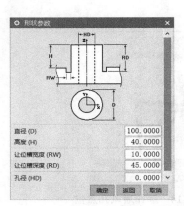

图4-116 【形状参数】对话框

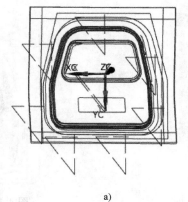

a)

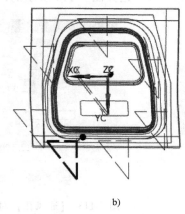

b)

图4-117 选择点位和平面

a）点位 b）平面

5）在【均衡器垫块】对话框中单击【确定】按钮两次，完成垫块的创建，结果如图4-118所示。

6）用上述方法创建其他几个平衡块，重复操作，直到选择完所有的点和平面，创建结果如图4-119所示。

图4-118 单个平衡垫块

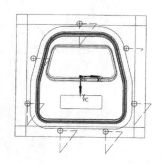

图4-119 全部平衡垫块

十八、创建弹簧锁销机架

1）设置图层，设置第五层可选，第四层不可见。

2）在图4-100所示的【拉延凹模（原）】对话框中选中【弹簧锁销机架】选项，右击，选择【创建】，打开【弹簧锁销机架】对话框，如图4-120所示。

3）选择图4-121所示的四个点。

4）选择 选项，弹出【弹簧锁销参数】对话框，设置参数，这里使用默认尺寸，如图 4-122 所示。

5）在【弹簧锁销参数】对话框中单击【确定】按钮，在【弹簧锁销机架】对话框中单击【确定】按钮，完成弹簧锁销机架的创建，如图 4-123 所示。

图 4-120 【弹簧锁销机架】对话框

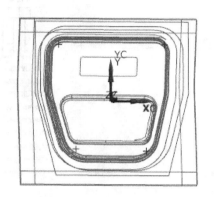

图 4-121 选择点位

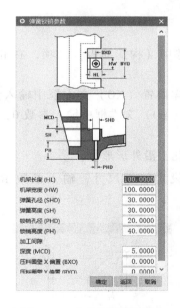

图 4-122 【弹簧锁销参数】
对话框

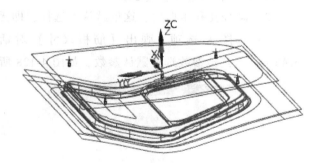

图 4-123 弹簧锁销机架

十九、创建键槽

1）在图 4-100 所示【拉延凹模（原）】对话框中选中【键槽】选项，右击，选择【创建】，弹出【键槽】对话框，如图 4-124 所示。

2）设置键槽位置。默认选择 XYY 型，选择矩形端部样式。

3）选择  选项，设置键槽参数，如图 4-125 所示，使用默认尺寸，单击【确定】按钮。

4）在【键槽】对话框单击【确定】按钮，完成键槽的创建，如图 4-126 所示。

注意：CSYS 必须在凸模内部，否则键槽不能正确生成。

图 4-124 【键槽】对话框

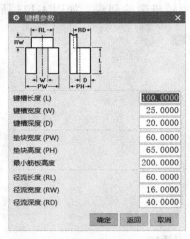

图 4-125 【键槽参数】对话框

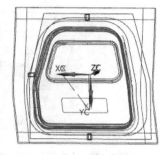

图 4-126 键槽

二十、创建加强筋

1）在图 4-100 所示【拉延凹模（原）】对话框中选中【构造筋板】选项，右击，选择【创建】，弹出【构造筋板】对话框，如图 4-127 所示。

2）在【构造筋板】对话框中设置图样。在 X 图样偏置（XO）文本框中输入参数 0，在距离（XD）文本框中输入参数 300；在 Y 图样偏置（YO）文本框中输入参数 0，在距离（YD）文本框中输入参数 250。

3）减轻孔和矩形槽，这里默认不选择，即无减轻孔，沿外形形状。

4）选择 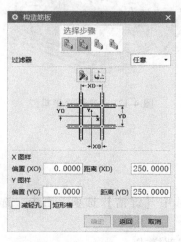 选项，弹出【筋板尺寸】对话框，设置筋板尺寸，输入参数 RT = 40，RAT = 45，其他参数选择默认参数，如图 4-128 所示。

图 4-127 【构造筋板】对话框

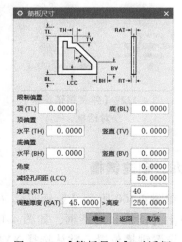

图 4-128 【筋板尺寸】对话框

5）在【构造筋板】对话框中单击【确定】按钮两次，完成加强筋的创建，如图 4-129 所示。

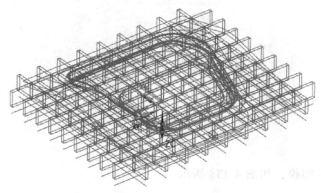

图 4-129　加强筋

二十一、创建外部加强筋

1）在图 4-100 所示【拉延凹模（原）】对话框中选中【构造加固筋板】选项，右击，选择【创建】，弹出【部分构造筋板】对话框；在 X 图样偏置（XO）文本框中输入 150，在距离（XD）文本框中输入 300；在 Y 图样偏置（YO）文本框中输入 125，在距离（YD）文本框中输入 250，如图 4-130 所示。

2）选择 选项，编辑筋板尺寸，输入参数 RT = 40，RAT = 45，其他使用默认参数，完成后单击【确定】按钮，如图 4-131 所示。

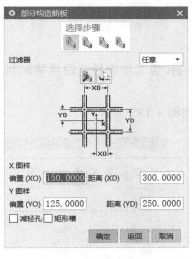

图 4-130　【部分构造筋板】对话框

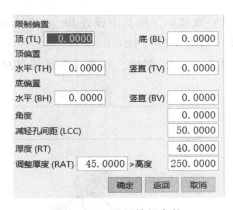

图 4-131　设置筋板参数

3）在【部分构造筋板】对话框中单击【确定】按钮两次，完成外部加强筋的创建，如图 4-132 所示。

二十二、生成拉延凹模

在完成上述所有特征创建后，在图 4-100 所示【拉延凹模（原）】对话框中单击【应

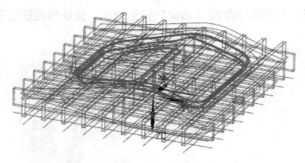

图 4-132　外部加强筋

用】按钮，生成拉延凹模，如图 4-133 所示。

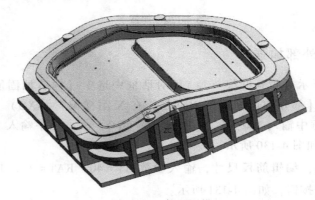

图 4-133　拉延凹模

二十三、创建压料圈主特征

1）在装配导航器中设置 lift_gate_draw_bingder_nx. prt 为工作部件，隐藏装配树中其他部件，如图 4-134 所示。

2）选择  图标，打开【下部压料圈】对话框，如图 4-135 所示。

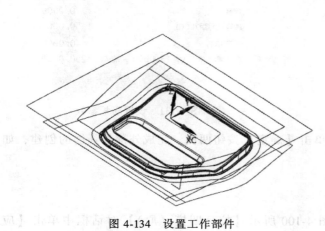

图 4-134　设置工作部件

图 4-135　【下部压料圈】对话框

3）选择 ![]图标，选择压料圈轮廓，如图 4-136 所示。

4）选择 ![]图标，选择毛坯轮廓线，如图 4-137 所示。

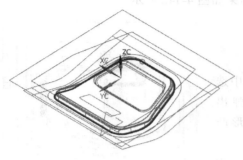

图 4-136 选择压料圈轮廓

图 4-137 选择毛坯轮廓线

5）选择 ![]图标，选择上部主筋板轮廓，如图 4-138 所示。

6）选择 ![]图标，选择下部主筋板轮廓，如图 4-139 所示。

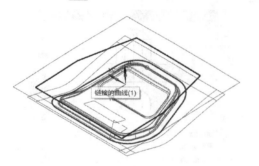

图 4-138 选择上部主筋板轮廓

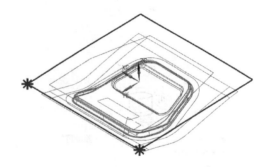

图 4-139 选择下部主筋板轮廓

7）选择 ![]图标，定位中间加强筋位置，选择平面子功能图标 ![]，在【点】对话框中选择 Z 轴，输入 -1000，单击【确定】按钮，如图 4-140 所示。

8）选择 ![]图标，选择钣金片体如图 4-141 所示。

9）选择图标 ![]，选择 CSYS，这里默认原来的 CSYS。

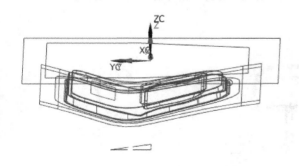

图 4-140 设置加强筋位置

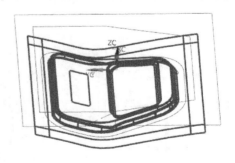

图 4-141 选择钣金片体

二十四、创建键槽

创建键槽的方法同前，这里不再详述，创建结果如图 4-142 所示。

二十五、创建均衡器垫块

1）设置图层，设置第二层可选。

2）在图 4-135 所示的【下部压料圈】对话框中选中【气销垫块】选项，右击，选择【创建】，弹出【气销垫块】对话框，如图 4-143 所示，选择圆形凸台，在曲面偏置（SO）文本框中输入−10。

3）选择 选项，在【形状参数】对话框中，直径（D）文本框中输入 100，如图 4-144 所示。

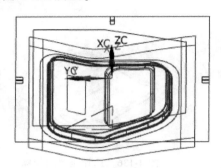

图 4-142　键槽

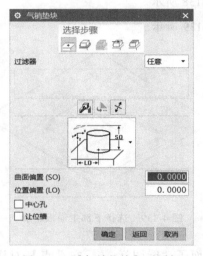

图 4-143　【气销垫块】对话框

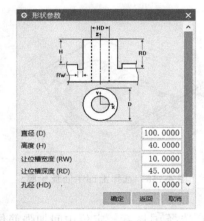

图 4-144　设置形状参数

4）选择 选项，选择图 4-145 所示的位置点；选择 选项，选择图 4-146 所示的定位平面。

5）在【气销垫块】对话框中单击【确定】按钮两次，完成垫块的创建，如图 4-147 所示。

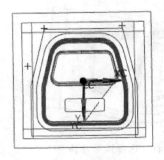

图 4-145　选择位置点

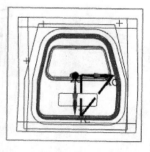

图 4-146　选择定位平面

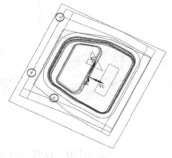

图 4-147　垫块

二十六、创建气销-支撑壁

1）设置图层，设置第三层可选，第二层不可见。

2）在图4-135所示【下部压料圈】对话框中选中【气销-支撑壁】选项，右击，选择【创建】，弹出【气销-支撑壁】对话框，如图4-148所示。

3）定义两个点位，分别如图4-149和图4-150所示。

4）在【气销-支撑壁】对话框中单击【确定】按钮两次，完成气销-支撑壁的创建。

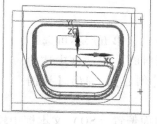

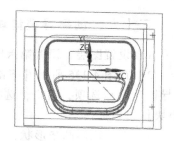

图4-148 【气销-支撑壁】对话框   图4-149 定义第一点   图4-150 定义第二点

二十七、创建平底实块

1）设置图层，设置第四层可选，第三层不可见。

2）在图4-135所示【下部压料圈】对话框中选中【平底实块】选项，右击，选择【创建】，弹出【平底实块】对话框，选择矩形类型，在曲面偏置（SO）文本框中输入-10，如图4-151所示。

3）选择 ⬚ 选项，选择图4-152所示的位置点；选择 ⬚ 选项，选择图4-153所示的定位平面。

4）在【平底实块】对话框中单击【确定】按钮两次，完成平底实块的创建，如图4-154所示。

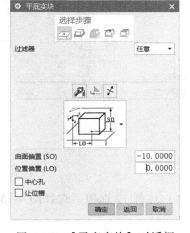

图4-151 【平底实块】对话框

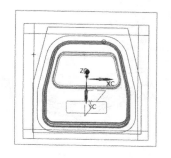

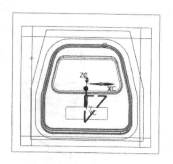

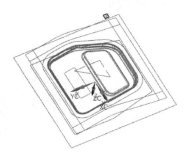

图4-152 选择位置点   图4-153 选择定位平面   图4-154 平底实块

二十八、创建均衡器垫块

1）设置图层，设置第五层可选，第四层不可见。

2）在图 4-135 所示【下部压料圈】对话框中选中【均衡器垫块】选项，右击，选择创建，弹出【均衡器垫块】对话框。

3）创建均衡器垫块与凹模中创建垫块方法一致，这里不再重复操作，创建结果如图 4-155 所示。

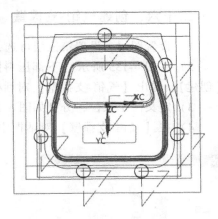

图 4-155 均衡器垫块

二十九、创建导销垫块

1）设置图层，设置第六层可选，第五层不可选。

2）在图 4-135 所示【下部压料圈】对话框中选中【导销垫块】选项，右击，选择【创建】，弹出【导销垫块】对话框。

3）默认矩形凸垫形状，在曲面偏置（SO）文本框中输入–10，位置偏置（LO）文本框中输入 100；在形状参数中设置长度（L）为 100，宽度（W）为 100，其他参数使用默认参数，如图 4-156 所示。

图 4-156 参数设置
a）位置参数 b）形状参数

4）选择 选项，选择图 4-157 所示的定位点；选择 选项，选择图 4-158 所示的定位平面。

5）在【导销垫块】对话框中单击【确定】按钮两次，完成导销垫块的创建，如图 4-159 所示。

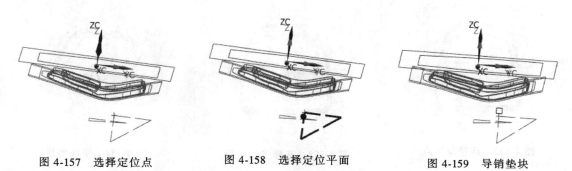

图 4-157 选择定位点   图 4-158 选择定位平面   图 4-159 导销垫块

三十、创建导板

1）设置图层，设置第七层可选，第六层不可选。

2）在图 4-135 所示【下部压料圈】对话框中选中【导板】选项，右击，选择【创建】，弹出【导板（防磨垫）】对话框；使用默认矩形凸垫形状，在曲面偏置（SO）文本框中输入－10，位置偏置（LO）文本框中输入100，如图 4-160 所示。

图 4-160 【导板（防磨垫）】
对话框

3）选择 ▣ 选项，选择图 4-161 所示的两个定位点；选择 ▱ 选项，选择图 4-162 所示的定位平面。

4）在【导板】对话框中单击【确定】按钮两次，完成导板的创建，如图 4-163 所示。

三十一、创建加强筋

1）在图 4-135 所示【下部压料圈】对话框中选中【构造筋板】选项，右击，选择【创建】，弹出【构造筋板】对话框，如图 4-164 所示。

2）在【构造筋板】对话框中设置图样。在 X 图样偏置（XO）文本框中输入参数 0，在距离（XD）文本框中输入参数 300；在 Y 图样偏置（YO）文本框中输入参数 0，在距离（YD）文本框中输入参数 250。

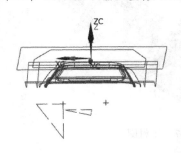
图 4-161 选择定位点

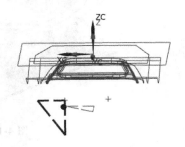
图 4-162 选择定位平面

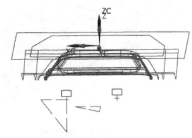
图 4-163 创建导板

3）选择 ▨ 选项，弹出【筋板尺寸】对话框，设置筋板尺寸，输入参数 RT = 40，RAT = 45，其他参数选择默认参数，如图 4-165 所示。

4）在【构造筋板】对话框中单击【确定】按钮两次，完成加强筋的创建如图 4-166 所示。

三十二、生成压料圈

完成压料圈上述所有特征创建后，单击图 4-135 所示【下部压料圈】对话框中的【应用】按钮，生成压料圈特征，如图 4-167 所示。

至此，生成的凸模和压料圈如图 4-168 所示，完整的拉延模如图 4-169 所示。

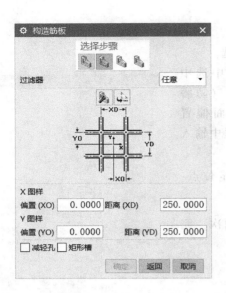

图 4-164 【构造筋板】对话框

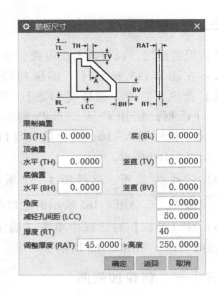

图 4-165 【筋板尺寸】对话框

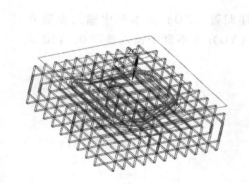

图 4-166 加强筋

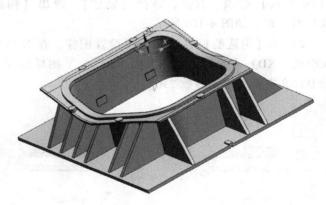

图 4-167 压料圈

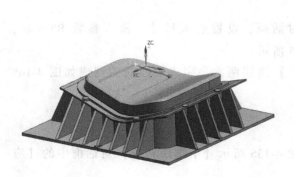

图 4-168 凸模和压料圈

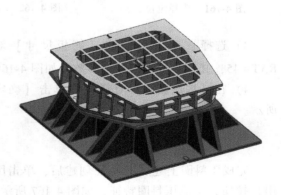

图 4-169 拉延模

本 章 小 结

　　钣金模块是 NX 10.0 软件的重要模块，它主要在特征建模的基础上进行。本章对 NX 的钣金建模方法进行了详细的叙述，介绍了各种钣金建模工具的功能和用法以及钣金建模的一般过程。冲模设计模块是 NX 10.0 软件的一个专门的工具，可创建冲压模具中的相关部件，如凸模、凹模、压边圈等。本章以汽车掀背门拉延模为例对冲压模具的建立方法进行了介绍。通过本章的学习，用户可以掌握钣金建模和冲压模具设计的基本方法。

综 合 练 习

　　1. 绘制图 4-170 所示的钣金零件。

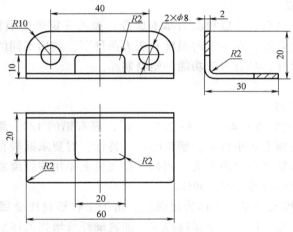

图 4-170　钣金零件图（一）

　　2. 绘制图 4-171 所示的钣金零件。

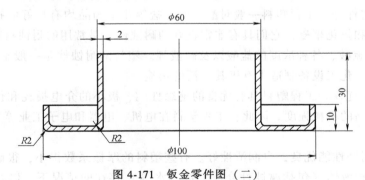

图 4-171　钣金零件图（二）

第五章

注射模NX设计

第一节　高分子材料简介

一、高分子材料及其特性

1. 塑料的结构组成

塑料是一种高分子材料，是以树脂为基本成分，加入一定量的填料、增塑剂、稳定剂、着色剂等制成的有机化合物，在一定的温度和压力条件下，利用不同的成型设备和模具，可以加工成各种形状和尺寸、具有一定功能的塑料制品。

2. 塑料的特性

（1）塑料制品的优点

1）密度小。塑料的密度一般为 $0.8 \sim 2.2 \text{g/cm}^3$，只有铝的 $1/2$，钢的 $1/5$。有些工程塑料如聚丙烯等，比水的密度还小得多。塑料的这一特性，对要求减轻自重的机械装备，如汽车、飞机、船舶等具有特别重大的意义。例如，在飞机上采用碳纤维或硼纤维增强塑料代替铝合金或钛合金，重量可减轻 $15\% \sim 30\%$。

2）比强度高。强度与重量之比称为比强度。由于工程塑料比金属的密度要小很多，因此，有些工程塑料的比强度比一般金属高得多。如玻璃纤维增强的环氧树脂，它的单位重量的抗拉强度比一般钢材高 2 倍左右。纤维增强塑料可用作受力较大的结构件，或者轻量化要求高的车、船、飞机、火箭、导弹及人造卫星等中的某些零件。

3）化学稳定性好。工程塑料一般对酸、碱、盐等化学药品均有良好的抗腐蚀能力，特别是聚四氟乙烯和氯化聚醚，它们具有非常良好的耐蚀性。最常用的耐蚀材料硬质聚氯乙烯可以耐 90% 的浓硫酸、各种浓度的盐酸以及碱液等。塑料的耐蚀性是一般金属无法比拟的，因此，工程塑料在化工设备制造中有极其广泛的用途。

4）电气性能优良。工程塑料具有优良的绝缘性能、极小的介电损耗和优良的耐电弧性能，同时又有较高的机械强度。因此，工程塑料在电机、电器和电子工业等方面有着广泛的应用。

5）减摩、耐磨性能优良，自润滑性好。有些塑料的摩擦系数很小，很耐磨。作为减摩材料，塑料在各种液体（包括腐蚀性介质、油、水等）存在的情况下，以及在半干摩擦甚至完全没有润滑的条件下可有效地工作。因此，塑料可以制造各种自润滑轴承、齿轮和密封圈等。如热轧机轴承，就是用酚醛塑料制成的。工程塑料还有良好的对异物埋没性，可以防止异物对金属的划伤现象。工程塑料广泛应用于各种传动机构、摩擦机构中。

6）减振和消声作用优良。由于工程塑料有减振和消声作用，因此广泛用于制造齿轮、轴承等。纺织机械上采用塑料齿轮后，可以大大减小噪声。

7）成型加工方便。一般塑料都可以一次成型出复杂的制件；用模具成型塑料制件，重复成型精度较高，而且可以成型一般金属不能获得的形状零件。如照相机、电视机、收录机等的壳体，用模具成型很方便，而用一般的机械加工很难成型，而且省工、省时、省料，并能提高劳动生产率。

8）制品成本低。因塑料原料价格低廉，且成型加工方便，因此塑料制件的生产成本较低。

9）光学性能好。有些塑料，如有机玻璃、聚苯乙烯、聚碳酸酯等有良好的透光性，可用于制造航空玻璃、光学透镜、透明灯罩等，这些特性是一般金属所没有的。

10）良好的着色性。一般塑料均可染成各种颜色，使制件悦目美观。

（2）塑料的缺点

正是由于塑料有这么多的优良特性，因此在机械工业、电子工业、航空航天工业、汽车工业、化学工业、建筑工业、包装工业以及日常用品中得到广泛应用，同时，塑料也存在以下缺点，限制了其应用范围。

1）刚性差。工程塑料的刚性通常只有金属材料的几分之一甚至百分之一，因此，在相同负荷下，工程塑料比金属产生的变形大。为此，在用塑料代替金属材料时，常常要加大塑件的某些尺寸，或改变塑件形状，增设加强筋。

2）成型收缩率大。聚碳酸酯、ABS树脂等塑料的成型收缩率为 0.4%~0.8%，而聚乙烯、聚甲醛、聚酰胺等的成型收缩率高达 1%~3.6%，而且实际成型收缩率随着塑件厚度和成型条件等的变化而不同，在塑料流动方向和其垂直方向的收缩率也不一样，因此，塑料制件的精度较低。为了减小收缩率，往往加入增强材料，如玻璃纤维等。

3）耐热性差。工程塑料最多只能在 100℃ 左右工作，少数耐热性工程塑料在空气中长期使用温度也只能达到 200~280℃。只有在短时间或间歇使用时才能达到 500℃ 以上。

4）尺寸稳定性差。热塑性工程塑料的线胀系数比金属大一个数量级，所以，当温度变化时，塑料制件的尺寸不够稳定。尼龙等制件受湿后也会发生尺寸变化。

5）有蠕变。在负载情况下，工程塑料会慢慢发生塑性变形。

6）散热差。塑料的传热系数只有金属的 1/200~1/600。

7）易出现老化。塑料在长时间的使用过程中，由于受周围环境如光、氧气、热、辐射、湿气、雨雪、工业腐蚀气体和微生物等的作用，色泽改变，化学结构受到破坏，力学性能降低，变得脆而硬或软而黏。

3. 塑料的分类

（1）按塑料的使用特性分　塑料可分为通用塑料、工程塑料和功能塑料。

1）通用塑料是指一般只能作为非结构材料使用、产量大、用途广、价格低、性能普通的一类塑料，主要有聚乙烯、聚丙烯、聚氯乙烯、聚苯乙烯、酚醛塑料和氨基塑料六大品种，占塑料总产量的 75% 以上。

2）工程塑料是指可以作为工程结构材料、力学性能优良、能在较广温度范围内承受机械应力和较为苛刻的化学及物理环境的一类塑料，主要有聚酰胺（尼龙）、聚碳酸酯、聚甲醛、ABS、聚苯醚、聚砜、聚酯及各种增强塑料。

工程塑料与通用塑料相比，其产量小，价格较高，但具有优异的力学性能、电性能、化学性能、耐磨性、耐热性、耐蚀性、自润滑性及尺寸稳定性，即具有某些金属性能，因而可代替一些金属材料用于制造结构零部件和传动结构零部件等。

3）功能塑料是指用于特种环境中具有某一方面的特殊性能的塑料，主要有医用塑料、光敏塑料、导磁塑料、高耐热性塑料及高频绝缘性塑料等。这类塑料产量小，价格较贵，性能优异。

（2）按塑料受热后呈现的基本特性分　塑料可分为热塑性塑料和热固性塑料。

1）热塑性塑料是指在一定的温度范围内，能反复加热软化乃至熔融流动，冷却后能硬化成一定形状的塑料。这类塑料基本上是以聚合反应得到的线型或支链型树脂为基础制得的，在成型过程中只有物理变化，而无化学变化，因而受热后可多次成型，废料可回收再利用。如聚乙烯、聚氯乙烯、聚丙烯、聚苯乙烯、聚碳酸酯、ABS、聚甲醛、尼龙及有机玻璃等。

2）热固性塑料是指加热温度达到一定程度后能成为不溶和不熔性物质，形状固化后不再变化的塑料。这类塑料基本上是以缩聚反应得到的，在成型受热时发生化学变化使线型分子结构转变为体形结构，废料不能再回收利用。如酚醛塑料、氨基塑料、环氧塑料、不饱和聚酯塑料、三聚氰胺塑料等。

二、塑料成型方法

1. 注射成型

注射成型是根据金属压铸成型原理发展起来的，首先将粒状或粉状的塑料原料加入注射机的料筒中，经过加热熔融成黏流态，然后在柱塞或螺杆的推动下，以一定的流速通过料筒前端的喷嘴和模具的浇注系统注射入闭合的模具型腔中，经过一定时间后，塑料在模内硬化定型，打开模具，从模内脱出成型的塑件。注射模主要用于热塑性塑料制件的成型，近年来在热固性塑料注射成型中的应用也在逐渐增加。此外，反应注射成型、双色注射成型等特种注射成型工艺也在不断开发与应用中。

2. 压缩成型

压缩成型是塑料制件成型方法中较早采用的一种。首先将预热过的塑料原料直接加入敞开的、加热的模具型腔（加料室）内，然后合模，塑料在热和压力的作用下以熔融流动状态充满型腔，然后由于化学反应（热固性塑料）或物理变化（热塑性塑料），使塑料逐渐硬化定型。该成型方法周期长，生产效率低。压缩模又称压塑模，多用于热固性塑料制件的成型。

3. 压注成型

压注模又称传递模，其加料室与型腔由浇注系统相连接。首先将预热过的塑料原料加入预热的加料室内，然后通过压柱向加料室内的塑料原料施加压力，塑料在高温高压下熔融并通过模具浇注系统进入型腔，最后发生化学交联反应逐渐硬化定型。压注模主要用于热固性塑料制件的成型。

4. 挤出成型

挤出模常称挤出机头。挤出成型是利用挤出机筒内的螺杆旋转加压的方式，连续地将塑化好的、呈熔融状态的物料从挤出机的机筒中挤出，并通过特定断面形状的机头成型，然后借助于牵引装置将挤出后的塑料制件均匀地拉出，并同时进行冷却定型处理。这类模具能连续不断地生产断面形状相同的热塑性塑料型材，例如塑料管材、棒材、片材及异型材等。

5. 气动成型

气动成型模包括中空吹塑成型模、真空成型模和压缩空气成型模等。中空吹塑成型是将挤出机挤出或注射机注射出的、处于高弹性状态的空心塑料型坯置于闭合的模腔内，然后向其内部通入压缩空气，使其胀大并紧贴于模具型腔表壁，经冷却定型后成为具有一定形状和尺寸精度的中空塑料容器。真空成型是将加热的塑料片材与模具型腔表面所构成的封闭空腔内抽真空，使片材在大气压力下发生塑性变形而紧贴于模具型面上成为塑料制件的成型方法。压缩空气成型是利用压缩空气使加热软化的塑料片材发生塑性变形并紧贴在模具型面上成为塑料制件的成型方法。在个别塑件深度大、形状复杂的情况，也有同时采用真空成型和压缩空气成型方法的。真空成型和压缩空气成型是使用已成型的片材进行再生产，因此属于塑料制品的二次加工。

除了上述介绍的几类塑料模具外，还有泡沫塑料成型模、搪塑模、浇注模、回转成型模、聚四氟乙烯压锭模等。

第二节 注射成型工艺及模具

一、注射成型工艺

1. 注射成型过程

注射成型是注射机把塑料原料加热到一定温度，使其成为熔融的液态，再高压注射到密闭的模腔内，经过冷却定型，开模后顶出得到所需塑料产品的生产过程。

注射过程一般包括加料、塑化和注射。

（1）加料 由于每次注射所需用料的量都是固定的，因此要定量加料，以保证操作稳定、塑化均匀，最终获得良好的塑件。

（2）塑化 加入的塑料在料筒中进行加热，由固体颗粒或粉末加热转变成熔融态，并且具有良好的可塑性的过程称为塑化。

（3）注射 注射的过程可分为充模、保压、浇口冻结后的冷却和脱模等几个阶段。

1）充模。塑化好的熔体被柱塞或螺杆推挤至料筒前端，经过喷嘴及模具浇注系统进入并填满型腔，这一过程称为充模。

2）保压。在模具中熔料冷却收缩时，柱塞或螺杆继续施压，迫使浇口附近的熔料不断补充到模具型腔中，使型腔中的塑料能成型出形状完整而致密的塑件，这一过程称为保压。

3）浇口冻结后的冷却。当浇注系统的塑料凝固后，可退回柱塞或螺杆，卸除料筒内塑料的压力，并加入新料，同时向模具中通入冷却水、油或空气等冷却介质，对模具进行进一步的冷却，这一过程称为浇口冻结后的冷却。

4）脱模。塑件冷却到一定的温度即可开模，在推出机构的作用下把塑件推出模具。

2. 注射成型工艺参数

注射成形工艺的核心问题，就是采用一切措施获得利于充型的塑化熔料，并把它注射到型腔中，在一定条件下冷却定型，得到符合质量要求的塑件。影响注射成型工艺的主要参数是塑化流动和冷却的温度、压力以及相应的作用时间。

（1）温度　注射成型过程需控制的温度有料筒温度、喷嘴温度和模具温度。前两种温度主要影响塑料的塑化流动，后一种温度主要影响塑料的流动和冷却。

料筒温度的选择与各种塑料的特性有关，每一种塑料都具有不同的黏流态温度。喷嘴温度一般略低于料筒最高温度，以防止熔料在直通式喷嘴中发生"流涎现象"；模具温度对塑料熔体和充型能力及塑件的内在性能和外观质量影响很大，通常由通入定温的冷却介质来控制，也有靠熔料注入模具自然升温和自然散热达到平衡而保持一定的模温。

（2）压力　注射过程的压力包括塑化压力和注射压力两种，它们直接影响塑料的塑化和塑件质量。

塑化压力又称背压，是柱塞或螺杆头部熔料在柱塞或螺杆后退时所受到的压力。这种压力的大小可以通过液压系统中的溢流阀来调整。注射压力是指柱塞或螺杆充模时对熔料所施加的压力，一般为40～130MPa。其作用是克服熔料从柱塞或螺杆头部，经过浇注系统流向型腔时的流动阻力，给予熔料一定的充型速率以及对熔料进行压实等。为了保证塑件的质量，对注射速度（熔融塑件在喷嘴处的喷出速度）常有一定的要求，而对注射速度较为直接的影响因素是注射压力。

（3）时间　完成一次注射成型过程所需的时间称为成型周期，它包括充模时间、保压时间、模内冷却时间、其他时间（指开模、脱模、喷涂脱模剂、安放嵌件和合模时间）等。

成型周期直接影响生产率和注射机的使用率，因此在生产中，在保证质量的前提下，应尽量缩短成型周期中各个阶段的时间。整个成型周期中，以注射时间和冷却时间最重要，它们对塑件的质量均有决定性的影响。

二、注射模的结构及分类

注射模的典型结构如图5-1所示，其主要组成零件分为以下八大部分：

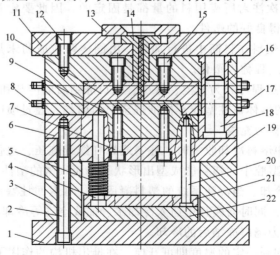

图5-1　注射模的典型结构

1—定模座板　2、7、12、15—螺钉　3—垫块　4—复位杆　5—弹簧　6—动模板　8—水嘴
9—型芯　10—型腔镶块　11—动模座板　13—定位圈　14—浇口套　16—导套
17—连接管　18—导柱　19—垫板　20—推杆
21—推板固定板　22—推板

（1）成型零件　组成封闭型腔的零件，包括型芯、型腔、镶块等。

（2）合模导向机构　对模具中的运动部件进行精确导向，以提高塑件精度，避免模具零件的碰撞干涉，包括导柱、导套及其他导向装置。

（3）浇注系统　熔料从喷嘴进入型腔流过的通道，包括主浇道、分浇道、冷料穴、浇口。

（4）侧向分型与抽芯机构：用于成型塑件上非开模方向的凹凸形状，常见的有滑块、斜顶等结构。

（5）推出机构　开模后把塑件从模具中推出、合模时回复原位的装置，包括推板、顶杆、推管、拉料杆、复位杆等。

（6）温控系统　为满足注射成型工艺的温度要求而设置的加热或冷却装置，包括冷却水道，以及各种加热元件。

（7）排气系统　在注射成型中，为了把型腔中的空气及时排出，避免造成气孔或充不满缺陷而设置的排气沟槽。

（8）支承零部件　用来支承以上结构的部件，也就是整个模具的骨架。

注射模的分类方法很多，根据所成型原料分为热塑性塑料注射模和热固性塑料注射模；按注射机类型分为卧式注射机用注射模、立式注射机用注射模及角式注射机用注射模；按照流道形式分为普通流道注射模和热流道注射模；按照分型面数量分为单分型面注射模（两板模）和双分型面注射模（三板模）。

三、注射机

1. 注射机的结构

图 5-2 所示为卧式注射机的基本组成结构，随着软硬件的发展，注射机的结构、功能和操作也在不断改善，但一般都由以下几个部分组成：

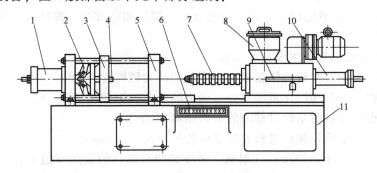

图 5-2　卧式注射机结构

1—锁模液压缸　2—合模机构　3—动模安装板　4—顶杆　5—定模安装板　6—控制系统
7—料筒　8—料斗　9—定量供料装置　10—注射液压缸　11—机身

（1）注射装置　注射装置的主要作用是使固态的塑料颗粒均匀地塑化呈熔融状态，并以足够的压力和速度将熔料注入闭合的模具型腔中。注射装置包括料斗、料筒、加热器、计量装置、螺杆（柱塞式注射机为柱塞和分流梭）及其驱动装置、喷嘴等部件。

（2）合模装置　合模装置的作用有两个：一是实现模具的开闭动作，另一个是在成型时提供足够的夹紧力使模具锁紧。合模装置可以是机械式的，也可以是液压式或者液压机械联合式的。

（3）液压和电控装置　由注射成型过程可知，注射成型由塑料塑化、模具闭合、熔体充模、压实、保压、冷却定型、开模推出制品等多道工序组成。液压传动和电控系统是保证注射成型过程按照预定的工艺要求（压力、速度、时间、温度）和动作程序准确进行而设置的。液压传动系统是注射机的动力系统，而电控系统是各个动力液压缸完成开启、闭合、注射和推出等动作的控制系统。

2. 注射机的参数

（1）注射机注射装置的主要技术参数

1）螺杆直径：螺杆的外径尺寸（mm），以 D 表示。

2）螺杆的有效长度：螺杆上有螺纹部分长度（mm），以 L 表示。

3）螺杆长径比：L/D。

4）螺杆压缩比：螺杆加料段第一个螺槽容积 V_2 与计量段最末一个螺槽容积 V_1 之比，即 V_2/V_1。

5）注射行程：螺杆注射移动的最大距离，即螺杆计量时后退的最大距离（cm）。

6）理论注射体积：螺杆（或柱塞）头部截面面积与最大注射行程的乘积（cm^3）。

7）注射量：螺杆（或柱塞）一次注射物料的最大质量（g）或最大容积（cm^3）。

8）注射压力：注射时螺杆（或柱塞）头部给予塑料的最大压力（MPa，N/m^3）。

9）注射速度：注射时螺杆（或柱塞）移动的最大速度（cm/s）。

10）注射时间：注射时螺杆（或柱塞）走完注射行程的最短时间（s）。

11）塑化能力：单位时间内可塑化物料的最大质量（kg/h）。

12）喷嘴接触力：喷嘴与模具的最大接触力，即注射座推力（kN）。

13）喷嘴伸出量：喷嘴伸出前模板（即模具安装面）的长度（mm）。

此外，还有料筒和喷嘴加热方式和加热分段，螺杆驱动方式、螺杆头和喷嘴结构、喷嘴孔径和球面半径等。

（2）注射机合模部件的主要技术参数

1）锁模力：为克服塑料熔体胀模，给模具的最大锁模力（kN）。

2）成型面积：型腔和浇注系统在分型面上的最大投影面积（cm^2）。

3）开模行程：模具的动模可移动的最大距离（mm）。

4）模板尺寸：定模板和动模板安装平面的外形尺寸（mm）。

5）模具最大（最小）厚度：注射机上能安装闭合模具的最大（最小）厚度（mm）。

6）模板最大（最小）开距：定模板与动模板之间的最大（最小）距离（mm）。

7）拉杆间距：注射机拉杆的水平方向和竖直方向内侧的间距（mm）。

8）顶出行程：顶出装置顶出时的最大位移（mm）。

9）顶出力：顶出装置顶出时的最大推力（kN）。

此外，还有合模方式和调模方式等。

（3）注射机整机的性能参数

1）电动机的额定功率（kW）。

2）空循环周期或空循环次数：注射机在不加入塑料时一次循环的最短时间或每小时循

环次数。

3）料斗容量：料斗内储料的有效容积（dm^3）。

4）体积：整机外形长（m）×宽（m）×高（m）。

3. 注射模和注射机

注射模的定模和动模通过压板或螺栓，分别固定在注射机的定模安装板和动模安装板上，所以模具的结构尺寸和产品的注射工艺必须与注射机的技术参数相匹配，通常模具设计完成后需对注射机的以下工艺参数和安装参数进行校核。

（1）注射量、锁模力和注射压力校核　注射量和锁模力反映了注射机的生产能力，一般要求一次注射所需实际容积 V' 与注射机的理论注射量 V 满足：

$$0.25V < V' < (0.75 \sim 0.85)V$$

注射机的锁模力 F 与计算的塑件的胀模力 F' 之间满足：

$$F \geq (1.1 \sim 1.2)F'$$

成型时所需最大压力 p_0 与注射机能提供的最大压力 p_{max} 满足：

$$p_{max} \geq (1.25 \sim 1.4)p_0$$

成型过程中的注射压力可通过模拟软件的计算获得。

（2）安装参数校核　为使模具能顺利安装在注射机上，并生产出合格零件，模具尺寸和注射机的安装尺寸必须匹配，包括喷嘴尺寸、定位圈尺寸、最大与最小模厚、螺孔尺寸等。

（3）开模行程校核　无论是液压注射机、机械注射机还是液压-机械注射机，其最大开模行程必须满足模具的开模行程需要，如图5-3所示，单分型面模具开模行程为 $H_1 + H_2$。若是双分型面模具，还需再加第二个分型面的分型距离，注射机动模板的开模行程 H 满足：

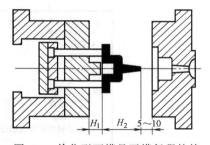

图5-3　单分型面模具开模行程校核

$$H \geq H_1 + H_2 + (5 \sim 10)\text{mm}$$

第三节　NX 注射模设计

一、NX 注射模设计模块简介

1. Mold Wizard 简介

Mold Wizard 是 NX 软件用来设计注射模、压铸模或类似模具的模块，使用该模块可以创建以下三维实体：

- 成型产品的型腔和型芯
- 小镶块
- 侧抽芯机构
- 模架
- 各种标准件
- 加工复杂型腔所用电极

应用 Mold Wizard 模块，必须熟练掌握注射工艺、材料、设备及注射模结构，还要熟悉 NX 软件的以下功能和概念：

- 建模模块
- 曲线创建
- 曲面创建
- 层
- 装配
- 在装配体中创建组件
- 引用集
- WAVE 几何链接

2. Mold Wizard 模具设计流程

Mold Wizard 模具设计流程如图 5-4 所示。

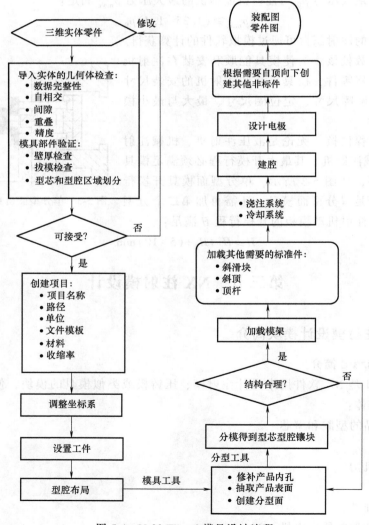

图 5-4　Mold Wizard 模具设计流程

3. Mold Wizard 工具条

（1）注塑模⊖向导工具条　单击【启动】→【所有应用模块】→【注塑模向导】，弹出注塑模向导工具条，工具条上所有命令名称如图 5-5 所示。

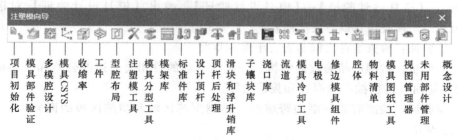

注塑模向导
项目初始化
模具部件验证
多模腔设计
模具CSYS
收缩率
工件
型腔布局
注塑模工具
模具分型工具
模架库
标准件库
设计顶杆
顶杆后处理
滑块和浮升销库
子镶块库
浇口库
流道
模具冷却工具
电极
修边模具组件
腔体
物料清单
模具图纸工具
视图管理器
未用部件管理
概念设计

图 5-5　注塑模向导工具条

（2）注塑模工具工具条　单击【注塑模向导】→【注塑模工具】，弹出注塑模工具工具条，工具条上所有命令名称如图 5-6 所示。

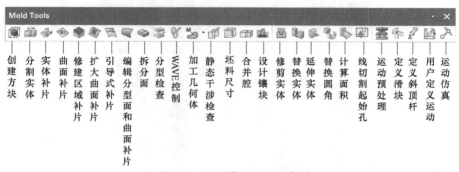

Mold Tools
创建方块
分割实体
实体补片
曲面补片
修建区域补片
扩大曲面补片
引导式补片
编辑分型面和曲面补片
拆分面
分型检查
WAVE控制
加工几何体
静态干涉检查
坯料尺寸
合并腔
设计镶块
修剪实体
替换实体
延伸实体
替换圆角
计算面积
线切割起始孔
运动预处理
定义滑块
定义斜顶杆
用户定义运动
运动仿真

图 5-6　注塑模工具工具条

（3）模具分型工具工具条　单击【注塑模向导】→【模具分型工具】，弹出模具分型工具工具条，工具条上所有命令名称如图 5-7 所示。

（4）模具部件验证工具条　单击【注塑模向导】→【模具部件验证】，弹出部件验证工具条，工具条上所有命令名称如图 5-8 所示。

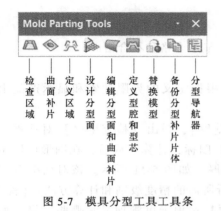

Mold Parting Tools
检查区域
曲面补片
定义区域
设计分型面
编辑分型面和曲面补片
定义型腔和型芯
替换模型
备份分型补片片体
分型导航器

图 5-7　模具分型工具工具条

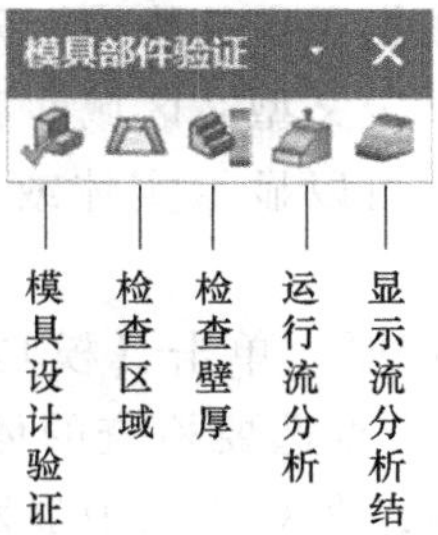

模具部件验证
模具设计验证
检查区域
检查壁厚
运行流分析
显示流分析结果

图 5-8　模具部件验证工具条

⊖ 为与软件中的名称保持一致，此处用注塑模一词，其他正文中不涉及软件应用时，根据国家标准仍用注射模一词。

二、产品分析与预处理

1. 模具设计验证

1）单击【模具部件验证】→【模具设计验证】，弹出【模具设计验证】对话框，如图 5-9a 所示，该检查包含以下三项内容：

● 组件验证：检查组件之间是否有干涉和重叠。

● 产品质量：检测产品的数据结构、一致性、面的自相交、边的公差和极小的体；检测实体的底切面（需侧抽芯的面）和拔模角等。

● 分型验证：检测需要分割的跨越面（跨越型芯区域和型腔区域的面）、重叠的补片体、片体边界等。

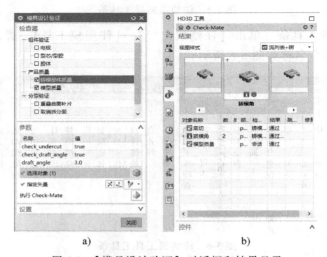

a)   b)

图 5-9 【模具设计验证】对话框和结果显示

勾选需要的检测项后，单击【执行 Check_Mate】图标，执行检测后，在资源条的 HD3D 工具中查看检测结果，如图 5-9b 所示。

2）检查区域。单击【模具部件验证】→【检查区域】，弹出【检查区域】对话框，如图 5-10 所示，包含以下四个选项页：

● 计算：设置检查实体和开模方向。

● 面：根据设定的拔模极限面，通过颜色设置，显示合格和不合格面。

● 区域：定义型芯区域面和型腔区域面。

● 信息：可以显示实体或选定面的信息，也能根据定义的界限搜索和显示产品上的尖角。

3）检查壁厚。单击【模具部件验证】→【检查壁厚】，弹出【检查壁厚】对话框，如图 5-11a 所示，点选要检查的体，单击【计算厚度】图标，计算完成后，在图形区以不同颜色渲染实体，在对话框中显示平均壁厚和最大壁厚，如图 5-11 所示。该对话框有三个选项卡，【计算】选项卡可选择要分析的型腔、分析所需的精度级别和计算方法；【检查】选项卡可交互地查看所有面或选定面的结果；【选项】选项卡可管理显示哪些结果及如何显示。

图 5-10　【检查区域】对话框

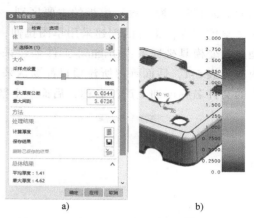

a)　　　　　b)

图 5-11　【检查壁厚】对话框和结果显示

2. 注塑产品预处理

在模具设计前，首先要了解注射成型产品的结构、材料、尺寸、精度等要求，再通过模具设计验证工具的检查，找出不合理的部位并做适当修改，通常包括以下三个方面：

（1）结构修改　产品中不符合注射成型工艺性的地方，如壁厚、尖角、孔位、筋板、侧抽等，通常造成产品无法成型或难成型，在和设计者沟通允许的前提下，可通过适当修改以尽量简化模具结构。

（2）实体修补　产品的造型如果是用其他软件创建的，在导入 NX 软件后，由于精度和计算方法的不同，在转换过程中会有数据的丢失，造成实体或曲面的破损，可以用 NX 的建模工具对破损部位进行修补。

（3）侧壁拔模　对产品上没有拔模角或拔模角度没有达到要求的侧壁，要进行拔模处理，确保产品成型后能顺利脱模。

三、创建项目

1. 功能简介

打开产品文件，单击【启动】→【所有应用模块】→【注塑模向导】→【初始化项目】，弹出【初始化项目】对话框，如图 5-12 所示。项目初始化是用模板文件创建一个装配体文件及其所有组件文件，该装配体文件名称为 * _top_ * . prt，要打开一个装配体项目就是打开其中带"top"的装配体文件。单击对话框中的【确定】按钮后，在装配导航器中可以看到项目装配体的文件结构，如图 5-13 所示。

2. 对话框主要设置

【初始化项目】对话框的主要设置内容如下：

- 选择体：选择产品，只有一个实体时，系统自动选中。
- 路径：设置项目放置路径。
- 名称：项目名称。
- 材料：选择产品材料。
- 收缩：设置收缩率。
- 配置：有 Mold V1、ESI、Original 三个项目模板。ESI 是做模流分析的模板。Mold V1

和 Original 两个模具设计模板的主要区别：Mold V1 可以把多个型芯镶块或型腔镶块合并成一个整体零件，工件的创建采用草图拉伸，装配体包含一个 parting_set 子装配体，可以在分型后改变模具坐标系；Original 工件创建采用距离容差法。Mold V1 模板的所有文件及文件内容见表 5-1，后面练习所建项目都默认采用此模板。项目中各文件命名时，系统会在表格中的文件名称前加上产品名称，后面加上数字。

图 5-12 【初始化项目】对话框

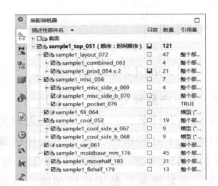

图 5-13 项目装配体的文件结构

表 5-1 Mold V1 配置模板文件

文件名称	文件内容	文件名称	文件内容
top	项目顶层文件	comb-cavity	合并后的型腔镶块
var	设计参数	prod	产品
cool	冷却系统	workpiece	工件
cool_side_b	动模侧	parting-set	分型组件
cool_side_a	定模侧	product	原始产品
fill	浇注系统	parting	分型对象
misc	标准件	shrink	增加收缩率的产品
misc_side_b	动模侧	molding	修改后的产品
misc_side_a	定模侧	core	型芯镶块
layout	产品布局	cavity	型腔镶块
combined	镶块合并	prod_side_a	动模侧产品
comb-wp	合并后的工件	prod_side_b	定模侧产品
comb-core	合并后的型芯镶块	trim	分型曲面

● 编辑材料数据库：单击后自动打开 Excel 文件，可以修改或添加材料及其收缩率，保存文件后，在【材料】菜单中可以看到添加或修改结果。

3. 练习

新建文件夹，把第五章练习文件 sample1.prt 放到新建文件夹中并打开该文件。单击【启动】→【所有应用模块】→【注塑模向导】→【项目初始化】，按图 5-12 所示设置对话框，确定后创建项目，保存文件以备后用。单击【注塑模向导】→【模具部件验证】，练习该工具条上的【模具设计验证】【检查区域】【检查壁厚】三个命令，结束后不保存文件退出。

四、调整模具方位

1. 功能简介

在一个项目中，系统是以总装配文件的绝对坐标系为参照来设计模具的，该绝对坐标系与模具方位关系如下：

- Z轴垂直指向定模一侧。在装配模架时，若一模一腔，Z轴就是模架的中心，也是定位圈、浇口套的中心；若一模多腔，在布局时，系统可移动模腔位置，把多模腔的中心调整到坐标系的中心。

- XY面为模架动、定模的分模面，也即A板和B板的接触面。

- X轴和Y轴方向为模架加载时的长度和宽度方向。

若产品的坐标方位不符合以上要求，必须进行调整。初始化项目后，图形区看到的工作坐标系是产品的原始坐标系，双击该工作坐标系，使其处于动态调整状态，把坐标原点、坐标系三个方向按照上述要求，调整到需要的方位，单击滚轮退出调整状态，再用【模具CSYS】命令变换产品方位，使产品工作坐标系与装配文件的绝对坐标系对齐。

2. 对话框主要设置

单击【注塑模向导】→【模具CSYS】，弹出【模具CSYS】对话框，如图5-14所示，其主要设置内容如下：

- 当前WCS：调整产品方位，使其随当前工作坐标系一起转到与绝对坐标系对齐。

- 产品实体中心：调整产品方位，使包络产品的长方体中心与绝对坐标中心重合。

- 选定面的中心：调整产品方位，使包络选定面的长方形中心与绝对坐标中心重合。

- 锁定X位置：产品位置变化时，X方向保持不变。

- 锁定Y位置：产品位置变化时，Y方向保持不变。

图5-14 【模具CSYS】对话框

- 锁定Z位置：产品位置变化时，Z方向保持不变。

3. 练习

打开前面创建好的项目文件sample1_top_*.prt，双击图形区工作坐标系，如图5-15所示，原点处于激活状态，选择图中棱边1上任意一点，把坐标中心放置在该棱边上。

单击Z轴箭头，点选图中上表面，使Z轴指向面的法线方向。

单击Y轴箭头，点选图中棱边2，使Y轴与棱边同向，如果和要求的方向相反，双击箭头反向。完成后如图5-15所示，单击滚轮退出设置。

单击【注塑模向导】→【模具CSYS】，默认【当前WCS】，单击【应用】按钮后观察产品实体的调整。在对话框中勾选

图5-15 调整坐标系

【选定面的中心】单选按钮和【锁定 Z 位置】复选框，点选图 5-15 中的上表面，确定后观察产品实体的调整。保存文件以备后用。

五、设置工件

1. 功能简介

工件是型芯和型腔镶块分型前的坯料，所以设置工件形状尺寸也就是设置型芯和型腔镶块的形状尺寸。工件设置有以下几种方法：

- 用系统默认的拉伸或偏置的方块作为工件。
- 在工件库中选择方形或圆柱形标准件作为工件。
- 自创建实体作为工件。
- 用模架的模板作为工件。

2. 对话框主要设置

单击【注塑模向导】→【工件】，弹出【工件】对话框，其主要设置内容如下：

- 类型：
◇ 产品工件：为当前产品创建工件。
◇ 组合工件：为一模多个不同产品创建工件。
- 工件方法：
◇ 用户定义的块：自定义工件，型芯和型腔工件一样。
◇ 型芯-型腔：所定义型芯和型腔工件一样。
◇ 仅型芯：只定义型芯工件。
◇ 仅型腔：只定义型腔工件。
- 尺寸：工件方法为"用户定义的块"，初始化模板为"Original"时用距离偏置创建工件；初始化模板为"Mold V1"时用草图方法创建工件，如图 5-16 所示。
- 型腔/型芯标准件库：工件方法为"型芯-型腔""仅型芯""仅型腔"时，在图形区点选实体，确定后完成把实体转换为工件，如图 5-17 所示。得到实体的方法有三条途径：①单击工件库图标，从库中选择和设置方形或圆形标准件实体；②在 ＊_parting_＊.prt 文件中提前创建实体；③用 WAVE 几何链接器提前关联复制其他实体到 ＊_parting_＊.prt 文件中。

3. 练习

打开前面调整好坐标系的项目文件 sample1_top_＊.prt，单击【注塑模向导】→【工件】，默认草图选项和尺寸，确定后完成工具创建，保存项目文件以备后用。

重新打开项目文件，在装配导航器中双击 ＊_parting_＊.prt 文件，设为工作部件，用造型工件创建一个包含产品的实体，或者用 WAVE 几何链接器关联复制其他实体到图形区，然后单击【注塑模向导】→【工件】，练习用其他方法创建工件，结束（退出）时不保存文件。

六、型腔布局

1. 功能简介

型腔布局是对一模多腔的模具进行模腔的布局，该功能可以做线性或圆形布局，以及平衡或者平行布局；能够增加或删除型腔；单独调整一个型腔的方位；把多型腔的中心调整到绝对坐标系的中心；创建镶块的建腔体。

2. 对话框主要设置

单击【注塑模向导】→【型腔布局】，弹出【型腔布局】对话框，如图 5-18 所示，其主要设置内容如下：

图 5-16　用草图定义【工件】
对话框

图 5-17　选择【工件】对话框

图 5-18　【型腔布局】
对话框

- 产品：要布局的工件和产品。
- 布局类型：分为矩形和圆形两类。矩形又分为平衡布局（图 5-19a）和线性布局（图 5-19b）。平衡布局是把型腔旋转 180°布局，需指定布局方向；线性布局的型腔平行，布局方向为 X 轴或 Y 轴方向。圆形分为径向布局（图 5-19c）和恒定布局（图 5-19d）。径向

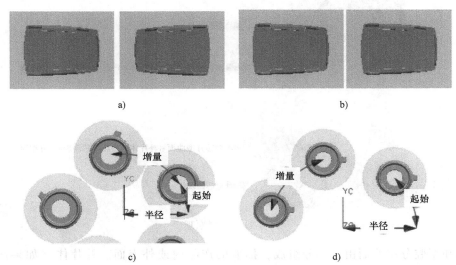

a)　　　　　　　　　　　　　　　　　　b)

c)　　　　　　　　　　　　　　　　　　d)

图 5-19　型腔布局的分类

a）矩形平衡布局　b）矩形线性布局　c）圆形径向布局　d）圆形恒定布局

布局的型腔方位指向直径方向，恒定布局的型腔平行，圆形布局需指定一个参考点。

● 布局设置：设置内容根据布局类型的不同而不同，线性布局设置型腔数量和距离；圆形布局设置型腔数量、起始角度、半径等。

● 生成布局：单击开始布局图标，系统按照设置完成布局。

● 编辑插入腔：创建镶块的建腔体。

● 变换：可以选中一个型腔进行平移或旋转操作。

● 移除：删除选中的型腔。

● 自动对准中心：移动所有型腔，把布局的中心调整到绝对坐标系中心。

3. 练习

打开前面创建完工件的项目文件 sample1_top_ * . prt，单击【注塑模向导】→【型腔布局】，默认系统选中的型腔，设定"矩形""平衡"布局，型腔数量为 2，单击对话框中的【指定矢量】图标，选择 X 方向的临时矢量，单击【开始布局】图标完成布局，如图 5-20 所示，单击【自动对准中心】图标，把两腔的中心移动到绝对坐标系中心。单击【编辑插入腔】图标，在弹出的对话框中设置 R 为 5、type 为 1，确定后创建镶块建腔体，关闭【型腔布局】对话框，保存文件以备后用。

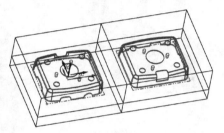

图 5-20　型腔布局

七、分型原理

分型也称分模，是分别用型芯分型曲面和型腔分型曲面来修剪型芯工件和型腔工件，得到型芯镶块和型腔镶块的过程，如图 5-21 所示。为了保证零件留在动模，一般型芯设置在动模一侧，因此动模侧的镶块称为型芯镶块，定模侧的镶块称为型腔镶块。

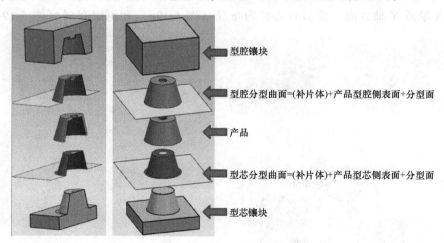

型腔镶块

型腔分型曲面=(补片体)+产品型腔侧表面+分型面

产品

型芯分型曲面=(补片体)+产品型芯侧表面+分型面

型芯镶块

图 5-21　分型原理

型芯和型腔分型曲面由三部分组成，抽取的产品内或外表面、补片体（如果产品没有内孔则没有）、分型面，如图 5-22 所示。该片体必须满足两个条件：一是片体要完整，中间不能有空隙，即片体只能有一个封闭边界；二是片体要比工件大，即做分型面时，一定要延伸到工件以外。分型过程实质上就是创建分型曲面三个部分的过程，完成后系统自动把三个部分缝合成一个整体，并修剪工件得到型芯和型腔镶块。图中的分型线是产品的内外表面，也就是型芯区域和型腔区域的分界线。

图 5-22　分割片体组成

型芯和型腔分型曲面除了一个用产品内表面，一个用产品外表面，其余两部分，即补片体和分型面是完全相同的，也就是创建的补片体和分型面都有相同的两份，它们也是分型完成后型芯和型腔镶块接触的部分。补片体和分型面的位置和形状决定了模具镶块的结构形状，所以对于有多孔、复杂孔、复杂分型面的产品来说，需要多了解注射成型工艺的要求，不断积累软件操作技巧，才能做出合理的补片体和分型面。

分型一般步骤是【定义区域】→【修补内孔】→【设计分型面】→【定义型芯和型腔镶块】，分型过程是在 * _parting_ * .prt 文件中完成的，分型前必须先进入 * _parting_ * .prt 文件中，可以单击【注塑模向导】→【模具分型工具】，弹出【模具分型工具】工具条，并自动转到 * _parting_ * .prt 文件；也可以在装配导航器中右击 * _parting_ * .prt 文件，在快捷菜单中选择【设为显示部件】。

八、定义区域

1. 功能简介

定义区域用于创建分型曲面的产品表面部分，也就是把产品表面定义为型芯区域和型腔区域，以便系统按照定义抽取其表面。若产品表面有跨越型芯和型腔区域的面，必须用【注塑模工具】→【拆分面】命令把该面分割开，如图 5-23 所示。

2. 对话框主要设置

单击【模具分型工具】→【检查区域】，弹出【检查区域】对话框，如图 5-24 所示，其主要设置内容如下：

图 5-23　分割跨越面

● 产品实体与方向：若之前对产品及其方位已经设置，此处默认即可。

● 计算："保持现有的"就是按照之前的产品和方位计算；"仅编辑区域"用于编辑先前已经分析计算过的型芯和型腔区域，不执行分析计算。单击【计算】图标，系统开始对产品表面检查计算。

● 定义区域：在【区域】选项卡中，设置型芯、型腔或未定义区域的颜色、透明度。在上一步检查计算完成后，单击设置区域颜色图标，系统设置各区域的颜色。

● 指派到区域：单击激活该设置后，勾选了哪个区域，在图形区选中产品表面，单击【确定】

图 5-24　【检查区域】对话框

或【应用】按钮后，所选面就被指派为哪个区域。

- 设置：在图形区高亮显示内外环，也就是需要补片或做分型面的部位。

3. 练习

打开前面完成型腔布局的项目文件 sample1_top_ * .prt，单击【注塑模向导】→【模具分型工具】，如果模具分型工具工具条已经打开了，就在【注塑模向导】工具条上单击两次【模具分型工具】图标，进入 * _parting_ * .prt 文件，若弹出【分型导航器】窗口，先关闭。

单击【模具分型工具】→【检查区域】→【计算】选项页中的【计算】图标，完成计算后，单击【区域】选项卡中的【设置区域颜色】图标，系统把产品表面设为型芯、型腔和未定义区域；单击【选择区域面】图标，选中【型芯区域】单选按钮，选中【交叉竖直面】复选框，把未定义区域全部选中，如图 5-25 所示，应用后把所有交叉区域定义为型芯区域；选中【型腔区域】单选按钮，点选图 5-26 中箭头所指的三个面，指定为型腔区域，单击【确定】按钮后退出对话框，保存文件以备后用。

图 5-25 【检查区域】对话框

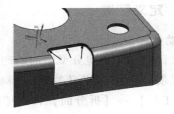

图 5-26 定义型腔区域

九、修补内孔

根据分型的原理，如果产品有内孔，必须把内孔用曲面修补起来，称为补片体，是分型曲面的第一个组成部分。不同复杂程度的内孔常用的修补方法如图 5-27 所示。

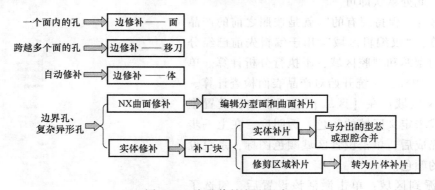

图 5-27 内孔修补方法示意

1. 曲面补片（边修补）

（1）功能简介　曲面补片是用曲面修补产品内孔，其原理是延伸孔周围的面来填补内孔，若孔的形状过于复杂则无法完成修补。

（2）对话框主要设置　单击【注塑模工具】→【曲面补片】，弹出【边修补】对话框，如图5-28所示，其主要设置内容如下：

- 类型：分为【面】【体】【移刀】（应翻译为【遍历】）。【面】是选择产品的一个表面，系统自动延伸该面来修补面内的孔；【体】是选中一个体，系统自动修补体内的所有内孔；【移刀】是手动遍历孔的边缘来补孔。
- 遍历环：当类型设为【移刀】时，手动遍历孔的封闭环的工具。
- 环列表：列出要填补的孔的封闭环，并在图形区高亮显示。
- 选择参考面：在图形区高亮显示要延伸来补孔的面。
- 切换面侧：任何一个内孔的环都有两侧面，该按钮切换延伸哪一侧的面来补孔。

（3）练习　打开前面完成定义区域的项目文件 sample1_top_ * . prt，进入 * _parting_ * . prt 文件，单击【注塑模工具】→【曲面补片】，类型设为【面】，点选图5-29所示上表面，单击对话框中的【应用】按钮，系统自动修补该面上的所有孔；把类型设为【移刀】，选中【按面的颜色遍历】复选框，如图5-29所示，在图形区点选图示两种颜色交界的棱边，单击【选择参考面】图标，在图形区高亮显示要延伸的面，确保要延伸的是橙色型腔面，否则单击【切换面侧】图标，确定后完成对边缘环的修补，保存文件。

图 5-28　【边修补】对话框

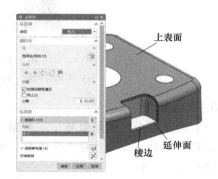

图 5-29　边修补

打开本章 sample2. prt 或 sample5. prt 练习文件，不需创建项目，直接在该文件中练习各种修补内孔的方法。注意，如果没有设置产品表面的颜色，遍历孔时不能选中【按面的颜色遍历】复选框，否则无法选中棱边。

2. 曲面修补

产品中的复杂内孔或边缘孔通常用【曲面补片】命令无法修补，可以利用NX的曲面造型功能，根据设想的模具结构来补孔，如图5-30所示，修补原则是尽量用【扩大曲面】来延伸孔周围的面，再用【修剪片体】对延伸的面进行修剪，必要时用其他创建曲面的命令。

图 5-30　曲面修补示例

由于修补的曲面不是利用 Mold Wizard 的补面工具创建的，无法识别为补片体，因此补完后需单击【注塑模工具】→【编辑分型面和曲面补片】，图形区中所有分型面和补片体都会高亮显示，点选用曲面造型工具补好的、未高亮显示的曲面，确定后系统将其识别为补片体。如果想删除补片体，也可以单击该命令，在图形区按下<Shift>键点选要删除的补片体，确定后即可删除。

打开本章 sample3.prt 练习文件，单击主菜单【编辑】→【曲面】→【扩大】，对图 5-31 中曲面 1~5 进行扩大，先依次点选 2、4 两个圆角面，只扩大上下方向，高度大于孔即可，左右方向不需要扩大，再依次扩大 1、3、5 面，确保面和面、面和体之间不能有间隙，完成后如图 5-31b 所示；单击主菜单【插入】→【修剪】→【修剪片体】，用相邻面的棱边依次修剪每个扩大的面，完成后如图 5-31c 所示；单击【注塑模工具】→【编辑分型面和曲面补片】，点选修剪好的 5 个曲面，确定后转化为补片体。

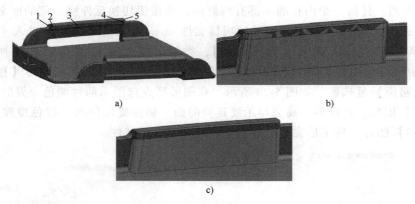

图 5-31　曲面修补零件内孔

a）要延伸的面　b）面延伸后结果　c）面修剪后结果

3. 实体修补

（1）功能简介　实体修补是一种用实体方块修补内孔的方法，补完后实体补丁可以转化为曲面补到孔上，也可以和产品求和，在完成分型后，关联链接到型芯镶块或型腔镶块上。

（2）设计步骤

- 用【注塑模工具】→【创建方块】命令，创建一个把孔完全包络的方块。
- 用【注塑模工具】→【分割实体】命令修剪方块，得到补丁块。
- 补丁块处理方法 1：用【注塑模工具】→【修剪区域补片】命令，把补丁块的表面复制出来补在孔上。
- 补丁块处理方法 2：用【注塑模工具】→【实体补片】命令，把补丁块与产品求和，分型后，在型芯或型腔镶块中会有链接的补丁块，可以把该补丁块与镶块求和成为一个整体，也可以单独作为一个小型芯镶块。

（3）练习　打开 sample2.prt，创建项目、调整坐标系、设置工件，完成后进入 *_parting_*.prt 文件。

单击【注塑模工具】→【创建方块】，点选零件中心孔的圆柱面，创建一个方块。

单击【注塑模工具】→【分割实体】，分别用卡扣底面和圆柱面来修剪方块，得到补丁块，如图 5-32 所示。注意用曲面修剪方块时，要选中对话框中的【扩大面】复选框。

图 5-32　创建补丁块

单击【注塑模工具】→【修剪区域补片】，如图 5-33 所示，选择补丁块为目标体，选择产品为边界，保留区域选择下部，系统把下半部分补丁块的表面复制出来补在孔上。

撤销上一步操作，单击【注塑模工具】→【实体补片】，如图 5-34 所示，选择补丁块为补片实体，选择 cavity 为目标组件，确定后系统把补丁块与产品求和。分型后，在型腔镶块一侧会有链接的补丁块，可以把该补丁块与镶块求和成为一个整体，也可以单独作为一个小型芯镶块。

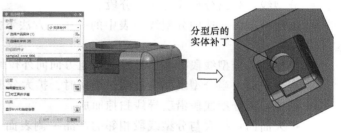

图 5-33　补丁块转为补片　　　　　　　图 5-34　补丁块与产品求和

十、抽取产品表面

1. 功能简介

抽取产品表面是把之前定义的型芯和型腔区域复制出来，创建出分型曲面的第二个组成部分。

2. 对话框主要设置

单击【模具分型工具】→【定义区域】，弹出【定义区域】对话框，如图 5-35 所示，其主要设置内容如下：

图 5-35　【定义区域】对话框

● 定义区域：若前面用【检查区域】对产品表面已做了设置，此处默认即可，单击【新区域】，可以创建多个新的区域，示例见本章第四节案例的分模部分。

● 设置：选中【创建区域】复选框，系统复制型芯型腔区域，否则不复制；选中【创建分型线】复选框，系统创建分型线，否则不创建。分型线是型芯型腔区域在产品外轮廓处的边界线，也是向外延伸用于创建分型面的曲线。

3. 练习

打开之前保存的项目文件 sample1_ top_ * . prt，单击【模具分型工具】→【定义区域】，选中【创建区域】和【创建分型线】复选框，确定后退出对话框，保存文件以备后用。

十一、设计分型面

1. 功能简介

设计分型面是把分型线向外延伸，用来创建分型面，也就是创建分型曲面的第三个组成部分。若分型线是平面曲线或是在一个曲面上的曲线，则延伸分型线所在的平面或曲面即可得到分型面；若分型线是复杂的空间曲线，无法通过简单延伸得到分型面，则需把分型线分段延伸，且要确保各段之间的过渡分型面简单、光滑。

图 5-36 【设计分型面】对话框

2. 对话框主要设置

单击【模具分型工具】→【设计分型面】，弹出【设计分型面】对话框，如图 5-36 所示，其主要设置内容如下：

- 分型线：列出分型线的所有分段。
- 创建分型面：选中分型线列表中的一段，方法下方列出了能够应用的创建方法。创建方法如下：

◇ 拉伸：将分型线段沿着引导线或指定方向向外拉伸得到分型面。

◇ 有界平面：当分型线段位于同一平面时，扩大分型线段所在的平面。

◇ 扫掠：用分型线段沿引导线扫掠而成。

◇ 扩大曲面：扩大与分型线段相邻的产品一侧表面，选中【扩大其他面】复选框来选择扩大与分型线相邻的产品另外一侧表面。

◇ 条带曲面：用引导线沿分型线段扫掠而成（可借助引导线修剪）。

◇ 修剪和延伸：把分型线所在的型芯或型腔区域向外延伸（可借助引导线修剪），根据延伸面来延伸。

◇ 引导式延伸：与修剪和延伸类似，根据分型段来延伸。

- 编辑分型线：手动编辑分型线，在图形区点选曲线来增加，或者按下<Shift>键点选已有分型线来删除。
- 编辑分型段：创建引导线。其作用如下：

◇ 对分型线分段。

◇ 定义拉伸面的方向。

◇ 作为扫描分型面的轨迹。

◇ 修剪其他类型分型面。

单击激活【选择分型或引导线】，靠近某段分型段时，自动出现引导线创建箭头，单击可创建一条引导线。单击【编辑引导线】图标，可对引导线的方向、长度进行编辑，也可以部分或全部删除引导线。

3. 练习

打开之前保存的项目文件 sample1_top_＊.prt，单击【模具分型工具】→【设计分型面】，系统自动转到＊_parting_＊.prt 文件，关闭【设计分型面】对话框，双击坐标系，按图 5-15 所示把工作坐标系调整到与绝对坐标系方位对齐，这样在作引导线时，其方向可与工作坐标系对齐。单击【模具分型工具】→【设计分型面】，单击对话框中【选择分型或引导线】，按图 5-37 所示把分型线分段，然后在分型段列表中依次单击每段分型线，按图示方法创建分型面，完成后退出对话框，创建好的分型面如图 5-38 所示，保存文件以备后用。

图 5-37　分型线的分段和创建方法

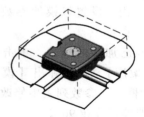

图 5-38　创建好的分型面

十二、定义型腔和型芯

1. 功能简介

定义型腔和型芯可对之前已经创建好的补片体、产品表面、分型面进行缝合，用缝合好的分型曲面分割工件得到型芯镶块和型腔镶块。单击【模具分型工具】→【分型导航器】，取消所有勾选，即隐藏所有对象，只勾选【工件线框】和【型芯】，在图形区观察用来创建型芯的分型曲面是否完整，是否比工件大，同样，只勾选【工件线框】和【型腔】，观察型腔分型曲面是否符合要求。

2. 对话框主要设置

单击【模具分型工具】→【定义型腔和型芯】，弹出【定义型腔和型芯】对话框，如图 5-39 所示，其主要设置内容如下：

- 选择片体：列出已定义好的区域。单击某个区域，图形区会高亮显示该分型曲面。可以单独选中一个区域，确定后只创建该区域镶块，若单击【所有区域】，确定后创建所有镶块。每次完成一次，系统会弹出【查看分型结果】对话框，用以确认分割保留部分。

- 抑制分型：抑制已完成分型，回到分型前的状态，可对分型对象进行编辑修改。

图 5-39　【定义型腔和型芯】对话框

3. 练习

打开之前保存的项目文件 sample1_top_ * . prt，单击【模具分型工具】→【定义型芯和型腔】，单击对话框中【所有区域】，确定后创建镶块，弹出【查看分型结果】对话框时，直接确认默认分割保留部分，完成后，在主菜单【窗口】中切换 core 和 cavity 文件，观察创建的型芯和型腔镶块，最后切换到 top 装配图文件，在装配导航器中双击 top 文件，分型结果如图 5-40 所示，保存文件以备后用。

十三、加载标准模架

1. 功能简介

单击【启动】→【所有应用模块】→【注塑模向导】，展开资源条上【重用库】→【MW Mold Base Library】列表，可以看到不同生产商提供的不同规格的标准模架，选中一个生产商名称，在【成员选择】列表中双击某个规格模架，会弹出【模架库】和【信息】对话框，如图 5-41 所示，分别用来设置模架参数和显示模架结构，设置好模架参数，确定后系统加载标准模架。

若要修改已加载的模架，单击【注塑模向导】→【模架库】，重新弹出【模架库】和【信息】对话框，在参数列表中修改数值或选项，也可以把模架旋转 90°。

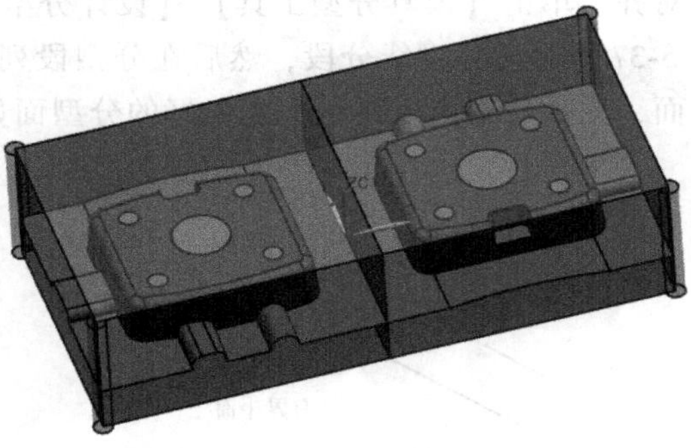

2. 练习

打开之前保存的项目文件 sample1_top_ * . prt，展开资源条上【重用库】→【MW Mold Base Library】→【LKM_SG】，在【成员选择】列表中双击 C 型模架，在【模架库】的详细信息中设置以下参数（注意，若在列表中修改了尺寸数值，一定要按<Enter>键）：

图 5-40　分型结果

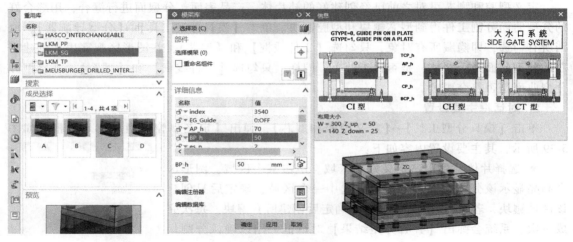

图 5-41　加载模架

index：	3040（X 方向长 300，Y 方向长 400）
AP_h：	70
BP_h：	50
Mold_type：	350：I
CP_h：	80

确定后完成模架加载，单击【注塑模向导】→【模架库】，在【模架库】对话框中单击【旋转模架】图标，把模架旋转 90°，完成后保存文件。

十四、加载顶杆

1. 功能简介

展开资源条上【重用库】→【MW Standard Part Library】列表，可以看到不同生产商提供的不同规格的顶杆，展开一个生产商名称，单击【Ejection】类别，在【成员选择】列表中双击某个规格顶杆，会弹出【标准件管理】和【信息】对话框，如图 5-42 所示，参照【信息】对话框中顶杆各部位尺寸的意义，在【标准件管理】对话框的详细信息列表中双击尺寸修改数值，确定后系统加载顶杆标准件。【标准件管理】对话框中【添加实例】单选按钮是添加的多个顶杆在修剪后完全一致，一般用于顶出面为平面；【新建组件】单选按钮是添加的多个顶杆修剪时逐个修剪，每个顶杆的顶出面都不一样，一般用于顶出面为曲面的情况。顶杆长度参数 CATALOG_LENTH 设置要超出型芯镶块，然后用【顶杆后处理】功能把多余部分修剪掉。

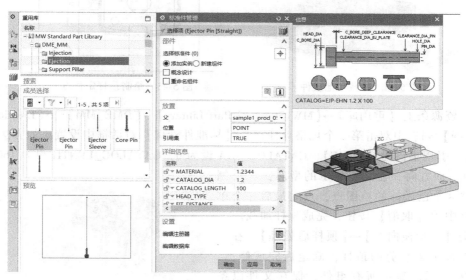

图 5-42　加载顶杆

【顶杆后处理】对话框如图 5-43 所示，在目标列表中选中要修剪的顶杆，确定后系统用分型曲面把顶杆修剪成和型芯镶块上表面一致。

顶杆的加载步骤如下：

* 在 prod 子装配体下预先做好顶出位置点。
* 单击【重用库】→【MW Standard Part Library】→选择供应商→双击选择规格，打开【标准件管理】对话框。
* 设置对话框中各选项和顶杆参数。
* 转到 XY 面，选择顶杆位置点。
* 单击【注塑模向导】→【顶杆后处理】，修剪顶杆。
* 若要修改已加载的顶杆，单击【注塑模向导】→【标准件库】，单击激活【标准件管理】对话框中的【选择标准件】，在图形区点选要修改的顶杆，可以添加、修改、删除、重定位顶杆。

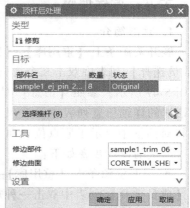

图 5-43　【顶杆后处理】对话框

2. 练习

打开之前保存的项目文件 sample1_top_ * .prt，单击【注塑模向导】→【视图管理器】，取消勾选 moldbase，隐藏模架，关闭【视图管理器】对话框；隐藏型芯镶块和建腔体，显示推杆固定板，如图 5-44 所示。

在装配导航器中双击 prod 文件，使其成为工作部件，把选择条上的选择范围设为【整个装配】，选择型芯镶块中心圆的上表面作为草绘面，草图原点设置到大孔的圆心，绘制图 5-45 所示的 8 个对称点。

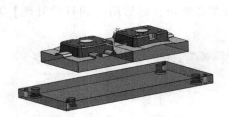

图 5-44　隐藏其他组件

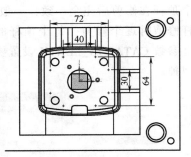

图 5-45　绘制顶杆定位点

展开资源条上【重用库】→【MW Standard Part Library】→【DME_MM】→【Ejection】，在【成员选择】列表中双击第一个规格顶杆，在【标准件管理】对话框中设置添加方法为【添加实例】，引用集设为【TRUE】，CATALOG_DIA 设为 6，CATALOG_LENTH 设为 160，确定后转到 XY 面方向。在高亮显示的型芯镶块一侧依次点选 8 个已做好的草图点，点完最后一个单击对话框中的【取消】按钮，完成顶杆加载。

单击【注塑模向导】→【顶杆后处理】，在目标列表中选中要修剪的顶杆，确定后完成修剪，如图 5-46 所示。显示所有组件，保存文件以备后用。

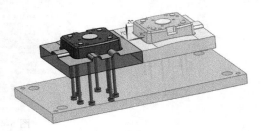

图 5-46　修剪顶杆

十五、滑块抽芯

1. 功能简介

展开资源条上【重用库】→【MW Slide and Lifter Library】→【SLIDE_ LIFT】→【Slide】，在【成员选择】列表中双击某个规格滑块，会弹出【滑块和浮升销设计】和【信息】对话框，如图 5-47 所示，参照【信息】对话框中滑块各部位尺寸的意义，在【滑块和浮升销设计】对话框的详细信息列表中设置尺寸数值。注意，滑块是以工作坐标系为参照定位的，【信息】对话框中显示了原点位置和 Y 轴方向。

滑块的设计步骤如下：
- 展开资源条上【重用库】→【MW Slide and Lifter Library】→【SLIDE_LIFT】→【Slide】，在【成员选择】列表中双击一种规格滑块。
- 设置对话框中各选项和滑块参数。
- 双击坐标系，调整坐标系原点到侧抽型芯端面，Z 轴指向定模，Y 轴指向滑块闭合方向，单击滚轮退出。
- 单击【滑块和浮升销设计】对话框中的【确定】按钮，完成滑块加载。
- 如需修改已加载滑块的参数，单击【注塑模向导】→【滑块和浮升销库】，单击激活对话框中的【选择标准件】，在图形区单击滑块任意部位，可在对话框中添加、修改、删除、重定位滑块。

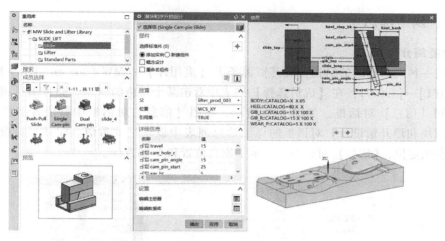

图 5-47　加载滑块

2. 练习

打开第五章练习题中的 slider_lifter 文件夹，打开项目文件 lifter_top_010.prt，展开资源条上【重用库】→【MW Slide and Lifter Library】→【SLIDE_LIFT】→【Slide】，在【成员选择】列表中双击 Single Cam_pin Slide 类型。在对话框中设置如下尺寸参数（注意，若在列表中修改了尺寸数值，要按<Enter>键才能输入）：

travel：	5
cam_pin_angle：	10
gib_long：	70
gib_top：	slide_top-10
heel_back：	25
heel_tip_lvl：	slide_top-20
slide_bottom：	slide_top-30
slide_long：	55

在图形区双击工作坐标系，调整原点到侧抽芯端面中心，Z 轴指向定模，Y 轴指向侧抽闭合方向，如图 5-48 所示，单击滚轮退出坐标系调整，单击【滑块和浮升销设计】对话框中的【确定】按钮，完成一侧滑块加载。

单击【注塑模向导】→【滑块和浮升销库】，单击激活对话框中的【选择标准件】，在图形区单击滑块任意部位，在对话框中勾选【新建组件】，调整坐标系到另一侧的侧抽型芯端面，Z 轴指向定模，Y 指向侧抽闭合方向，确定后加载另一侧滑块，完成后如果 5-49 所示。

图 5-48　调整坐标系

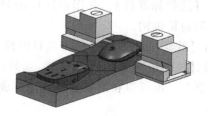

图 5-49　加载滑块

十六、斜顶抽芯

1. 功能简介

斜顶是一种向内抽芯的结构，展开资源条上【重用库】→【MW Slide and Lifter Library】→【SLIDE_LIFT】→【Lifter】，在【成员选择】列表中双击某个规格的斜顶，会弹出【滑块和浮升销设计】和【信息】对话框，如图 5-50 所示，参照【信息】对话框中斜顶各部位尺寸的意义，在【滑块和浮升销设计】对话框的详细信息列表中设置尺寸数值。注意，斜顶是以工作坐标系为参照定位，【信息】对话框中显示了原点位置和 Y 轴方向。

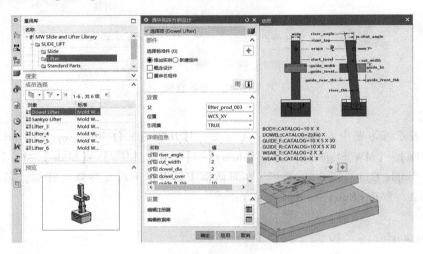

图 5-50　加载斜顶

斜顶上端要修剪成和镶块一致，因此设置斜顶尺寸时，上端一定要高出镶块，斜顶加载后，单击【注塑模向导】→【修剪模具组件】，单击需要修剪的斜顶组件，完成修剪。

斜顶的设计步骤如下：

- 展开资源条上【重用库】→【MW Slide and Lifter Library】→【SLIDE_LIFT】→【Lifter】，在【成员选择】列表中双击一种规格。

- 设置对话框中各选项和斜顶参数。

- 双击坐标系，调整坐标系原点到内抽型芯端面，Z 轴指向定模，Y 轴指向斜顶闭合方向，单击滚轮退出。

- 单击【滑块和浮升销设计】对话框中的【确定】按钮，完成斜顶加载。

- 如需修改已加载斜顶的参数，单击【注塑模向导】→【滑块和浮升销库】，单击激活对话框中的【选择标准件】，在图形区单击斜顶机构任意部位，可在对话框中添加、修改、删除、重定位斜顶机构。

- 单击【注塑模向导】→【修剪模具组件】，单击需要修剪的斜顶组件，完成修剪。

- 单击【注塑模向导】→【腔体】，选择型芯镶块为目标、斜顶为工具，确定后在型芯镶块上做出空腔。也可以在所有实体设计完成后再建腔。

2. 练习

打开第五章练习题中的 slider_lifter 文件夹，打开项目文件 lifter_top_010.prt，由于是一模两腔不同零件，加载哪个零件上的组件，就要切换到哪个零件，单击【注塑模向导】→【多模腔设计】，点选 mouse_case_lower，如图 5-51 所示，单击【确定】按钮后退出。

展开资源条上【重用库】→【MW Slide and Lifter Library】→【SLIDE_LIFT】→【Lifter】，在【成员选择】列表中双击 Dowel Lifter 类型。在对话框中设置如下尺寸参数（注意，若在列表中修改了尺寸数值，一定要按<Enter>键）：

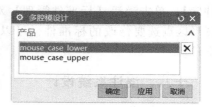

图 5-51　切换零件

Riser_top:　　　10
Start_level：　　−8

在图形区双击工作坐标系，调整原点到内抽芯端面中心，单击 Y 轴箭头，点选图 5-52 所示棱边作为 Y 轴方向，完成后如图 5-52 所示，单击滚轮退出坐标系调整，单击【滑块和浮升销设计】对话框中的【确定】按钮，完成一侧滑块加载。

单击【注塑模向导】→【滑块和浮升销库】，单击激活对话框中的【选择标准件】，在图形区单击斜顶任意部位，在对话框中勾选【新建组件】，同上类似调整坐标系，确定后加载另一侧滑块。

单击【注塑模向导】→【修剪模具组件】，在图形区点选要修剪的两个斜顶杆，确定后完成修剪，如图 5-53 所示。

单击【注塑模向导】→【腔体】，选择型芯镶块为目标、斜顶为工具，确定后在型芯镶块上做出空腔。

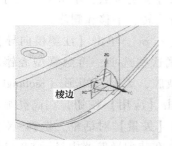

图 5-52　调整坐标系

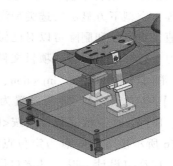

图 5-53　修剪后的斜顶

十七、其他标准件

展开资源条上的【重用库】→【MW Standard Part Library】，可以看到不同的供应商提供的浇口套、定位圈、螺钉、弹簧、顶杆等各种标准件，不同标准件的加载对话框类似，如图 5-54 所示，主要有两点不同，一是详细信息中的参数不同，二是定位方法不同。该对话框中的【位置】显示标准件的定位方法，需根据不同的定位方法选择不同的定位对象。标准件的加载步骤如下：

- 单击【重用库】→【MW Standard Part Library】→选择供应商→双击选择标准件规格，打开【标准件管理】对话框。
- 设置对话框中各选项和参数。
- 根据定位方法选择定位对象。

- 单击【标准件管理】对话框中的【确定】按钮完成加载。

- 若要修改已加载的标准件，单击【注塑模工具】→【标准件库】，单击激活【标准件管理】对话框中的【选择标准件】，在图形区点选要修改的标准件，可以添加、修改、删除、重定位标准件。

图 5-54 【标准件管理】对话框

十八、浇注系统设计

1. 主浇道

主浇道外一般都有浇口套，因此只需加载浇口套标准件即可。打开之前保存的项目文件 sample1_top_*.prt，展开资源条上【重用库】→【MW Standard Part Library】→【DMS_MM】→【Injection】，在【成员选择】列表中双击 Locating Ring（LRS）规格，默认尺寸数值，单击对话框中的【确定】按钮完成定位圈加载；在【成员选择】列表中双击 Sprue Bush（SBF、SBR）规格，修改 TYPE 为 SBR_15，L 为 84，单击对话框中的【确定】按钮完成浇口套加载，保存文件。

2. 浇口

（1）功能简介　单击【注塑模向导】→【浇口库】，弹出【浇口设计】对话框，如图 5-55 所示，可以设置是否平衡浇口、浇口位置、方法等，浇口的类型有扇形、圆柱形、矩形、点浇口等，类型下方显示所选类型浇口的形状、尺寸、定位点，单击某个尺寸在编辑框里可修改数值，重定位和删除可以对已做好的浇口进行旋转、平移和删除。

（2）练习　打开之前保存的项目文件 sample1_top_*.prt，单击【注塑模向导】→【视图管理器】，取消勾选 moldbase、injection、ejection，隐藏这些选项，再隐藏型腔镶块，单击【注塑模向导】→【浇口库】，平衡设置为是，位置为型腔，类型选矩形（rectangle），修改 L=7、H=2、B=4，注意改完数值要按<Enter>键，单击【应用】按钮，在高亮显示的镶块上捕捉图 5-56 所示棱边的中点为定位点，确定后弹出【矢量】对话框，选择−X 为进胶方向，确定后完成浇口设计，退出【浇口设计】对话框，在装配导航器中显示 fill 组件。

3. 分浇道

（1）功能简介　分浇道设计的原理是选择曲线作为引导线，用设置的形状作为截面线，扫掠得到分浇道实体。单击【注塑模向导】→【流道】，弹出【流道】对话框，如图 5-57 所示，引导线可以直接选择图形区已有的曲线，也可以单击【绘制截面】图标草绘曲线；截面类型有圆形、半圆形、梯形、六边形、抛物线形等；指定矢量用于指定流道在型芯侧还是型腔侧；双击参数列表中的数值，可以修改数值大小。

（2）练习　打开之前保存的项目文件 sample1_top_*.prt，单击【注塑模向导】→【流道】，单击对话框中【绘制截面】图标，选择图 5-58 所示平面为草绘面，选择条上的选择范围设为【整个装配】，连接两个浇口宽度棱边中点，绘一条线段，退出草图。

在对话框中设置截面类型为半圆形（Semi_Circle），D=8、Offset=0.5，调整指定矢量方向，使分浇道位于型腔一侧，完成后如图 5-59 所示，显示所有组件，保存文件。

图 5-55　【浇口设计】对话框

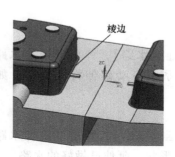

图 5-56　捕捉棱边

图 5-57　【流道】对话框

图 5-58　绘制草图

图 5-59　创建分浇道

十九、冷却系统设计

单击【注塑模向导】→【模具冷却工具】，弹出冷却水路设计工具条，利用工具条上的命令，能够方便快捷地设计出冷却水路及其附件。在一模多腔布局中，若想每个型腔都有一个相同的回路，即平衡布局，把回路做在 core 或 cavity 文件中；若是每个型腔回路不一致，或一个回路跨越多个型腔，把回路设计在 cooling 文件中。冷却设计工具各命令功能如下：

1. 水路图样

单击【模具冷却工具】→【水路图样】，弹出【图样通道】对话框，如图 5-60 所示，选择图形区的曲线，或者单击【绘制截面】图标创建草图曲线，完成后用对话框中所置直径的圆，沿着曲线扫掠得到水路实体。

2. 直接水路

单击【模具冷却工具】→【直接水路】，弹出【直接水路】对话框，如图 5-61 所示，先指定起点，再通过输入距离、动态拖动或指定终点，在起点和终点之间根据设定的直

图 5-60　【图样通道】对话框

径创建水路实体。

3. 定义水路

单击【模具冷却工具】→【定义水路】，弹出【定义水路】对话框，直接选择图形区中用建模工具创建好的实体，确定后识别为水路。

4. 连接水路

单击【模具冷却工具】→【连接水路】，弹出【连接水路】对话框，在图形区选择两段水路，系统自动延伸将其连接，如图 5-62 所示。

5. 延伸水路

单击【模具冷却工具】→【延伸水路】，弹出【延伸水路】对话框，根据设置的边界限制和末端形状，延伸已做好的水路。

图 5-61 【直接水路】对话框

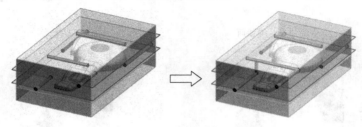

图 5-62 连接水路示意

6. 冷却连接件

单击【模具冷却工具】→【冷却连接件】，弹出【冷却连接件】对话框，如图 5-63 所示，在图形区选择做好的水路，再选择连接体，系统自动列出连接点处需要添加的堵头、O 形密封圈、水嘴等标准件，选中要添加的标准件，确定后系统自动完成添加。

7. 冷却回路

单击【模具冷却工具】→【冷却回路】，弹出【冷却回路】对话框，如图 5-64 所示，在图形区选择回路的起点，转折点选回路流向箭头，直到回路终点，系统自动在连接点处列出

图 5-63 【冷却连接件】对话框

图 5-64 【冷却回路】对话框

图 5-65 【概念设计】对话框

要添加的标准件，确定后完成回路设置；单击【注塑模向导】→【概念设计】，弹出【概念设计】对话框，如图 5-65 所示，选中列表中所有标准件，确定后系统自动在回路加载标准件，整个冷却回路创建流程如图 5-66 所示。

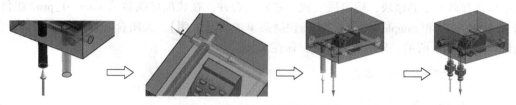

图 5-66　整个冷却回路创建流程

8. 冷却标准件库

单击【模具冷却工具】→【冷却标准件库】，弹出【冷却标准件库】对话框，手动加载水道相关的标准件，与其他标准件的加载方法和步骤相同，不再赘述。

9. 练习

打开之前保存的项目文件 sample1_top_ * .prt，隐藏除型芯型腔镶块和 A 板、B 板以外的其他组件。

在装配导航器中双击 sample1_cool_side_a 文件，设为工作部件，单击【模具冷却工具】→【水路图样】，单击对话框中【绘制截面】图标，选择型腔镶块上表面向下偏置 15 为草绘面，选择条上的选择范围设为【整个装配】，绘制图 5-67 所示草图，然后关于 Y 轴镜像所绘草图，退出草图，默认直径为 8，确定后完成型芯侧水道实体创建。

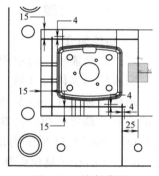

图 5-67　绘制草图

单击【模具冷却工具】→【冷却回路】，在图形区选择 A 板端面处任意一个水路为起点，转折处选择回路流向箭头，直到 A 板端面的另一个回路为终点，确定后完成回路设置。

单击【注塑模向导】→【概念设计】，按下<Ctrl>键，选中对话框中列出的所有标准件，确定后系统自动在回路加载标准件。

单击【注塑模向导】→【模具冷却工具】→【冷却连接件】，选择跨越 A 板和型腔镶块的两条冷却水道，在对话框中单击激活【选择体】，选择 A 板和型腔镶块，在连接点列表中选择 A 板和型腔镶块连接处的两个 O 形密封圈标准件（O-Ring），取消勾选【使用符号】，确定后在 A 板和型腔镶块连接处添加 O 形密封圈，完成后如图 5-68 所示。

类似地，在装配导航器中双击 sample1_cool_side_b 文件，设为工作部件，创建型芯侧冷却水道。

二十、合并腔

合并腔是把多型腔的多个相同的型芯或型腔镶块合并，以简化结构和方便加工。打开之前保存的项目文件 sample1_top_ * .prt，在视图管理器中隐藏 moldbase、injec-

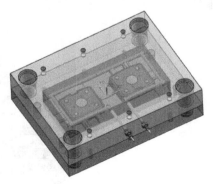

图 5-68　完成冷却回路创建

tion、ejection、cooling 等组件，只显示镶块。单击【注塑模工具】→【合并腔】，弹出【合并腔】对话框，如图 5-69 所示，单击组件列表中 sample1_comb-cavity 组件，在图形区中选中上方两个型腔镶块，单击【应用】按钮完成型腔镶块合并，类似地在列表中选中 sample1_comb-core 组件，在图形区选择两个型芯镶块，确定后完成型芯镶块合并，在装配导航器的 sample1_prod 组件下，右击 sample1_core 和 sample1_cavity，单击快捷菜单中的【关闭】，关闭合并前的单个镶块，合并后的镶块如图 5-70 所示。显示所有组件，保存文件。

图 5-69　【合并腔】对话框

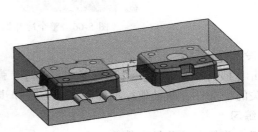

图 5-70　合并后的镶块

二十一、建腔

1. 功能简介

建腔的功能可以简单理解为在装配体中对不同的组件实体进行求和或求差。

完成模具实体设计后，凡有重叠的实体，例如加载的堵头、水嘴、螺钉、浇口套、定位圈、顶杆等标准件，以及创建的镶块、浇注系统、冷却系统等实体，与其他模板或零件有重叠的地方，都要在相应位置创建孔、槽或腔来容纳以上零件。标准件一般都包含零件实体和建腔体，如图 5-71 所示为顶杆标准件示意图，中间部分是零件实体，在装配体中的引用集是 true，外侧红线是建腔体，引用集是 false，建腔体的形状就是在模板中创建的容纳顶杆的孔的形状。

单击【注塑模向导】→【腔体】，弹出【腔体】对话框，如图 5-72 所示，可以同时选择多个目标体，工具体可以是组件（用建腔体求差），也可以是实体（用实体求差），也可以根据选择的目标体，单击【查找相交】图标，让系统自动寻找与目标体重叠、需要建腔的零件。

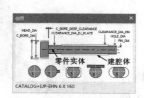

图 5-71　顶杆实体和顶杆建腔体

图 5-72　【腔体】对话框

2. 练习

打开之前保存的项目文件 sample1_top_＊.prt，确保显示所有组件。

单击【注塑模向导】→【腔体】，弹出【腔体】对话框，目标体选择定模固定板、A 板、B 板、推杆固定板、推板，工作类型选【组件】，单击【查找相交】图标，系统自动查找重叠组件，单击对话框中的【确定】按钮，完成各模板上的建腔。

在视图管理器中隐藏 moldbase，单击【建腔】图标，在图形区点选型芯镶块为目标体，单击【查找相交】图标和【应用】按钮；在图形区点选型腔镶块为目标体，激活工具体选项，点选冷却水道组件、浇口、浇口套为工具体，单击对话框中【应用】按钮；点选型腔镶块和浇口套为目标体，工具类型设为【实体】，激活工具体选项，选择分浇道实体为工具体，确定后完成所有建腔，显示所有组件，隐藏分流道、浇口、冷却水道以及其他不需要的曲线，保存文件。

第四节　注射模设计案例

一、结构分析

以某型号阀体塑件为例，产品的三维模型如图 5-73 所示，壁厚比较均匀，主要有三个内孔较难成型，若以垂直方向为开模方向，其中孔 1 外侧有螺纹，必须水平放置，孔 2 垂直放置无法成型，因此只能是孔 3 垂直放置，孔 1 和孔 2 水平放置侧抽。此外孔 2 被孔 3 分为两段，也就是成型孔 2 的型芯要穿过孔 3 的型芯，在分型和设计时要注意。分模面采用图 5-74 所示水平面。

图 5-73　塑件的三维模型

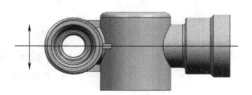

图 5-74　分模面

二、拔模处理

打开第五章文件 fati.prt，单击主菜单【插入】→【同步建模】→【细节特征】→【调整圆角大小】，在图形区单击图 5-75a 中的圆角，可测出两圆角半径为 0.75mm，退出对话框。单击主菜单【插入】→【同步建模】→【删除面】，选择图 5-75a 中两个圆角，确定后删除圆角。

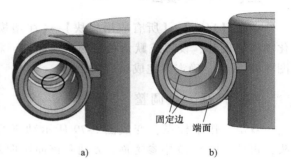

a)　　　　　　b)

图 5-75　侧孔 1 拔模

a）删除圆角　b）脱模方向参考端面和固定边

单击主菜单【插入】→【细节特征】→【拔模】，选择【从边】拔模类型，脱模方向选择图 5-75b 中所示端面，固定边选择如图所示棱边，拔模角设为 1°，确定后完成拔模。单击主菜单【插入】→【细节特征】→【边倒圆】，对图中两个固定边重新倒圆角 0.75mm。在对产品进行拔模时要注意，为了不降低产品强度，应尽量加材料而不要减材料。

类似地，如图 5-76 所示，对其他两个内孔进行拔模，图 5-76b 中棱边是有圆角的，同上先测量圆角的半径，然后删除圆角，拔模完成后再倒圆角。

在图 5-77a 图中，面 1 已完成拔模，面 2 与面 1 属于用一个型芯成型，但由于两个面不相连，无法同时拔模，因此用其他方法处理。单击主菜单【插入】→【同步建模】→【调整面大小】，选择面 2，把对话框中的直径数值改为 6，单击【确定】按钮退出对话框；单击主菜单【编辑】→【曲面】→【扩大】，单击面 1，拖动滑块至图 5-77b 所示长度；单击主菜单【插入】

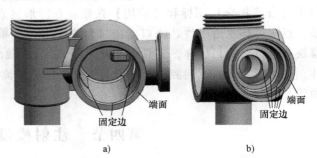

图 5-76　其余两孔拔模
a）下孔拔模　b）侧孔 2 拔模

→【修剪】→【修剪体】，用扩大的曲面修剪产品，把面 2 中间部分减去，面 2 和面 1 便属于同一个型芯，完成后保存文件。

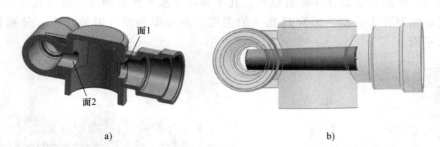

图 5-77　侧孔 2 拔模
a）产品断面　b）扩大曲面

三、初始化项目

单击【启动】→【所有应用模块】→【注塑模向导】→【初始化项目】图标，设置或默认项目路径、名称、材料和配置，如图 5-78 所示，确定后完成项目初始化。

四、产品方位调整

双击工作坐标系，变成图 5-79 所示动态后，单击 Z 轴箭头，再单击图 5-79 中参考面，Z 轴和该面法向对齐，单击滚轮退出坐标系调整。单击【注塑模向导】→【模具 CSYS】，默认其选项，确定后完成零件方位调整。

图 5-78　【初始化项目】
对话框

五、工件设置

单击【注塑模向导】→【工件】图标，单击【绘制截面】图标进入草绘截面。尺寸名称有"offset"的为工件向外的偏置量，双击尺寸，在【线性尺寸】对话框中，尺寸值是由表达式决定的，无法修改，单击尺寸值右侧【＝】图标（启动公式编辑器），选择【设为常量】，即可修改尺寸值。按照图5-80所示尺寸修改偏置值，产品外形尺寸不变，完成后退出草图，回到【工件】对话框，设置Z轴方向−40和35偏置，确定后完成工件设置。

图5-79 调整坐标系

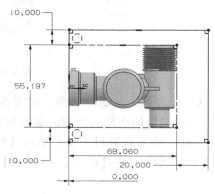

图5-80 草绘截面

六、型腔布局

单击【注塑模向导】→【型腔布局】图标，默认系统自动选择的体，以及矩形布局和平衡布局选项。单击【指定矢量】图标，在图形区选择X方向的临时矢量，如图5-81a所示，单击【开始布局】右侧图标完成布局。单击【自动对准中心】图标，系统把坐标系设置到另一个型腔的中心。单击【编辑插入腔】图标，设置R为5、type为1，确定后完成建腔体创建，如图5-81b所示。

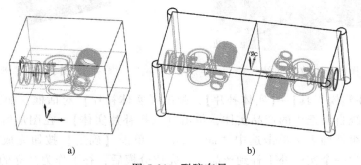

a)   b)

图5-81 型腔布局

a) 型腔布局 b) 完成布局和建腔体

七、分模

1) 单击【注塑模向导】→【注塑模工具】→【模具分型工具】图标，进入 ＊_parting_＊.prt 分型文件，弹出【模具分型工具】工具条，如果弹出【分型导航器】，暂时关闭该窗口。

2）单击【注塑模工具】→【拆分面】，弹出【拆分面】对话框类型选择【平面/面】，单击【添加基准平面】右侧图标，创建过 YC-ZC 的基准面，如图 5-82 所示，单击激活对话框中【选择面】，在图形区点选与基准面相交的、除内孔以外的所有产品外表面，特别是螺纹部分的面，完成后单击【确定】按钮完成面的拆分，如图 5-82 所示。

图 5-82　拆分面

3）以 XY 面为草绘面创建草图，把图 5-83 中所指棱边投影到草绘面上，退出草图后，用拉伸命令拉伸投影的曲线，拉伸的起始设为0，结束设为直至延伸部分，选择图 5-83 中面 2 作为延伸界限，布尔运算设为无，单击【确定】按钮退出【拉伸】对话框。

单击主菜单【编辑】→【曲面】→【扩大】，单击图 5-83 中面 1，单击【确定】按钮退出对话框。

隐藏零件，启动修剪体命令，用扩大的曲面对拉伸体进行修剪，如图 5-84 所示。

启动拔模命令，对拉伸体进行拔模，拔模类型设为从边，拔模方向选择 Z 轴方向，固定边选择被修剪一侧的棱边，角度设为1°，单击【确定】按钮完成拔模。

把以上创建的所有草图、基准面、曲面都移到256层，并关闭该层，以隐藏所有不再需要的特征。

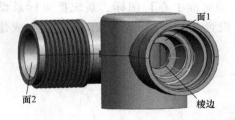

图 5-83　拉伸草图

图 5-84　修剪体

4）单击【注塑模工具】→【实体补片】，弹出【实体补片】对话框，如图 5-85 所示，在对话框中默认系统自动选中的产品实体，单击【选择补片实体】，在图形区选择上一步做的拉实体，在目标组件列表中单击选中 "fati_core"，单击【确定】按钮完成实体补片，该功能是把拉实体作为一个实体补丁补到产品上，完成分模后，补丁作为独立的体可以加到侧抽型芯上。

5）单击【模具分型工具】→【检查区域】→【计算】选项页，默认系统自动选中的产品实体和脱模方向，单击【计算】右侧的图标，完成区域检查计算后，单击【区域】选项页中的【设置区域颜色】图标，产品在分型面以上部分为橙色的型腔区域，分型面以下部分为蓝色的型芯区域，内孔为未定义区域，单击【确定】按钮退出对话框。

6）单击【注塑模工具】→【曲面补片】，弹出【边修补】对话框，如图 5-86 所示，选择图示孔的上半部分棱边，单击对话框分段设置中的【关闭环】图标，单击【应用】按钮，再单击孔的下半部分棱边，单击【关闭环】图标，单击【确定】按钮完成补片。这里不把孔补成一个完整的圆，是因为分型面从孔中间穿过，孔的一半在型腔区域，一半在型芯区域，所以要补成两半。

图 5-85 【实体补片】对话框

图 5-86 边缘修补侧孔

7）单击【模具分型工具】→【定义区域】图标，弹出【定义区域】对话框，双击区域列表中的【新区域】，改名为【slide1】，单击【创建新区域】图标，在列表中双击新创建的区域，改名为【slide2】，如图 5-87 所示。在列表中点选【slide1】，单击【搜索区域】图标，弹出【搜索区域】对话框，在产品内孔中任意点选一个面作为种子面，单击【选择边界边】，选择孔口的上下两个棱边，拖动下方的滑块，可以看到高亮显示的侧抽型芯 1 的区域；类似地，点选列表中的【slide2】，定义另外一个侧孔的区域，完成后，选中对话框中的【创建区域】和【创建分型线】复选框，单击【确定】按钮后退出对话框。

图 5-87 设置侧抽芯区域

8）单击【模具分型工具】→【设计分型面】，弹出【设计分型面】对话框并提示分型线不封闭，单击对话框中【选择分型线】图标，在图形区点选图 5-88 所示片体棱边；单击【选择分型或引导线】，分别在两个侧孔的两侧靠近孔口的地方单击分型线，创建引导线如图 5-89 所示。

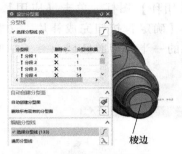

图 5-88　选择分型线

图 5-89　创建引导线

单击激活对话框【分型线】下方的【选择分型线】，在图形区依次点选两个孔口的上下分型段，方法都选择拉伸，系统默认的拉伸方向是蓝色引导线的方向，拖动延伸距离的箭头改变拉伸距离，调整好后单击对话框中的【应用】按钮，完成两个孔口四段分型段的延伸，如图 5-90a 所示。

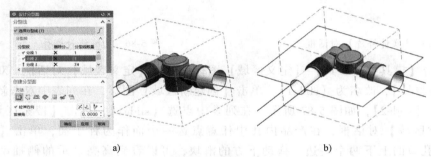

a)　　　　　　　　　　　　　　　　　　b)

图 5-90　创建分型面

a）两个孔的延伸　b）完成后的分型面

其余两个分型段用【有界平面】，可以拖动圆球滑块改变延伸大小，完成后的分型面如图 5-90b 所示。注意，各分型段向外延伸的距离要大于工件，如果需要看到工件大小，单击【模具分型工具】→【分型导航器】，选中其中的【工件线框】复选框，可虚线显示工件轮廓。

在分型导航器中取消选中【产品实体】，分别勾选【型芯】【型腔】【slide1】【slide2】，可以依次看到分割型芯、型腔和另个侧型芯的曲面，无误后关闭导航器。

9）单击【模具分型工具】→【定义型芯和型腔】，在对话框的区域名称列表中点选【所有区域】，单击对话框中的【确定】按钮，系统自动完成分模，每分出一个组件后会弹出【查看分型结果】对话框，只需单击【确定】按钮。

完成分模后，单击主菜单【窗口】，可以看到已经分好的 core、cavity、slide1、slide2 四个文件，单击文件可以在独立窗口中打开该文件，最后回到带 top 的总装配文件，并在装配导航器中双击激活该文件，观察分模的结果如图 5-91 所示。

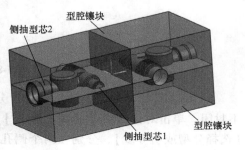

图 5-91　分模结果

八、设计工作零件

1）隐藏图形区中的镶块建腔体、两个型腔镶块以及两个产品零件，单击【注塑模向导】→【腔体】，模式设为【添加材料】，工具类型设为【实体】，如图 5-92 所示，选择 slide2 为目标体，实体补丁为工具体，确定后两者合并为整体侧型芯。

把型芯镶块设为工作部件，将其中的实体补丁移动到 256 层并关闭该层。

双击合并后的 slide2，将其设为工作部件，单击【拉伸】图标，拉伸左侧端面的棱边，拉伸长度为 5，布尔运算设为求和，目标为 slider2，单击【拉伸】对话框中的【应用】按钮。

选择刚拉伸的体的左侧端面棱边，拉伸长度为 5，单侧偏置 3，布尔运算为求和，目标为 slider2，单击【拉伸】对话框中的【确定】按钮，退出【拉伸】对话框。

图 5-92 侧抽型芯 2 设计

单击主菜单【插入】→【修剪】→【修剪体】，目标选择 slider2，工具选项选【新建平面】，单击第一次拉伸的圆柱面，确定后用与圆柱面相切的基准面切除台阶，目的是为了防止型芯转动，完成后效果如图 5-92 所示。

2）与上一步类似，双击侧抽型芯 1，激活为工作部件，拉伸左侧端面的棱边，拉伸距离为 5，应用后再次拉伸新的左侧端面棱边 5，单侧偏置 3，由于该型芯是旋转体，不必止转，因此不需要修剪台阶。

由于型芯过长，单侧固定类似悬臂，在高压熔料冲击下容易变形，因此用主菜单【插入】→【偏置/缩放】→【偏置面】命令，把型芯右侧端面偏置 3，完成后效果如图 5-93 所示。

在装配导航器中双击 top 文件，激活为工作部件，单击【注塑模向导】→【腔体】，模式设为【减去材料】，工具类型设为【实体】，选择型芯镶块和型腔镶块为目标体，侧型芯 2 为工具体，确定后减出侧型芯 2 延长部分的避让孔。

3）双击型芯镶块，设为工作部件，单击主菜单【插入】→【修剪】→【拆分体】命令，目标选择型芯镶块，工具选项设为【拉伸】，单击【选择曲线】，点选图 5-94 所示棱边，确定后完成分割。

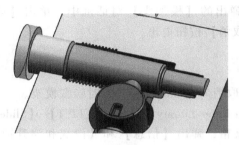

图 5-93 侧抽型芯 1 设计

图 5-94 小型芯设计

拉伸分割出来的小型芯的下端面棱边，拉伸方向向上，拉伸距离 5，单侧偏置 3，布尔运算设为求和，求和目标体选择分割出的小型芯。

单击主菜单【插入】→【修剪】→【修剪体】，目标选择分割出的小型芯，工具选项选【新建平面】，单击分割出的小型芯圆柱面，确定后用该面修剪下面的台阶，做出止转缺口。

用布尔求差命令，从型芯镶块中减去小型芯（注意勾选保留工具体），在镶块体中做出固定小型芯的台阶孔；并用【偏置面】命令，对台阶孔的圆柱面向外偏置 0.5，做出固定台阶和台阶孔之间的间隙，完成后如图 5-94 所示。

九、加载模架

展开资源条上的【重用库】→【MW Mold Base Library】→LKM_SG，在【成员选择】列表中双击 C 型模架图片。

如图 5-95 所示，在【模架库】对话框中，修改或者设置详细信息列表中的参数数值如下：

Index   3035
AP_h   70
BP_h   70
Mold_type   350：I
ps_n   2
CP_h   100

其他参数默认系统数值，单击对话框中的【确定】按钮加载模架。

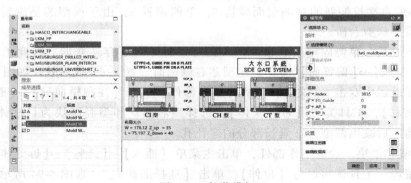

图 5-95　加载模架

单击【注塑模向导】→【模架库】，在重新弹出的【模架库】对话框中，单击【旋转模架】图标，把模具旋转 90°，单击对话框中【取消】按钮退出。

十、加载侧抽芯机构

1）单击【注塑模向导】→【视图管理器】，取消勾选 Moldbase，暂时隐藏模架。

展开资源条上的【重用库】→【MW Slide and Lifter Library】→【SLIDE_LIFT】→【Slide】，在【成员选择】列表中双击 Single Cam_pin Slide 规格，弹出【信息】和【滑块和浮升销设计】两个对话框，如图 5-96 所示，修改或者设置详细信息列表中的参数数值如下：

travel   54
cam_pin_angle   22

cam_pin_start	30
gib_top	slide_top-35
gib_wide	18
gib_long	119
heel_angle	23
heel_ht_1	45
pin_dia	16

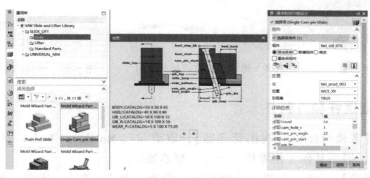

图 5-96　加载滑块对话框

其他参数默认系统数值。

　　双击图形区工作坐标系，在图形区高亮显示的镶块上，点选图5-97中箭头所指镶块棱边的圆心作为坐标系中心；单击Y轴箭头，点选图示棱边作为Y轴方向。注意，点选棱边时单击棱边靠近右侧端点的部分，完成后单击滚轮退出编辑状体，单击【滑块和浮升销设计】对话框中的【确定】按钮加载侧抽芯机构。

　　2）隐藏其他零件，只显示滑块体和侧抽型芯1。

　　右击滑块体，在快捷菜单中选择【设为工作部件】，单击【拆分体】命令，目标选择滑块，工具体选择【新建平面】，点选滑块右端面，向左偏置10作为分割面，把滑块分割为滑块体和侧抽芯固定板两个部分。

　　单击【注塑模向导】→【腔体】，目标体选择分割出的固定板，工具类型设为【实体】，工具选择侧抽芯2，确定后在固定板上做出固定侧抽芯2的腔。

　　用【修剪体】命令把固定板带T形槽的部分切除。

　　在固定板上创建四个M6沉头孔，在滑块体对应位置创建M6螺纹孔，用以连接滑块体和固定板，完成后如图5-98所示。

　　双击装配导航器的顶层top文件回到装配体文件，显示除模架外的其他组件。

　　3）类似地，按下面数据加载侧抽型芯2的抽芯机构，并设计修改滑块，完成后如图5-99所示。双击装配导航器的顶层top文件回到装配体文件。

travel	60
cam_pin_angle	22
cam_pin_start	30
gib_top	slide_top-35
gib_widel	18

gib_long	125
heel_angle	23
heel_ht_1	45
pin_dia	16

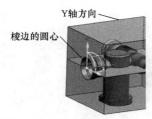

图 5-97　调整坐标系

图 5-98　侧抽芯 1 滑块结构设计

图 5-99　侧抽芯 2 滑块结构设计

十一、加载顶杆和拉料杆

1）单击【注塑模向导】→【视图管理器】，取消勾选 Moldbase 和 slider/lifter，暂时隐藏模架和侧抽机构，隐藏其他工作零件，只显示型芯镶块。

2）把【选择条】工具条上的【选择范围】设为【整个装配】，选择 X 轴负方向一侧的型芯镶块上表面为草绘面，创建草图，绘制三个点如图 5-100 所示，完成后退出草图。

3）展开资源条上的【重用库】→【MW Standard Part Library】→【FUTABA_MM】→【Ejector Pin】，在【成员选择】列表中双击 Ejector Pin Straight 规格，弹出【信息】和【标准件管理】两个对话框，选择标准件设为【新建组件】，修改 CATALOG_DIA、CATALOG_LENGTH、CATALOG_TYPE 数值如图 5-101 所示，确定后弹出【点选择】对话框，点选已经做好的三个草图点，单击对话框中的【取消】按钮，完成顶杆加载。

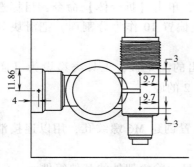

图 5-100　草绘顶杆定位点

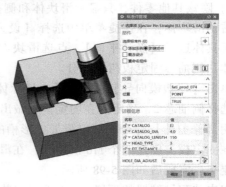

图 5-101　加载顶杆

单击【注塑模向导】→【顶杆后处理】，弹出【顶杆后处理】对话框，在目标列表中，按下<Ctrl>键选中三个顶杆，确定后完成对顶杆的修剪。双击 top 文件回到顶层装配。

4）展开资源条上的【重用库】→【MW Standard Part Library】→【FUTABA_MM】→【Sprue_Puller】，在【成员选择】列表中双击 Sprue Puller（M-RLA）规格，弹出【信息】和【标准件管理】两个对话框，详细信息列表中 CATALOG_LENGTH 改为 142，确保对话框中的【选择面或平面】处于激活状体，点选上一步做好的任意一个顶杆的下端面，确定后弹出【标准件位置】对话框，直接单击【确定】按钮默认坐标中心位置，系统自动加载拉料杆，如图 5-102 所示。

十二、浇注系统设计

1）单击【注塑模向导】→【视图管理器】，显示所有组件。

2）展开资源条上的【重用库】→【MW Standard Part Library】→【FUTABA_MM】→【Sprue_Bushing】，在【成员选择】列表中双击第一个 Sprue_Bushing 图片，弹出图 5-103 中第一个对话框，在详细信息列表中设置如下参数，确定后加载浇口套。

图 5-102　加载拉料杆

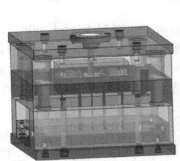

图 5-103　加载浇口套和定位圈

CATALOG	M-SBD
CATALOG_LENGTH1	95
HEAD_DIA	36

单击【重用库】→【FUTABA_MM】→【Locating Ring Exchangeable】，在【成员选择】列表中双击第一个 Locating Ring 图片，弹出图 5-103 中第二个对话框，在详细信息列表中设置 TYPE 为 M-LRB，BOLT_CIRCLE 改为 80，确定后加载定位圈。

3）只显示型芯镶块，隐藏其他所有组件，在装配导航器中双击 " * _fati_fill_ * " 文件，设为工作部件，以镶块上表面为草绘面，绘制图 5-104 所示草图，沿 X 轴负方向绘制直线，并关于 Y 轴镜像该线，沿 X 轴负方向做一个点，完成后退出草图。

4）单击【注塑模向导】→【浇口库】，弹出【浇口设计】对话框，按图 5-105 设置选项和数值后，单击【应用】按钮，弹出【点选择】对话框，选择上一步草图中的点，确定后选择-X 方向为浇口的进胶方向，完成浇口创建，单击【取消】按钮退出对话框。

单击【注塑模向导】→【流道】，弹出【流道】对话框，选择上一步创建的两段线段，按图 5-106 设置其他选项和数值，单击指定矢量的方向图标，改变流道位置，确定后完成分浇道创建，如图 5-106 所示。双击 top 文件回到顶层装配。

十三、冷却水路设计

1）在视图管理器中取消勾选 moldbase、injection、ejection、slider/lifter，隐藏这些组件，

然后把 A 板和 B 板显示出来。

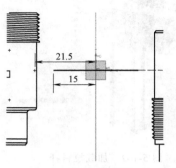
图 5-104　绘制草图

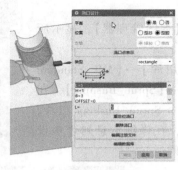
图 5-105　创建浇口

图 5-106　创建分浇道

2）在装配导航器中双击总装配文件下的"fati_cool_＊"→"fati_cool_side_a_＊"文件，把该文件设为工作部件，单击草图绘制命令，平面方法设为【创建基准坐标系】，单击【创建基准坐标系】图标，单击 Z 轴箭头，向上偏移 20，如图 5-107 所示，确定后回到创建草图对话框，确定后进入草绘平面，选择条上的选择范围设为【整个装配】，绘制图 5-108 所示草图，完成后退出草图。

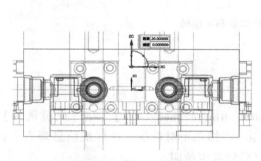
图 5-107　创建草图平面

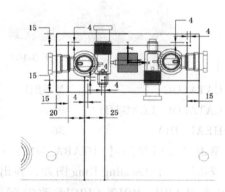
图 5-108　创建草图

3）单击【注塑模向导】→【模具冷却工具】→【水路图样】，点选上一步创建的草图，通道直径设为 8，确定后完成型芯镶块中冷却水道实体的创建。

4）单击【注塑模向导】→【模具冷却工具】→【冷却回路】，在图形区选择 A 板端面处任意一个水路为起点，转折处选择回路流向箭头，直到 A 板端面的另一个回路为终点，确定后完成回路设置。

5）单击【注塑模向导】→【概念设计】，选中对话框列表中所有标准件，确定后系统自动在回路加载标准件，如图 5-109 所示。

6）单击【注塑模向导】→【模具冷却工具】→【冷却连接件】，选择跨越 A 板和型腔镶块的两条冷却水道，在对话框中单击激活【选择体】，选择 A 板和型

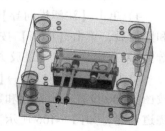
图 5-109　完成后的冷却水道

腔镶块，在连接点列表中选择 A 板和型腔镶块连接处位置的两个 O 形密封圈标准件（O-Ring），取消勾选【使用符号】，如图 5-110 所示，确定后添加 O 形密封圈。

图 5-110　【冷却连接件】对话框

7）类似地，在装配导航器中双击总装配文件下的"fati_cool_ * "→"fati_cool_side_b_ * "文件，设为工作部件，创建型芯镶块中的冷却水道实体，加载相关标准件。完成后保存文件。

十四、合并镶块

单击【注塑模工具】→【合并腔】，在【合并腔】对话框的【组件】列表中点选 fati_comb_cavity，如图 5-111 所示，在图形区选择两个型腔镶块，单击对话框中的【应用】按钮，再点选【组件】列表中 fati_comb_core，在图形区选择两个型芯镶块，单击对话框中的【确定】按钮，完成型芯和型腔镶块的合并。

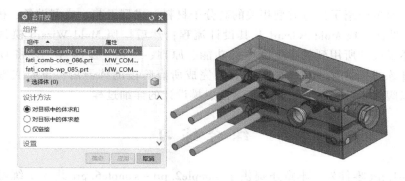

图 5-111　合并镶块

在装配导航器中右击"fati_layout_ * "→"fati_prod_ * "→"fati_cavity_ * "文件，单击【替换引用集】→【空】，以隐藏合并前的型腔镶块。类似地，替换 fati_core_ * 文件引用集，隐藏合并前的型芯镶块，完成后如图 5-111 所示。

十五、建腔

1）显示出模具所有组件，单击【注塑模向导】→【腔体】，图形区选择图 5-112 所示定模固定板、A 板、型腔镶块、型芯镶块、B 板、垫板（两个）、推杆固定板为目标，工具类型设为【组件】，单击【查找相交】图标，系统自动找到与目标相交的组件，单击【应用】按钮。再选择浇口套为目标，分浇道组件为工具，确定后完成建腔。

2）隐藏冷却水道、分浇道、浇口等不需要的实体。

十六、创建或加载其他零件

滑块导滑槽和型芯型腔镶块上的固定螺钉、侧抽芯机构上的限位装置以及其他必要的装置，请读者自行练习加载和设计。

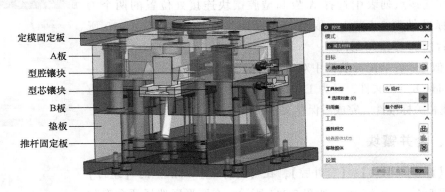

定模固定板
A板
型腔镶块
型芯镶块
B板
垫板
推杆固定板

图 5-112　建腔

本 章 小 结

本章首先简单介绍了注射成型相关的高分子材料、成型工艺、成型设备、模具结构，以及 NX 注射模设计模块 Mold Wizard 及其设计流程；然后按照 Mold Wizard 模具设计流程顺序，详细讲述了设计所用到的主要命令的功能、原理、方法、步骤等，并将 sample1.prt 零件的模具设计练习，贯穿于整个学习过程，完成所有阶段的练习后，也完成零件的模具设计；最后，以阀体零件为案例，介绍了其注射模设计的详细过程。

综 合 练 习

除 sample1.prt 零件外，本章还提供了 sample2.prt ~ sample6.prt 共 5 个练习零件，读者在学习过程中，可以打开任何一个零件练习某一个命令或功能的应用，也可以在学习结束后，用任何一个零件进行整个模具设计的实践。

第六章

级进模NX设计

第一节　NX PDW 简介

NX Progressive Die Wizard（PDW）是一个基于 UG 的三维级进模 CAD 系统，由 UGS PLM 委托华中科技大学模具技术国家重点实验室开发。PDW 模拟了专家系统的级进模设计流程，设计对象和结果都是三维的。

NX 的级进模（PDW）模块能够帮助用户进行级进模的设计。PDW 采用智能方式自动地进行级进模设计，所以能够大大地提高生产力。它提供了一个囊括模具制造专家知识和结合工业最优实践的用户使用界面的完整的设计环境，指导设计者逐步建立一套级进模。

PDW 能够直接使用 NX 所建立的部件模型中的钣金特征，或者是工具识别的钣金特征，也可以用于导入的模型中重新建立的参数化的钣金模型。PDW 可以折叠和展开钣金模型，帮助板料的排样和模具工位的分配，尤其对于多排排样的板料。PDW 通过综合模拟和分析工具能够确保级进模的质量和结构。一旦完成板料的排样，设计者就可以观看板料通过级进模每个工位的过程的 3D 模拟，直到零件的最终成形。PDW 能够计算冲压力和冲压力的中心，确保模具和冲压件的质量。

可按照设计步骤按部就班地操作，不需要设计者具有很多的模具设计经验。

自定义材料库以及标准件库能够加速整个模具的设计。PDW 能够自动生成装配和材料明细表以加速模具制造。

PDW 的功能强大，不仅可以进行普通钣金零件的级进模设计，还可以进行拉延和由非规则面组成的零件的级进模设计。具体来说，PDW 的主要功能如下：

1．三维设计

系统以 NX 为平台，从产品模型、工艺分析与设计到模具结构设计全部采用三维模型，有利于维护系统的数据一致性，便于和 CAE/CAM 等无缝连接。

2．基于特征的工艺设计

工艺特征用于条料排样和零部件设计等整个级进模设计过程。使用基于特征的方法，可以实现工艺定义的自动化，实现关联设计。在设计过程中，特征与对应的模具结构零件是相关联的，当特征移动或删除时，其对应的零件也将被移动或删除。

3．基于约束的模具结构设计

借助于 NX 强大的装配功能，进行模具结构设计。所有的结构零件使用装配约束来装配和定位。模具的镶件以组件的形式提供。

4．零件冲压过程的仿真

PDW 提供了条料的成形仿真，在条料排样结束后，可以进行成形过程仿真，检查条料是否在中间被切断、工步的顺序是否正确等，以帮助用户判断条料排样是否正确。

5. 开放的标准件库及镶件库

PDW 提供了标准模架、标准件及镶件库，可以进行选择、修改、定制等工作。常见的 Misumi（日本）、Strack（德国）、Danly（美国）等标准件都已经存在库中，供用户选择。

6. 强大的辅助功能

除了上述功能外，系统还提供了明细表的生成、开孔、二维图生成、显示管理等辅助功能，系统使用更加方便。PDW 还提供了一个钣金零件的识别模块，方便用户使用系统设计的零件。

PDW 是一个独立的安装包，应该先安装 NX，再安装 PDW。PDW 是建立在 NX 基础上的应用软件系统，它要求 UG 必须安装建模（Modeling）、装配（Assembly）、知识工程（Knowledge Fusion）等模块，并具有 WAVE 功能。

同时，为了正确地进行模具结构设计，需要对 NX 环境进行必要的设计。在 ug_english. def 或 ug_metric. def 中，设置 Assemblies_AllowInerPart：Yes。

第二节　NX PDW 工具

在本节中，将详细列出 NX PDW 工具的功能，并对其进行简单介绍，让读者对 PDW 的工具有一定的认识，以便用户有个系统的了解。

安装 NX10.0 的 PDW 模块后，单击菜单中的【应用模块】，在弹出的【应用模块】面板中增加了【级进模】应用模块，如图 6-1a 所示。

单击【级进模】图标，则弹出图 6-2b 所示的【级进模向导】工具条。PDW 的所有功能模块都集中在这个工具条中，通常可以从左至右依次使用各命令来完成级进模设计。

a)

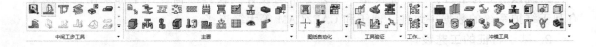

b)

图 6-1　NX PDW 工具

a)【应用模块】面板　b)【级进模向导】工具条

一、项目初始化

NX PDW 中模具设计的第一步是加载产品并初始化项目，或者打开一个已存的项目进一步地操作。

单击 Progressive Die Wizard NX 10.0 工具条中 按钮，弹出【初始化项目】对话框，

如图6-2所示。在对话框中用户可以输入一个项目名称，它将会成为本项目所有文件的文件名前缀。在该对话框中可以设置部件的厚度和材料。

二、毛坯生成器

生成毛坯是工艺设计的起点，PDW提供了两种展开方式：第一种是直接利用NX的钣金零件展开功能，生成毛坯的实体；第二种方式是利用NX本身的有限元模块或者其他商业软件，求得零件的毛坯形状，然后把它引入PDW中，这样就可以实现自由曲面形状零件的级进模设计，大大加强了系统的功能。【毛坯生成器】对话框如图6-3所示。

图6-2 【初始化项目】对话框

图6-3 【毛坯生成器】对话框

三、毛坯布局

毛坯排样用于设计零件毛坯的排布位置，设置排样的宽度、级进的步距等参数。PDW提供的毛坯排样功能，可以实现单排、多排及多个零件的排样等。系统实现的功能有插入毛坯零件、平移、旋转、复制、设置条料宽度、步距、计算材料利用率、最小距离等。【毛坯布局】对话框如图6-4所示。

【毛坯布局】对话框中的图标意义如下：

- 添加毛坯：建立最初的排样。
- 复制毛坯：在另一列复制一个选择的毛坯。
- 移除毛坯：删除选择的毛坯。
- 设置基点：设置移动、复制和旋转毛坯所用基点。
- 翻转毛坯：旋转毛坯。

四、废料设计

零件上的孔需要冲出孔废料，另外，零件的外形废料也需要——去除。PDW提供了废料设计的工具，它以毛坯排样的结果作为设计对象，可以自动提取零件的内孔边界和外边界，这样就能大大节省用户定义废料的时间。在提取了毛坯的内外边界后，用户就可以自己生成一些直线和曲线，与毛坯的边界组合形成废料。【废料设计】对话框如图 6-5 所示。

在【废料设计】对话框中可以设计内外废料、搭边和过切、修孔等，还可以对废料进行分割和合并，甚至删除。

五、条料排样

条料排样的结果是模具结构设计的基础，是级进模工艺设计中最重要的一步。它让用户把冲压工艺特征和设计的废料放到需要的工位上去，条料排样完成后，用户可以使用冲压成形模拟功能，检测条料排样的结果是否合理。条料排样导航器如图 6-6 所示。

六、力的计算

力的计算命令能够自动地或者交互地计算设计过程中每个力的大小。

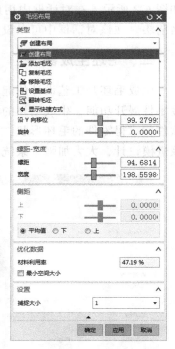

图 6-4 【毛坯布局】对话框

图 6-5 【废料设计】对话框

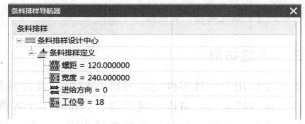

图 6-6 条料排样导航器

七、模架设计

PDW 中提供了从 5 板到 12 板，从一个子模到多个子模的模架库。如图 6-7 所示，系统会自动算出条料的长度和宽度，作为选取模架尺寸的参考。但是有时不是所有的工位上都有工艺特征，用户可以自己选取一个合适的区域，作为选取模架的参考。

八、冲模设计设置

这里主要设置一些与模具设计相关的参数，主要包括闭合高度、设备冲程、冲头冲入的深度、单边间隙等。【冲模设计设置】对话框如图 6-8 所示。

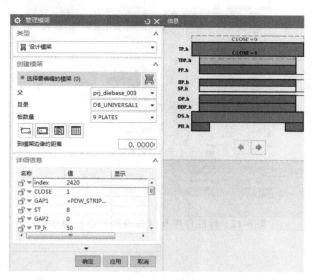

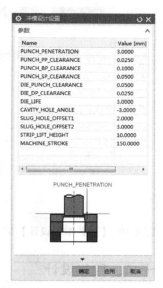

图 6-7　【管理模架】和【信息】对话框　　　　图 6-8　【冲模设计设置】对话框

九、镶块

级进模生产中，由于冲裁和成形等工作部分容易损坏，因此常做成镶块形式，便于更换，降低成本。镶块设计是级进模设计中工作量最大的一部分。PDW 提供了级进模中常见工艺的镶块库，包括各种冲裁、各种弯曲、翻孔、局部成形、打扁等，用户也可以自己设计镶块，并使用 NX 的装配功能把它插入工程中。

每一类工艺镶块都有一个命令，如图 6-9 中矩形线框内图标，其中【冲裁镶块设计】对话框如图 6-10 所示。冲裁镶块是镶块中最常见的一种。

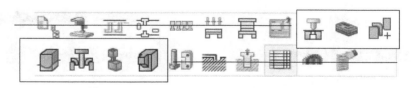

图 6-9　各种工艺镶块命令

十、标准件库

通过标准件库可以加入级进模所需的一些标准件，例如导柱、螺钉以及弹簧等。标准件库和【标准件管理】对话框如图 6-11 所示。

十一、让位槽设计

让位槽命令通过建立一个实体用来在模板上开设型腔或者孔，以免模板和板料发生干涉。建立的实体主要是圆柱体或用户自定义的形体。【让位槽设计】对话框如图 6-12 所示。

图 6-10 【冲裁镶块设计】对话框

图 6-11 标准件库和【标准件管理】对话框

十二、腔体设计

当选择好标准件和其他部件以后，用户就可以利用 PDW 模块中的【腔体设计】去设计相关的或者非相关的腔体。该命令主要使通过模板与插入的标准件或镶块相交部分自动建立腔体。建立腔体时最好隐藏那些没有与标准件相交的模板以便操作。

通俗地讲，这个命令就是为添加的标准件在其通过的模板上开设相应的孔或腔。

【腔体】对话框如图 6-13 所示，用户首先要选择开型腔的模板，然后选择标准件或镶块，单击【应用】按钮，系统即可在相应的模板上自动生成孔或型腔。也可以选择由软件智能查找相交。一旦标准件的形状或尺寸发生变化，由其所生成的型腔或孔也相应地发生改变。

图 6-12 【让位槽设计】对话框

图 6-13 【腔体】对话框

十三、明细表（物料清单）

PDW 可以自动建立零件明细表，明细表中的选项，用户可以根据自己部门的情况进行选择。明细表中的各项内容可以让用户编辑或者删除。【物料清单】对话框如图 6-14 所示。所生成的明细表可以输出到 Excel 电子表格中，供采购等使用。

十四、制图

PDW 中的【制图】命令可以分别为整个装配的模具自动地创建工程图，也可以为模具的各个部件创建各自的工程图。可以使用用户自定义的图样来创建各个视图。虽然创建的图纸是含有图框和标题栏的，但为了更好地满足用户公司的实际情况，对于图框、标题栏等必须由用户去自己创建。添加图框和标题栏有以下三种方法：

1）加入已存部件，在部件中已创建了图框和标题栏。

2）通过调用图样的方法。

3）以上两种方法的综合。

PDW 中的制图就是采用第一种方法来创建的。【装配图纸】对话框如图 6-15 所示。

图 6-14 【物料清单】对话框

图 6-15 【装配图纸】对话框

十五、视图管理器

使用【视图管理器】命令能够方便地管理级进模中各部件的可见性及其颜色显示，还可以显示开模和合模状态。视图管理器浏览器如图 6-16 所示。

图 6-16　视图管理器浏览器

第三节　冲压级进模设计案例

某冲压件的级进模设计步骤如下：

1）建立一个临时工作文件夹，用于放置本实例创建的级进模的所有部件。

2）启动 NX 软件，并打开 case02_prt 文件。

3）选择【应用模块】→【级进模】，系统显示 PDW 工具条。

4）单击【中间工步工具】→【直接展开】，弹出【直接展开】对话框，如图 6-17 所示，选择对应的面作为固定面，单击【应用】按钮。系统识别出三个折弯，用户可以根据实际情况修改中性因子。

5）单击【中间工步工具】→【全部展开】，弹出【全部展开】对话框，如图 6-18 所示，按照图 6-18 所示选择，单击【应用】按钮。系统依次展开三个折弯，得到的展开件如图 6-19 所示，该展开件作为零件毛坯使用。将文件另存为 case_blank.prt。

图 6-17　【直接展开】对话框操作

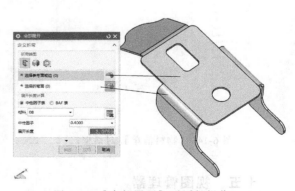

图 6-18　【全部展开】对话框操作

6）再次打开 case02_prt 文件，进入级进模设计环境。单击【中间工步工具】→【定义中间工步】，弹出【定义中间工步】对话框，如图 6-20 所示，按图设置，单击【确定】按钮。

图6-19 展开件

图6-20 【定义中间工步】
对话框

7）双击第一工步，单击折弯操作，选择伸直类型，选择折弯面为模型的折弯段，单击【应用】按钮。接着双击第二工步，单击删除面操作，选择方孔，这一步是冲方孔操作。最后双击进入第三工步，继续单击删除面操作，删除圆孔面，生成的中间工步如图6-21所示。

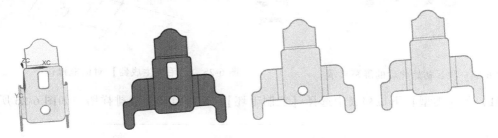

图6-21 生成的中间工步

8）单击【级进模向导】→【主要】工具条上的项目初始化图标，系统弹出【初始化项目】对话框，如图6-22所示。

在【初始化项目】对话框中，注意【项目路径和名称】中的名称，可以接受默认的也可以更改。

【部件厚度】设置为1mm。从【部件材料】下拉列表中选择【08】选项，单击【确定】按钮。

PDW建立了新的项目和新的控制部件，并建立了所有子部件的链接，此时的装配导航器（图6-23）把所有与模具相关的部件都建立了，但此时都是空的，后面再添加内容。完成项目初始化以后，屏幕显示如图6-24所示。

9）单击生成毛坯图标，系统弹出【毛坯生成器】对话框，如图6-25所示；在【钣金件】下拉列表中选择case_blank.prt，如图中所示选择固定面，单击【应用】按钮。

10）单击排样图标，系统弹出【毛坯布局】对话框。

图6-22 【初始化项目】对话框

图6-23 项目初始化后的装配导航器

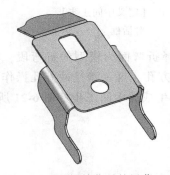

图6-24 项目初始化后的屏幕显示

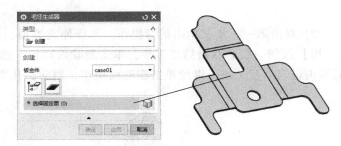

图6-25 【毛坯生成器】对话框操作

11）在【类型】下拉列表中选择【复制毛坯】，系统自动生成排样图，如图6-26所示。

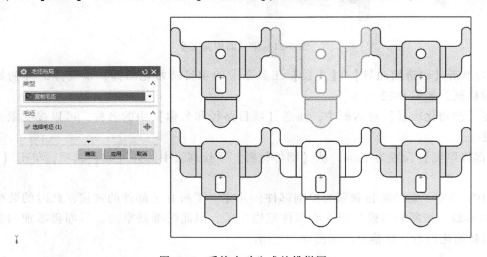

图6-26 系统自动生成的排样图

12）在【类型】下拉列表中选择【创建布局】，输入如下参数：

- 沿Y向移位：120.0

- 旋转：180.0
- 螺距：120
- 宽度：240

注意，每次输入数值后要按<Enter>键。

调整后的排样图如图6-27所示。

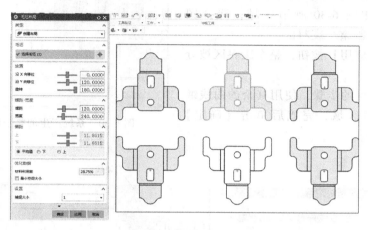

图 6-27 调整后的排样图

13）在【毛坯布局】对话框中的最下部，会显示当前排样的材料利用率。

14）单击【确定】结束排样操作。

15）使用 NX 曲线工具，画出图 6-28 所示分割板料用辅助线，这些曲线用来分割板料排样和建立废料特征以便冲出零件。

16）单击废料设计图标 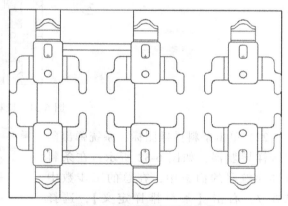 ，系统弹出【废料设计】对话框。

17）系统默认的是【毛坯边界＋草图】，选择图 6-29 所示八条加粗轮廓线，单击【应用】按钮。

图 6-28 分割板料用辅助线

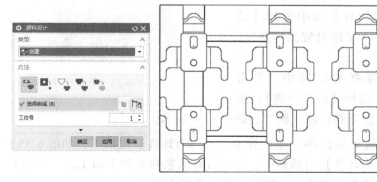

图 6-29 选择废料轮廓线

18）系统弹出【信息】对话框，单击【确定】按钮，接受系统产生的整个废料轮廓，如图 6-30 所示的着色区域。

19）分割废料。在【类型】下拉列表中选择【编辑】，单击【编辑】区域中的【拆分】图标 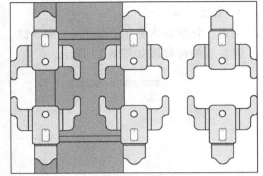，在图形窗口中，选择整个废料区域即着色区域，如图 6-30 所示区域；选择图 6-31 中分割线分割整个废料区。

20）单击【应用】按钮，整个废料区被分割成上下两块。

21）按照上面的步骤，使用其余的曲线继续依次分割废料区域，完成后单击【确定】按钮结束该命令。

图 6-30　系统产生的整个废料轮廓

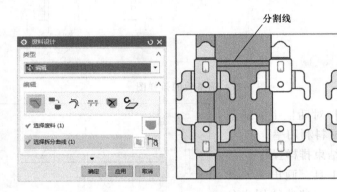

图 6-31　废料拆分

22）单击条料排样图标，系统弹出条料排样导航器，如图 6-32 所示；在条料排样导航器的面板中，在总的工步数中选择 7，右击【条料排样定义】，选择【创建】，系统建立板料的轮廓以及各工步。

23）在条料排样导航器中选择【过程】面板，为每一个工序设置工步顺序，如图 6-33 所示。

24）在条料排样导航器中，右击【条料排样定义】，选择【仿真冲裁】，系统自动进行实体金属条料的加工模拟，如图 6-34 所示。

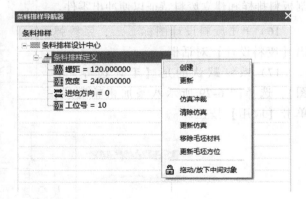

图 6-32　条料排样导航器

25）单击力的计算图标 $\blacksquare$，系统弹出【冲压力计算】对话框，如图 6-35 所示。

26）在【冲压力计算】对话框中，选择所有工艺列表框中的工艺，单击自动计算图标，可以分别计算每个工艺所需的力，也可以计算总的力。

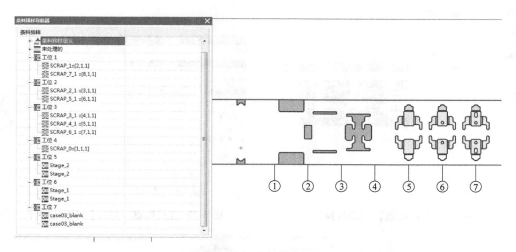

图 6-33　特征在条料中的布局

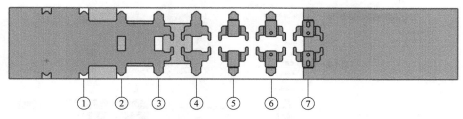

图 6-34　实体金属条料的加工模拟

27）单击【模架】图标，系统弹出【管理模架】对话框，如图 6-36 所示。在【目录】下拉列表中选择【DB_UNIVERSAL2】，【板数量】选择【9 PLATES】，【index】设置为【10040】，单击【应用】按钮。

28）单击【模具设计设置】图标，设置：

PUNCH PENETRATION = 2.5

DIE PUNCH CLEARANCE = 0.06

STRIP_LIFT_HEIGHT = 33

29）单击【确定】按钮，结束该命令。

30）单击【折弯镶块设计】图标，系统弹出【折弯镶块设计】对话框，单击【弯曲类型】中的【90°折弯】类型，如图 6-37 所示，选择对应的折弯圆角面。

31）单击【标准镶块】图标，系统弹出图 6-38 所示对话框，选择【Bend Down Punch】选项，单击【确定】按钮。

32）在图 6-37 所示对话框中选中【凹模】单选按钮，单击【标准镶块】图标，系统弹出如图 6-39 所示对话框，选择【BDDIA（Bend down die insert）】选项，单击【确定】按钮。

图 6-35　【冲压力计算】对话框

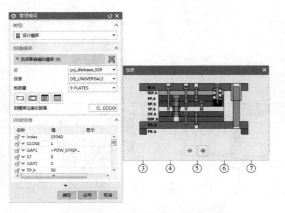

图 6-36 【管理模架】对话框操作

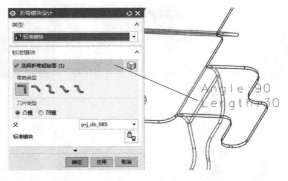

图 6-37 【折弯镶块设计】对话框操作

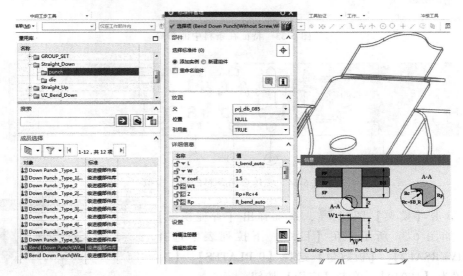

图 6-38 选择折弯冲头

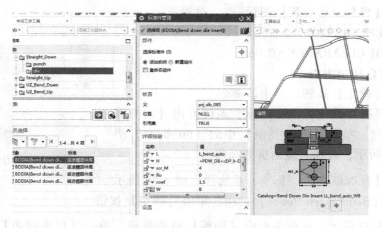

图 6-39 选择折弯凹模

33）选择【折弯镶块设计】，为该零件的另外一个折弯面添加折弯镶块，如图 6-40 所示。

34）单击【标准零件】图标，系统弹出【标准件管理】对话框。在【名称】下拉列表中选择【STRACK_MM】，在分类下拉列表中选择【Screw】，在螺钉列表中选择【SHCS（Manual）】，如图6-41所示。

35）设置螺钉直径为8，长度为80，单击【应用】按钮，系统提示选择一个面，这里选择模具顶面。

36）选定好面以后，系统将视图方向自动转为顶视图方向，同时弹出【点构造器】对话框，使用【弧/椭圆/球中心】捕捉方式，捕捉图6-42所示圆心点及与其对应的圆心点。添加完成后结束该命令。

37）单击【Pocket Design】图标，选择一个模板，该模板要求有标准件或镶块通过，这里选择模具顶

图6-40　生成的折弯镶块

板，使用此命令前，模具顶板如图6-43所示。单击【查找相交】图标，系统自动高亮显示所有与选择的模板相交的标准件和镶块，用户也可以自己选择，单击【确定】按钮，顶模板上便生成了标准件和镶块的通过孔，如图6-44所示。使用相同方法可以对其他模板进行相应的设计。

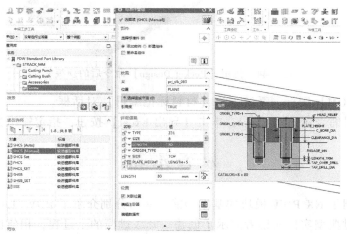

图6-41　选择标准件螺钉

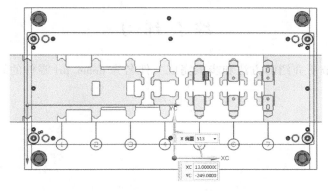

图6-42　选择添加螺钉的位置

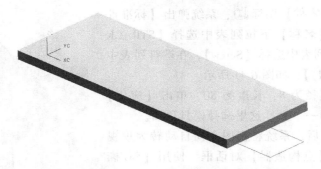

图 6-43　使用【Pocket Design】命令前的顶板

图 6-44　使用【Pocket Design】命令后的顶板

38）单击【BOM】图标，系统弹出【材料标记编辑】对话框。

39）将材料明细表输出到 Excel，单击【导出 Excel】按钮，指定输出文件名和路径。

本 章 小 结

本章首先介绍了 NX PDW 模块的基本功能，然后分别介绍了 PDW 工具条中各命令的使用方法，最后通过典型实例向读者演示了创建一套级进模的全过程，相信读者只要按照书中的步骤和方法操作，并多做几套级进模，就能够掌握 NX PDW 的使用了。

综 合 练 习

按照本章第三节所介绍的方法和步骤完成文件名为 demo. prt 零件的级进模设计。

第七章

铸造模具NX设计

NX 三维图形软件提供了强大的三维特征造型功能，为复杂的铸件及其铸造工艺过程设计提供了更多更灵活的设计手段。铸件的特征包括起模斜度、分型面、铸造圆角、加强筋等。本章将简单介绍采用 NX 软件进行铸件和铸模设计的建模过程。

第一节 铸 件 设 计

铸件设计就是根据铸造生产的要求对零件进行一些适当的修改，以便保证铸件品质、简化铸造工艺过程和降低成本。铸件是在零件的基础上添加机械加工余量，不铸出孔和槽，以及添加起模斜度、圆角、铸造收缩率等形成的。零件的结构一般是不能修改的，在铸造工艺上必须采取各种措施实现用户对零件提出的各项技术要求。只有当铸件质量得不到保证，或在不影响使用性能的条件下又可简化生产工艺，并已征得用户同意，才能更改铸件结构。

铸件的机械加工余量可以在铸件的机械加工表面添加，可以采用拉伸面特征方法或偏置表面的方法。不铸出孔和槽可以通过删除孔、槽等特征形成或采用拉伸特征方法。起模斜度可以采用锥度命令。圆角则可以通过 NX 相关的特征操作来完成。

图 7-1　箱盖零件三维图

实例：箱盖铸件设计。如图 7-1 所示的箱盖零件（工程图见本章练习），在此基础上完成铸件设计。

按照以下建模的基本步骤进行铸件设计：

1）删除孔特征以添加不铸出孔。该箱盖零件上的几个安装小孔的孔直径太小无法直接铸造，应将孔填实。

2）拉伸特征添加机械加工余量。该箱盖零件表面的四个凸台部分的上表面需要进行机械加工，因此应该添加余量（本例设定为 2mm）。

3）起模斜度设计。箱盖侧边的所有面和孔的表面都应设计起模斜度（本例分别设定：外斜度 1°，内斜度 2°）。

4）添加圆角。最后在箱盖铸件的所有尖角处分别添加内外圆角（本例分别设定：主要圆角半径设为 5mm）。

设计好的箱盖铸件三维图如图 7-2 所示，其具体尺寸见铸件的二维图，如图 7-3 所示。

上述建模步骤只是大概的顺序，具体建模步骤应根据 NX 特征建模的实际效果和要求进行调整。

图 7-2　箱盖铸件三维图

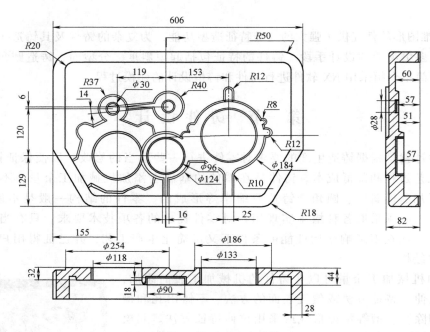

图 7-3　箱盖铸件的二维图

第二节　浇冒系统设计

一、浇注系统设计

浇注系统是铸型中液态金属流入型腔的通道，通常由浇口杯、直浇道、横浇道、内浇道等单元组成。浇注系统的设计是获得高质量合格铸件的关键之一，正确地设计浇注系统使液态金属平稳而又合理地充满型腔，对保证铸件质量起着很重要的作用。在 NX 中可以方便地进行铸件浇注系统的设计，在完成铸件设计的基础上，通过运用 NX 相关的特征建模功能来实现。

以上述设计好的箱盖铸件为例，来具体讲解浇注系统的设计。

浇注系统的设计分为以下几个步骤：

1. 浇注系统的形式

浇注系统的形式多样，根据箱盖铸件尺寸较大、形状结构较简单等特点，为保证金属液的平稳充型，选择底注扩张式浇注系统。

2. 浇注系统的计算

浇注系统的最小截面面积主要影响金属液在浇注系统及型腔中的运动速度和形态，因而影响铸件的质量。浇注系统的计算主要就是计算最小截面面积，其计算方法很多，都是根据水力学原理推导得出的。

（1）铸件质量　首先设置所要计算实体的密度，铸件材质为ZL104，其密度为2.7g/cm^3。选择菜单【编辑】→【特征】→【实体密度】，弹出【指派实体密度】对话框，如图7-4所示，将【实体密度】文本框中的数值修改为2.7。

然后进行质量分析，选择菜单【分析】→【测量体】，弹出【质量分析】对话框，选择铸件实体，单击【确定】按钮，将出现图7-5所示的分析结果。由图可见，计算机分析得到该箱盖铸件的体积为6070.206cm^3，单击下拉箭头可得铸件质量为16389.557g。

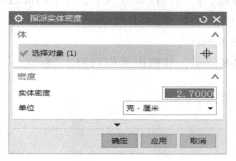
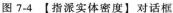

图7-4　【指派实体密度】对话框

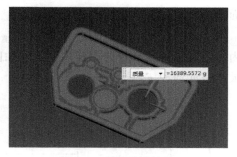

图7-5　质量分析结果

（2）直浇道最小截面面积的确定　用反推法确定浇注系统截面尺寸。所谓反推法，就是根据铸件的具体生产工艺，首先确定直浇道的数量及其截面面积的大小，然后根据直浇道的总面积和已选定的浇道比，再确定其他单元的尺寸和结构。其具体步骤如下：

- 根据铸件的结构特点，选择浇注系统的类型和结构形式。
- 根据合金种类、铸件结构特点和生产工艺等具体情况，凭经验确定内浇道的数量和总截面面积。
- 根据与内浇道连接的铸件壁厚，选择内浇道的厚度、宽度和长度。
- 根据铸件特点选择浇道比，确定横浇道和直浇道等各单元的尺寸。

直浇道最小截面面积 $F_{\min}$ 的计算公式为

$$F_{\min} = \frac{(3 \sim 4.2)m}{\rho H b v_{直}} = K \frac{m}{bH} \tag{7-1}$$

式中　m——铸件质量（g）；

　　　b——铸件壁厚（cm）；

　　　H——铸件高度（cm）；

　　　ρ——液体金属的密度（g/cm^3）；

　　　$v_{直}$——开始浇注阶段直浇道中金属液的流速（cm/s）。

阻力增大后，直浇道中的流速就减小，为保持一定的流量就要增大直浇道最小截面面积。根据控制直浇道中流动速度的原则，确定出 K 值：对于铝合金，$K = 0.008 \sim 0.0108$。根据铸件的大小，此处取 $K = 0.009$。通过铸件的三维 NX 图可以查询到：$b = 4.13$cm，$H = 7.76$cm。则代入式（7-1）可得到

$$F_{\min} = 4.56 \text{cm}^2$$

直浇道截面选择为圆,从而可以得到直浇道的最小半径

$$r = \sqrt{F_{\min}/\pi} = \sqrt{4.56/3.14} \text{cm} = 1.21 \text{cm}$$

直浇道选择为斜圆锥形,具体尺寸和形状如图 7-6 所示。

(3)横浇道尺寸的确定 此系统为扩张式的,其浇注系统组元面积之比为 $F_{直} : F_{横} : F_{内} = 1 : 2 : 3$,可得

$$F_{横} = 2F_{直} = 9.12 \text{cm}^2$$

横浇道截面形状选择为倒梯形,尺寸如图 7-7 所示,其截面面积约为 6.37cm^2,共设置两条横浇道,其截面面积总和为 12.74cm^2,大于所需的最小截面面积 $F_{横}$。

(4)内浇道尺寸的确定 根据铸件的结构特点,内浇口设置为四个,每个内浇道的最小截面面积为

$$F_{内} = 3F_{直}/4 = 3.42 \text{cm}^2$$

内浇道截面形状选择为倒梯形,尺寸如图 7-8 所示,其截面面积约为 5.28cm^2,大于所需的最小截面面积 $F_{内}$。

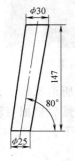

图 7-6 直浇道示意图

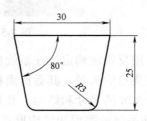

图 7-7 横浇道截面示意图

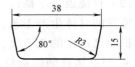

图 7-8 内浇道截面示意图

最后完成的箱盖铸件的浇注系统设计如图 7-9 所示。

二、冒口设计

根据铸件热节处的形状,冒口选择为顶部环形的明冒口。计算冒口大小的方法很多。铝合金金属型铸造时可用简单的热节圆法,就是根据铸件热节圆直径来确定冒口的尺寸(见图 7-10)。一般情况下可参考下列公式:

$$D = (1.2 \sim 1.5)d \qquad (7\text{-}2)$$

式中 D——冒口跟部直径(mm);

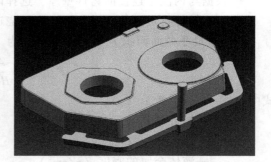

图 7-9 箱盖铸件的浇注系统设计

d——冒口热节圆直径(mm)。

冒口的高度

$$H = (0.8 \sim 1.5)D \qquad (7\text{-}3)$$

通过对铸件的分析,可以知道热节位于铸件两个大孔的部位,由计算机在铸件三维图中

测得这两个热节圆的直径分别约为 21mm 和 30mm，根据式（9-2）和式（9-3）可得到两个冒口尺寸为

$D_1 = 1.2 \times 22mm = 26.4mm$　　$D_2 = 1.2 \times 29mm = 34.8mm$

$H_1 = 1.5 \times 26.4mm = 39.6mm$　$H_2 = 1.5 \times 34.8mm = 52.2mm$

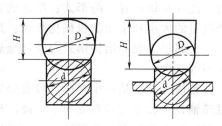

图 7-10　根据铸件的热节确定冒口尺寸

　　铝合金的明冒口高度一般不应小于 60mm，过低补缩效果不好，因此，这里取冒口的高度为 70mm。由于模具是上下开型，冒口设计为正锥度，两个冒口的截面形状分别如图 7-11 和图 7-12 所示，冒口内孔的尺寸由后面设计的型芯确定。

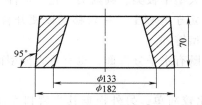

图 7-11　冒口 1 的截面形状

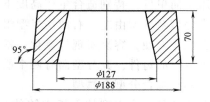

图 7-12　冒口 2 的截面形状

　　冒口的建模比较简单，利用拉伸特征操作建立一个锥度为 5°的圆柱体，然后与后面设计的型芯进行布尔差运算即可。最后完成的箱盖铸件的冒口设计如图 7-13 所示。

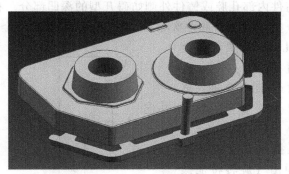

图 7-13　箱盖铸件的冒口设计

第三节　金属型设计

　　金属型是金属型铸造的基本工艺装备。它在很大程度上影响铸件质量、效率，应重视金属型的设计。金属型的设计主要包括结构设计、浇冒口系统设计、型芯设计、型腔设计、铸型的定位及锁紧装置、排气装置设计等，对于复杂的金属型还要设计取件装置、加热及冷却装置。本节以前面设计好的箱盖铸件为例，来具体讲解金属型的设计过程。

一、结构设计

　　金属型结构的设计主要考虑的因素：铸件的结构形状、大小和壁厚；分型面的方位和数

量，浇注系统和冒口的形式；型芯的种类和数量；铸造合金的种类；铸型中铸件的数量；生产批量的大小和采用的机械化程度；最后还应考虑工厂具体的生产技术条件。

金属型常见的结构形式有整体金属型、水平分型金属型、垂直分型金属型和综合分型金属型等几种。

整体金属型是一个整体，没有分型面，结构简单。其上面可以是敞开的或覆以砂芯，通过转轴将金属型安置在支架上。浇注后翻转金属型铸件即自由落下，再把金属型翻转至工作位置，准备进行下一个循环。它一般用于具有较大锥度、外形简单的铸件。

水平分型金属型由上、下两部分型体组成，一般是下半型固定，开合金属型是上半型上下移动。对较大的金属型，常需专用的液压或气动装置顶开上型和顶出铸件。上、下半型之间用两个定位销或"阻口"定位。此类金属型上型的开合操作不方便，且铸件高度受到限制，多用于简单件，特别适合生产高度不大的中型或大型平板类、圆盘类、轮类铸件。

垂直分型金属型由左、右两块半型组成，一块固定于底板上，一块移动以便开合铸型。铸型开合操作方便，容易实现机械化，常用于生产小型铸件。

对于复杂的铸件，其分型面有两个或两个以上，既有水平分型面，也有垂直分型面，这种金属型称为综合分型金属型。

箱盖铸件是一个中型的平板类铸件，结构相对比较简单，另外根据其浇冒口系统的设计，可以知道箱盖铸件的铸型适合于采用水平分型结构。

二、型芯设计

型芯是用来形成铸件内部孔腔或铸件外侧妨碍开型的深凹部分。在金属型铸造中，使用两类型芯：永久型芯（金属型芯）和一次型芯（砂芯、壳芯及一次金属型芯）。

箱盖铸件有两个孔腔，需要设计金属型芯，型芯的建模过程如下：

1）绘制草图。运行草图命令进入草图模式，绘制出如图7-14a、b所示形状和尺寸的草图。

2）运用旋转特征操作建立型芯实体。执行旋转命令，弹出【旋转特征操作】对话框，选择成链曲线模式进行截面线串的选取，先选取草图中一个线串进行360°旋转，即可获得型芯实体。重复操作可获得另一型芯实体。结果如图7-14c所示。

三、型腔设计

金属型经常处在高温下，材料强度易降低且在拔芯、开型、顶出铸件时受力很大，为了防止挠曲变形，金属型要有足够大的结构强度和刚度。为此，除

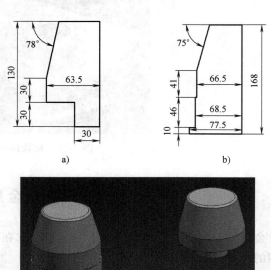

图7-14　箱盖铸件的型芯建模过程
a）型芯一草图　b）型芯二草图　c）型芯的三维建模

了型体背面四周有凸缘和中间有加强筋外，型壁也应有必要的厚度。因此，自型腔边到金属型的外缘最小应为30mm，型体的高度应保证能抵抗挠曲所必要的结构强度和刚度。

型腔设计是以铸件、型芯和浇冒口系统为依据的，通过将这些组元与模块的布尔差运算形成型腔。结合箱盖铸件的实际情况，其型腔边到金属型的外缘设置为35mm，型体高度约为228mm，型体的长为721mm，宽为531mm。在NX中建立箱盖铸件的金属型铸造模具型腔的方法和步骤如下：

1. 生成三维模样图

将前面建立的铸件、浇冒口系统和型芯的三维图进行求和特征操作，即可生成用于型腔设计的三维模样图，如图7-15所示。

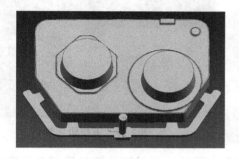

图7-15 箱盖铸件的三维模样图

2. 生成型腔的上模块

采用NX的长方体特征操作建立模块的主模型，然后与壳体零件模型进行布尔运算生成上模块型腔。具体操作如下：

1）运用长方体特征操作建立上模块坯料。选用【原点，边长】方式。设长方体模块的长、宽、高尺寸分别为718mm、531mm、148mm，由于冒口采用的是明冒口，设置模块上表面与冒口的上表面平齐。注意，该坐标原点在直浇道的底面圆心处，因此，长方体左下角点的坐标应该为359，51，0。【长方体】对话框中的布尔运算选择【创建】。长方体生成后，模型文件中有两个实体：铸件模样模型和上模块坯料，如图7-16所示。

2）布尔运算生成型腔的上模块。对铸件模样模型和上模块坯料执行求差特征操作，目标体选上模块坯料，工具体选铸件模样，运算结束后的上型腔如图7-17所示。这时其中部

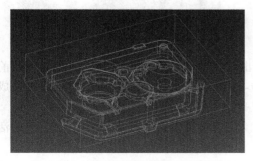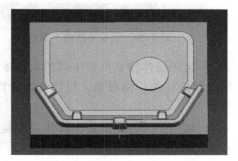

图7-16 上模块坯料与铸件模样模型　　　　图7-17 布尔求差后的上模块

包含的型芯部分，可以用于下模块的建模。

3）隐藏模块中的型芯和模样部分，获得的上型腔如图 7-18 所示。

3. 生成型腔的下模块

1）运用长方体特征操作建立下模块坯料。选用【原点，边长】方式。设长方体模块的长、宽、高尺寸分别为 718mm、531mm、80mm，长方体左下角点可直接选择上模块的左下角。【长方体】对话框中的布尔运算选择【创建】。生成后的效果如图 7-19 所示。

图 7-18　箱盖铸件的上型腔

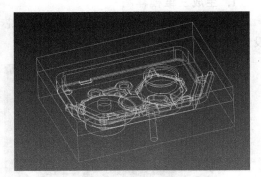

图 7-19　下模块坯料

2）布尔运算生成型腔的下模块。先隐藏型腔上模块，再对铸件模样模型和下模块坯料执行求差特征操作，目标体选下模块坯料，工具体选铸件模样。最后执行求和特征操作，目标体和工具体分别选下模块坯料和型芯部分，运算结束后的下型腔如图 7-20 所示。

由于直浇道是一个倒锥度的圆柱体，因此上型无法顺利开模，需要在直浇道位置设置一个活块。该活块设计的具体操作步骤如下：

1）绘制草图。选择草图命令进入草图绘制模式，以工作坐标系 YC-ZC 作为工作平面，绘制草图如图 7-21 所示。

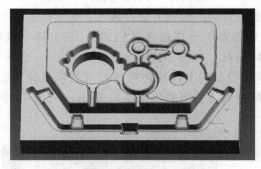

图 7-20　箱盖铸件的下型腔

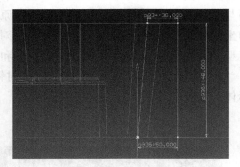

图 7-21　活块设计的草图

2）运用拉伸特征操作生成活块实体。先退出草图模式，选择拉伸命令，然后选取前面绘制的草图作为拉伸对象，拉伸参数设置如图 7-22 所示，单击【确定】按钮后即可生成活块实体。

3）运用拔模特征操作生成活块的起模斜度。拔模参数设置如图 7-23 所示，生成的活块实体如图 7-24 所示。

4）运用布尔运算完成活块的设计。执行求差特征操作，目标体选型腔上模块，工具体选活块实体，并选择保留工具体项，如图7-25所示，运算结束后获得的结果如图7-26所示。接着再执行求差特征操作，目标体和工具体分别选活块实体和浇注系统的直浇道，运算结束后的型腔上模块如图7-27所示。

图7-22　拉伸参数设置

图7-23　拔模参数设置

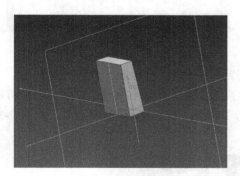

图7-24　拉伸和拔模后的活块实体

图7-25　【求差】对话框

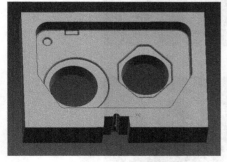

图7-26　布尔差运算后的型腔上模块

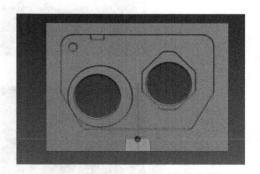

图7-27　型腔上模块和活块装配图

金属型的壁厚影响金属型的重量、强度及铸件的冷却速度。型壁太薄，由于温度不均匀而产生应力会使金属型变形等，缩短金属型的使用寿命；型壁太厚，会增加金属型重量、强度及铸件冷却速度。因此为了减轻金属型的重量，使其壁厚更均匀，该金属型的上型不需根据铸件和浇冒口系统的形状进行减薄。

四、排气系统设计

金属型本身不透气，因此设计金属型时必须注意型腔内气体的排除问题。箱盖铸件尺寸较大，并且上表面的面积较大，因此需要在金属型的上型腔模块上设计排气塞。其具体设计步骤如下：

1）运用孔特征操作生成安装排气塞的孔。选用简单孔方式，其中五个排气孔的直径为25mm，另外还有一个直径为15mm，排气孔的布置如图7-28所示，操作结束后形成的型腔上模块如图7-29所示。

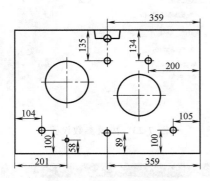

图7-28 排气孔的布置

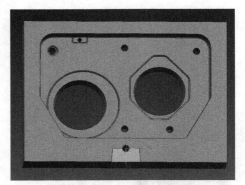

图7-29 设计好排气孔的上模块

2）设计排气塞。排气塞的设计经过一系列的特征操作才可以实现，具体操作如下：

① 运用圆柱特征操作生成一个直径为25mm、高为20mm的圆柱实体，如图7-30a所示。

② 运用孔特征操作在圆柱实体上开一个直径为18mm、深为15mm的平底孔，如图7-30b所示。

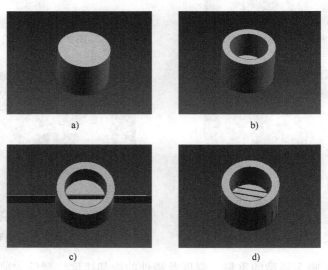

a)　　　　　　　　　　　b)

c)　　　　　　　　　　　d)

图7-30 排气塞的设计过程

③ 运用长方体特征操作，在圆柱的中心轴截面位置生成一个长80mm、宽0.4mm、高10mm的长方体薄片，如图7-30c所示。

④ 运用差特征操作，目标体选圆柱实体，工具体选长方体薄片，运算结束后就可产生排气塞的槽。然后执行阵列特征操作，选取矩形阵列方式，在其两边分别阵列三个，最后生成的排气塞如图 7-30d 所示。

重复以上的操作步骤，也可以生成直径为 15mm 的排气塞。

3）运用变换编辑操作复制排气塞。将设计好的排气塞复制到图 7-29 所开设的孔当中，如图 7-31 所示。

五、其他机构设计

该金属型的设计还需要进行铸件顶出机构、支撑机构和安装机构等，这些设计相对比较简单，只需经过一些基本特征操作即可实现，这里不再详述。最后设计好的箱盖铸件的金属型铸造模具如图 7-32 所示。

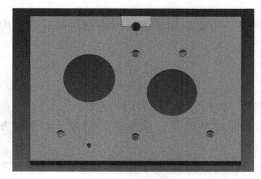

图 7-31　安装好排气塞的上模块

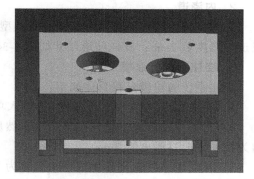

图 7-32　设计好的箱盖铸件的金属型铸造模具

第四节　压铸模设计

压铸模是进行压铸生产的重要工艺装备，生产过程能否顺利进行，铸件质量是否有保证，在很大程度上取决于模具结构的合理性和技术上的先进性。压铸模设计的优劣，直接影响压铸件的形状、尺寸、强度、表面质量等方面。

NX 三维图形软件提供了强大的三维特征造型功能，为压铸模的设计提供了更多更灵活的设计手段，有利于提高压铸模的设计质量，缩短设计周期。一方面可以按照前面讲述的金属型的设计过程进行压铸模的建模；另一方面由于压铸模与塑料模除了浇注系统不同外，其他结构基本相同，因此还可以利用 NX Mold Wizard 模块更方便地进行压铸模的设计。

一、浇注系统的设计

压力铸造的浇注系统主要由直浇道、内浇道和余料等部分组成。压铸机的类型及引入金属液的方法不同，浇注系统的结构也不同。本节以一个简单的壳体类压铸件为例来介绍利用 NX Mold Wizard 模块进行压铸模的设计。壳体压铸件如图 7-33 所示。根据壳体压铸件的特点，选择卧式冷式压铸机进行生产，采用侧浇道式浇注系统。

1. 直浇道

直浇道根据压铸机来确定，取直浇道直径 $D = 25\text{mm}$。

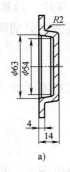 

a)   b)

图 7-33　壳体压铸件示意图

a）压铸件二维图　b）压铸件三维图

2．内浇道

壳体压铸件结构比较简单，是一类典型的压铸件，可以根据经验进行内浇道的设计。内浇道的厚度取 2mm；其他外形尺寸如图 7-34 所示。

3．浇注系统的建模

浇注系统的建模过程具体如下：

1）单击菜单【插入】→【草图】，进入草图模式，绘制图 7-34 所示的草图。

2）退出草图模式。选择拉伸命令，然后选取前面绘制的草图作为拉伸对象，Z 坐标方向为拉伸方向，厚度为 2mm。

3）运用圆柱特征操作生成一个直径为 25mm 的圆柱，圆柱的圆心与内浇道下方的小半圆圆心重合。设计好的内浇道和直浇道如图 7-35 所示。

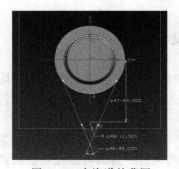

图 7-34　内浇道的草图

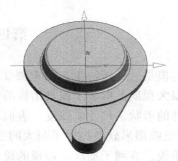

图 7-35　设计好的内浇道和直浇道

二、溢流槽的设计

根据经验，选取溢流口宽度为 10mm，溢流槽半径为 6mm，溢流口长度为 3mm，溢流口厚度为 0.6mm。溢流槽的具体建模过程如下：

1）单击菜单【插入】→【草图】，进入草图模式，绘制图 7-36 所示的草图。

2）退出草图模式。选择拉伸命令，然后选取前面绘制的草图作为拉伸对象，Z 坐标方向为拉伸方向，厚度为 6mm。

3）选择边倒圆特征操作，然后选取前面拉伸实体特征的上表面的边缘进行倒圆角，圆角半径设为 6mm。

4）单击菜单【插入】→【草图】，进入草图模式，绘制一个矩形。

5）退出草图模式。选择拉伸命令，然后选取前面绘制的草图作为拉伸对象，Z 坐标方向为拉伸方向，厚度为 0.6mm。

6）最后执行求和特征操作，目标体和工具体分别选压铸件和溢流槽、溢流口部分。设计好的溢流槽如图 7-37 所示。

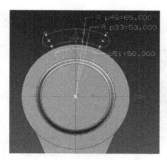

图 7-36 溢流槽的草图

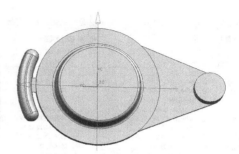

图 7-37 设计好的溢流槽

三、模具设计

下面以实例的形式，简单介绍利用 NX Mold Wizard 模块进行压铸模设计的过程。

1. 加载产品

注塑模向导设计过程的第一步就是加载产品和对设计项目进行初始化。在初始化的过程中，注塑模向导将自动产生一个模具装配结构，该装配结构由构成模具所必需的标准元素组成。

1）单击菜单【应用模块】→【注塑模】，弹出注塑模向导工具条，如图 7-38 所示。

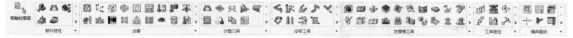

图 7-38 注塑模向导工具条

2）单击【文件】→【打开】，弹出【打开】对话框，如图 7-39 所示。选择前面完成的壳体铸件文件 zhujian. prt，单击【OK】按钮。

3）单击注塑模向导工具条上的 按钮，弹出【初始化项目】对话框，如图 7-40 所示。在弹出的【初始化项目】对话框中，改变项目路径，创建 die mold 文件夹。单击【编辑材料数据库】图标，进入 Excel 进行材料数据库的编辑。

4）单击【初始化项目】对话框中的【确定】按钮，加载铸件实体到 NX 中。

5）加载产品后，系统自动弹出部件名管理，单击【确定】按钮，产生模具的装配结构，在装配导航器中单击模具装配结构的+号，展开其子装配树，在装配导航器中显示完整的模具装配结构，如图 7-41 所示。

2. 定义模具坐标系

定义模具坐标系在模具设计中非常重要。定义模具坐标系的方法是先把 NX 的工作坐标系（WCS）定义到规定位置，然后使用 Mold Wizard 的模具坐标系（Mold CSYS）功能来定义。

1）单击注塑模向导工具条上的 ⬚ 按钮，弹出【模具 CSYS】对话框，如图 7-42 所示。

2）选中对话框中的【产品实体中心】单选按钮和【锁定 Z 位置】复选框，单击【确定】按钮，设置模具坐标系与工作坐标系相匹配。

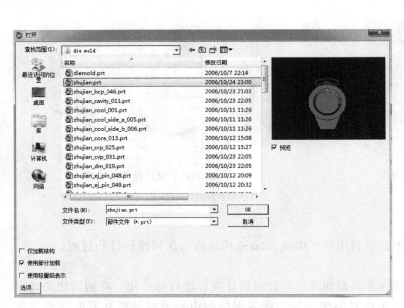

图 7-39 【打开】对话框

图 7-40 【初始化项目】对话框

图 7-41 模具装配结构

图 7-42 【模具 CSYS】对话框

3. 型腔与型芯

成型镶件（Work Piece）/模型嵌件（Mold Insert）就是模具中的型芯和型腔部分。Mold Wizard 中用一个比产品体积略大的材料块，将产品包容其中，通过分模功能使其成型，作为模具的型芯和型腔。

（1）设置成型镶件

1）单击注塑模向导工具条上的工件 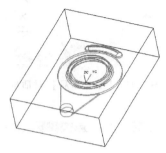 按钮，弹出【工件】对话框。

2）在【工件】对话框中，尺寸设置为默认值，如图 7-43 所示。

3）单击【确定】按钮，获得成型镶件，如图 7-44 所示。

图 7-43　【工件】对话框

图 7-44　成型镶件

（2）布局

1）单击注塑模向导工具条上的 按钮，弹出【型腔布局】对话框，在该对话框中设置各选项和参数，选择【自动对准中心】，如图 7-45 所示。

2）单击【关闭】按钮，退出【型腔布局】对话框。

（3）建立分型线

1）单击注塑模向导工具条上的 按钮，弹出【设计分型面】对话框，如图 7-46 所示。

2）单击【编辑分型线】选项区中的【遍历分型线】按钮，弹出【遍历分型线】对话框，如图 7-47 所示，取消勾选【按面的颜色遍历】复选框，在视图上选择实体的底面边线，选择图 7-48 所示的曲线，单击【接受】按钮，另一条线高亮显示，此时图 7-48 中高亮显示的下一条边不是需要的边，单击【循环候选项】按钮，显示下一路径，单击【接受】按钮，选择下一边。

3）按照上述步骤单击【接受】或【循环首选项】按钮来完成分型线的选择，边界封闭后，单击【确定】按钮。

（4）建立分型面　单击【注塑模向导】选项卡【分型刀具】面板上的【设计分型面】按钮，在弹出的【设计分型面】对话框中的【分型段】中选择【分段1】。在【创建分型面】中选择【有界平面】选项，单击【确定】按钮，得到分型面，如图 7-49 所示。

图 7-45 【型腔布局】对话框

图 7-46 【设计分型面】对话框

图 7-47 【遍历分型线】对话框

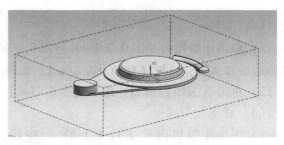

图 7-48 曲线的选择

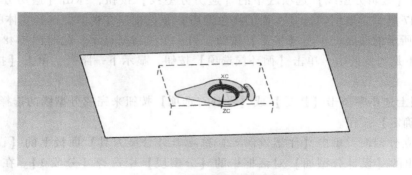

图 7-49 建立的分型面效果

（5）建立型芯和型腔

1）单击【注塑模向导】选项卡【分型刀具】面板上的【检查区域】按钮，弹出【检查区域】对话框，如图 7-50 所示，在【计算】选项卡的计算选项区中选中【保持现有的】单选按钮，单击【计算】图标。

2）如图 7-51 所示，在【区域】选项卡中选择未定义区域为型腔区域，单击【确定】按钮。

图 7-50 【检查区域】对话框【计算】选项卡

图 7-51 【检查区域】对话框【区域】选项卡

3）单击【注塑模向导】选项卡【分型刀具】面板上的【定义区域】按钮，系统弹出【定义区域】对话框，如图 7-52 所示，选择【所有面】选项，勾选【创建区域】复选框，单击【确定】按钮。

4）单击【注塑模向导】选项卡【分型刀具】面板上的【定义型腔和型芯】按钮，弹出【定义型腔和型芯】对话框，如图 7-53 所示，将【缝合公差】设置为 0.1，选择【型腔区域】选项，单击【确定】按钮。

5）切换窗口即可看到型腔，如图 7-54 所示。

图 7-52 【定义区域】对话框

图 7-53 【定义型腔和型芯】对话框

4. 模架与标准件

Mold Wizard 包含有电子表格驱动的模架库，这些库中的模架和标准件可加入模具的装配中，还可以依用户需要扩展这些库，进行用户化。

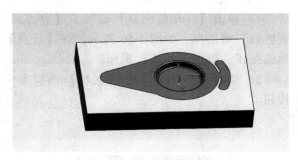

图 7-54　型腔

（1）模架

1）单击注塑模向导工具条上的 ▤ 按钮，弹出【模架库】对话框，选择【DME】模架，【类型】选择 2A，将【BP_h】值改为 26，将【AP_h】值改为 56，如图 7-55 所示。

2）单击【确定】按钮，即可获得加入模架的模具装配图，如图 7-56 所示。

图 7-55　模架的选择

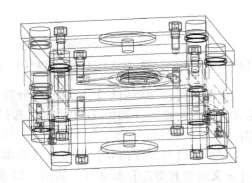

图 7-56　加入模架的模具装配图

（2）推杆

1）单击注塑模向导工具条上的 按钮，弹出【标准件管理】对话框，选择【DME_MM】，在标准件列表中选择【Ejector Pin（Straight）】，【CATALOG_DIA】值改为 4，如图 7-57 所示。

2）单击【确定】按钮，弹出【点构造器】对话框，在点（43.6，17.605，0）、（-43.6，17.605，0）、（0，26.0，0）和（0，61.2，0）处放置推杆。

3）单击【取消】按钮，退出【点构造器】对话框，加入推杆的模具装配图如图 7-58 所示。

4）单击注塑模向导工具条上的 按钮，弹出【顶杆后处理】对话框，选择片体调整方式，使用分型面剪切，如图 7-59 所示。

5）选择模具装配图中加入的四根推杆，单击【确定】按钮，将模架隐藏后可以看到效果，如图 7-60 所示。

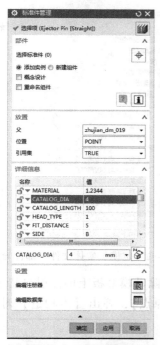

图 7-57　推杆的设置

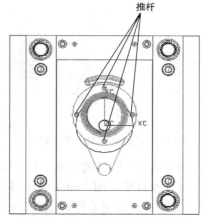

图 7-58　加入推杆的模具装配图

图 7-59　【顶杆后处理】对话框

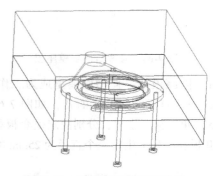

图 7-60　顶杆后处理后的效果

5. 模具的修改

压铸模和注塑模的主要结构是相同的，但是还是存在许多不同之处，最大的不同在于它们的浇注系统不同，因此最后模具的修改主要是对浇注系统进行修改，具体操作步骤如下：

1）单击菜单【文件】→【打开】，选择模具中的"zhujian_tcp_039. prt"文件，载入定模座板的三维实体造型，如图 7-61 所示。在图 7-62 所示的部件导航器中选择最下面的特征【圆柱（8）】进行删除，删除定模座板上的注射口特征，如图 7-63 所示。

图 7-62 定模板实体文件的部件导航器

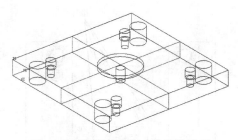

图 7-61 定模座板的三维实体造型

2）按步骤1）同样的方法，打开动模套板文件，删除动模套板上的注射口特征。

3）打开模具装配图，单击菜单【工作坐标系】→【原点】，弹出【点构造】对话框，选择压铸件上的直浇道圆心作为原点，如图 7-64 所示。

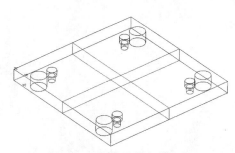

图 7-63 修改后的定模座板

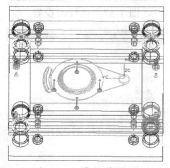

图 7-64 模具装配图

4）隐藏模架，使型腔模型成为工作部件，运用圆柱特征操作，在型腔模型上的原点位置生成一个直径为 25mm 的孔，如图 7-65 所示。

5）重新显示模架，分别使定模套板和座板成为工作部件，按步骤4）同样的方法，分别在定模套板和座板上生成一个直径为 25mm 的孔，这样就生成了压铸模的直浇道，如图 7-66 所示。

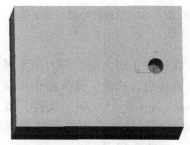

图 7-65 打孔后的型腔模型

图 7-66 修改后的模具装配图

本 章 小 结

　　本章介绍了采用 NX 软件进行铸件和铸造模具的设计方法。NX 软件具有强大的三维建模功能，可以方便地实现铸件和铸造模具的三维设计，从而缩短设计周期，提高效率。

综 合 练 习

　　利用 NX 软件的三维建模功能进行后封严圈零件的铸件和金属型铸造模具的设计，零件的二维图如图 7-67 所示。

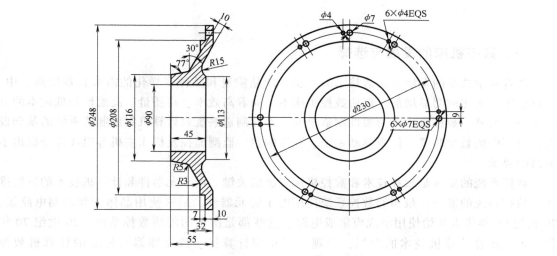

图 7-67　后封严圈零件的二维图

第八章

模具NX加工

第一节　数控加工基础

一、数控机床的发展与选择

随着科学技术的发展和制造技术的进步，产品质量和品种多样化的需求日益增高，中、小批量生产的比例明显增加，促使数控机床不断向着高效率、高质量、高柔性和低成本的方向发展。另外，数控机床作为柔性制造单元、柔性制造系统及计算机集成制造系统的基础设备，对其中的数控装置、伺服驱动系统、程序编制、监测监控及机床主机等组成部分提出了更高的要求。

数控系统的发展是数控技术和数控机床发展的关键。电子元器件和计算机技术的发展推动了数控系统的发展。最初的数控系统使用电子管元器件，后来使用晶体管和印制电路板，20世纪60年代末开始使用小规模集成电路，这些都是所谓的硬线数控系统。20世纪70年代以来，随着计算机技术的发展，出现了以小型计算机、微处理器为核心的计算机数控（CNC）系统。至今，CNC仍被广泛使用并占据绝对优势。

不同类型的零件应在不同的数控机床上加工。数控车床适于加工形状比较复杂的轴类零件和由复杂曲线回转形成的模具内型腔。数控立式镗铣床和立式加工中心适于加工箱体、箱盖、平面凸轮、样板、形状复杂的平面或立体零件，以及模具的内、外型腔等。卧式镗铣床和卧式加工中心适于加工复杂的箱体类零件、泵体、阀体、壳体等。多坐标联动的卧式加工中心还可以用于加工各种复杂的曲线、曲面、叶轮、模具等。不同类型的零件要选用相应的数控机床加工，以发挥数控机床的效率和特点。

二、机床坐标的基本概念

1. 机床坐标系的确定

（1）机床相对运动的规定　在机床上，人们始终认为工件静止，而刀具是运动的。这样编程人员在不考虑机床上工件与刀具具体运动的情况下，就可以依据零件图样，确定机床的加工过程。

（2）机床坐标系的规定　标准机床坐标系中 X、Y、Z 轴的相互关系用右手笛卡儿直角坐标系规定。在数控机床上，机床的动作是由数控装置来控制的，为了确定数控机床上的成形运动和辅助运动，必须先确定机床上运动的位移和运动的方向，这就需要通过坐标系来实现，这个坐标系称为机床坐标系。例如，铣床上有机床的纵向运动、横向运动以及竖直方向运动，如图 8-1 所示。在数控加工中就应该用机床坐标系来描述。

标准机床坐标系中 X、Y、Z 轴的相互关系用右手笛卡儿直角坐标系（图 8-2）决定：①伸出右手的大拇指、食指和中指，并互为 90°，则大拇指代表 X 轴，食指代表 Y 轴，中指代表 Z 轴；②大拇指的指向为 X 轴的正方向，食指的指向为 Y 轴的正方向，中指的指向为 Z 轴的正方向；③围绕 X、Y、Z 轴旋转的轴分别用 A、B、C 表示，根据右手螺旋定则，大拇指的指向为 X、Y、Z 轴中任意轴的正向，则其余四指的旋转方向即为旋转轴 A、B、C 的正向。

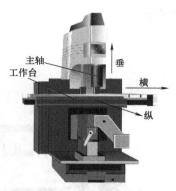

图 8-1　立式数控铣床

（3）运动方向的规定　增大刀具与工件距离的方向即为各坐标轴的正方向。图 8-3 所示为数控车床上两个运动的正方向。

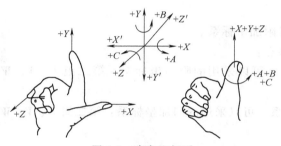

图 8-2　直角坐标系

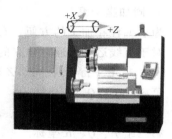

图 8-3　机床运动的方向

2. 坐标轴方向的确定

（1）Z 轴　Z 轴的运动方向是由传递切削动力的主轴所决定的，即平行于主轴轴线的坐标轴即为 Z 轴，Z 轴的正向为刀具离开工件的方向。

如果机床上有几个主轴，则选一个垂直于工件装夹平面的主轴方向为 Z 轴方向；如果主轴能够摆动，则选垂直于工件装夹平面的方向为 Z 轴方向；如果机床无主轴，则选垂直于工件装夹平面的方向为 Z 轴方向。如图 8-4 中所示数控车床的 Z 轴。

（2）X 轴　X 轴平行于工件的装夹平面，一般在水平面内。确定 X 轴的方向时，要考虑以下两种情况：

1）如果工件做旋转运动，则刀具离开工件的方向为 X 轴的正方向。

2）如果刀具做旋转运动，则分为两种情况：①Z 轴水平时，观察者沿刀具主轴向工件看时，$+X$ 运动方向指向右方；②Z 轴垂直时，观察者面对刀具主轴向立柱看时，$+X$ 运动方向指向右方。如图 8-5 中所示数控铣床的 X 轴。

3）Y 轴　在确定好 X、Z 轴的正方向后，可以用根据 X 轴和 Z 轴的方向，按照右手直角坐标系来确定 Y 轴的方向。如图 8-5 中所示数控立式铣床的 Y 轴。

例：根据图 8-5 所示数控立式铣床的结构，试确定其 X、Y、Z 轴。

1）Z 轴：平行于主轴，刀具离开工件的方向为正。

2）X 轴：由于 Z 轴垂直，且刀具旋转，因此面对刀具主轴向立柱方向看，向右为 X

轴正向。

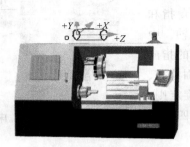

图 8-4　数控车床的坐标系

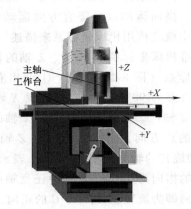

图 8-5　数控立式铣床的坐标系

3）Y 轴：在 Z、X 轴确定后，用右手直角坐标系来确定。

3. 附加坐标系

为了编程和加工的方便，有时还要设置附加坐标系。

对于直线运动，通常建立的附加坐标系有：

（1）指定平行于 X、Y、Z 轴的坐标系　可以采用的附加坐标系：第二组 U、V、W 坐标，第三组 P、Q、R 坐标。

（2）指定不平行于 X、Y、Z 轴的坐标系　可以采用的附加坐标系：第二组 U、V、W 坐标，第三组 P、Q、R 坐标。

4. 机床原点与机床参考点

机床原点是指在机床上设置的一个固定点，即机床坐标系的原点。机床参考点是用于对机床运动进行检测和控制的固定位置点。它们在机床装配、调试时就已确定下来，是数控机床进行加工运动的基准参考点。

（1）数控车床的机床原点与机床参考点　在数控车床上，机床原点一般取在卡盘端面与主轴中心线的交点处，如图 8-6 所示。同时，通过设置参数的方法，也可将机床原点设定在 X、Z 轴的正方向极限位置上。

（2）数控铣床的机床原点与机床参考点　在数控铣床上，机床原点一般取在 X、Y、Z 轴的正方向极限位置上，如图 8-7 所示。

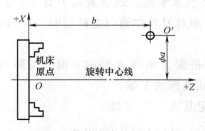

图 8-6　数控车床的机床原点

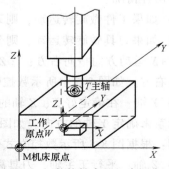

图 8-7　数控铣床的机床原点

机床参考点的位置是由机床制造厂家在每个进给轴上用限位开关精确调整好的，坐标值已输入数控系统中。因此参考点对机床原点的坐标是一个已知数。

通常在数控铣床上机床原点和机床参考点是重合的；而在数控车床上机床参考点是离机床原点最远的极限点。

数控机床开机时，必须先确定机床原点，而确定机床原点的运动就是刀架返回机床参考点的操作，这样通过确认机床参考点，就确定了机床原点。只有机床参考点被确认后，刀具（或工作台）移动才有基准。

5. 工件坐标系、程序原点和对刀点

工件坐标系是编程人员在编程时使用的，编程人员选择工件上的某一已知点为原点，也称程序原点。建立一个新的坐标系称为工件坐标系。工件坐标系一旦建立便一直有效，直到被新的工件坐标系所取代。

工件坐标系的原点选择要尽量满足编程简单、尺寸换算少、引起的加工误差小等要求。一般情况下，以坐标式尺寸标注的零件程序原点应选在尺寸标注的基准点，对称零件或以同心圆为主的零件，程序原点应选在对称中心线或圆心上，Z轴的程序原点通常选在工件的上表面。

确定对刀点的原则：方便数学处理和简化程序编制；在机床上容易找正；加工过程中便于检查；引起的加工误差小。对刀点可以设置在零件上、夹具上或机床上，但必须与零件的定位基准有一定的坐标尺寸关系，这样才能确定机床坐标系与工件坐标系之间的关系。当对刀精度要求较高时，对刀点应尽量选在零件的设计基准或工艺基准上。对于以孔定位的零件，选孔的中心作为对刀点。可以通过CNC将相对于程序原点的任意点的坐标转换为相对于机床原点的坐标，加工开始时要设置工件坐标系，用G92指令可建立工件坐标系，用G54～G59指令可选择工件坐标系。对刀时应使对刀点与刀位点重合。刀位点对立铣刀、面铣刀为刀头底面的中心，对球头铣刀为球头中心，对车刀、镗刀为刀尖，对钻头为钻尖。

换刀点应根据工序内容确定。为了防止换刀时刀具碰伤工件，换刀点应设在零件或夹具的外部。

三、加工工序的划分

数控加工工序的划分方法有以下三种。

1. 刀具集中分序法

刀具集中分序法是按所用刀具划分工序，用同一把刀加工完零件上所有可以完成的部位，再用第二把、第三把刀完成它们各自可以完成的其他部位。这样可以减少换刀次数，压缩空程时间，减少不必要的定位误差。

2. 粗、精加工分序法

对单个零件要先粗加工、半精加工，然后精加工。或者一批零件，先全部进行粗加工、半精加工，最后进行精加工。粗、精加工之间最好隔一段时间，以使粗加工后零件的变形得到充分恢复，再进行精加工，以提高零件的加工精度。

3. 按加工部位分序法

一般先加工平面、定位面，后加工孔；先加工简单的几何形状，再加工复杂的几何形状；先加工精度较低的部位，再加工精度较高的部位。

在数控机床上加工零件，加工工序的划分要视加工零件的具体情况具体分析，许多工序的安排综合使用了上述几种方法。

四、工件的装夹方式

工件的定位、夹紧要注意以下几个方面。

1）应尽量采用组合夹具；当工件批量较大、精度要求较高时，可以设计专用夹具。

2）零件定位、夹紧的部位应不妨碍各部位的加工、刀具的更换以及重要部位的测量，尤其应避免刀具与工件、刀具与夹具相撞的现象。

3）夹紧力应力求靠近主要支承点或在支承点所组成的三角形内；应力求靠近切削部位，并在刚性较好的地方；尽量不要在被加工孔径的上方，以减少零件变形。

4）零件的装夹、定位要考虑重复安装的一致性，以减少对刀时间，提高同一批零件加工的一致性；一般同一批零件采用同一定位基准、同一装夹方式。

五、选择走刀路线

在选择走刀路线时，下述情况应充分注意。

1. 铣削外圆与内圆

铣削外圆时要安排刀具从切向进入圆周铣削加工。当外圆加工完毕之后，不要在切点处退刀，要安排一段沿切线方向继续运动的距离，这样可以减少接刀处的接刀痕。当铣削内圆时也应该遵循从切向切入的方法，最好安排从圆弧过渡到圆弧的加工路线；切出时也应多安排一段过渡圆弧再退刀，以减少接刀处的接刀痕，从而提高孔的加工精度。

2. 铣削轮廓

在铣削轮廓时，要考虑尽量采用顺铣加工方式，这样可以提高零件的表面质量和加工精度，减少机床"颤振"。要选择合理的进、退刀位置，尽量避免沿零件轮廓法向切入和在进给中途停顿；进、退刀位置应选在不太重要的位置；当工件的边界开敞时，为了保证加工的表面质量，应从工件的边界外进刀和退刀。

3. 内槽加工

内槽是指以封闭曲线为边界的平底凹坑。加工内槽一律使用平底铣刀，刀具边缘部分的圆角半径应符合内槽的图样要求。内槽的切削分两步，第一步切削内腔，第二步切削轮廓。切削轮廓通常又分为粗加工和精加工两步。

六、刀具选择

数控机床，特别是加工中心，其主轴转速较普通机床的主轴转速高1~2倍，某些特殊用途的数控机床、加工中心的主轴转速高达每分钟数万转，因此数控机床用刀具的强度和寿命至关重要。目前涂镀刀具、立方氮化硼刀具等已广泛用于加工中心，陶瓷刀具与金刚石刀具也开始在加工中心上运用。一般来说，数控机床用刀具应具有较高的寿命和刚度，刀具材料抗脆性好，有良好的断屑性能和可调、易更换等特点。

在数控机床上进行铣削加工，选择刀具时要注意以下两点：

1）平面铣削应选用不重磨硬质合金面铣刀或立铣刀。一般采用两次走刀，第一次走刀最好用面铣刀粗铣，沿工件表面连续走刀；选好每次走刀宽度和铣刀直径，使接刀痕不影响精切走刀精度。因此加工余量大而又不均匀时，铣刀直径要选小些；精加工时铣刀直径要选大些，最好能包容加工面的整个宽度。

2）立铣刀和镶硬质合金刀片的面铣刀主要用于加工凸台、凹槽和箱口面。为了提高槽宽的加工精度，减少铣刀的种类，加工时可采用直径比槽宽小的铣刀，先铣槽的中间部分，然后铣槽的两边。铣削平面零件的周边轮廓，一般采用立铣刀。刀具的结构参数：刀具半径 R 应小于零件内轮廓的最小曲率半径 r，一般取 $R = (0.8 \sim 0.9)r$；零件的加工高度 $H \leqslant (1/6 \sim 1/4)R$，以保证刀具有足够的刚度。

七、切削用量的确定

数控编程人员必须确定每道工序的切削用量，包括主轴转速、进给速度、背吃刀量和侧吃刀量等。在确定切削用量时要根据机床说明书的规定和要求，以及刀具的寿命去选择和计算，也可以结合实践经验，采用类比法确定。

在选择切削用量时要保证刀具能加工完一个零件，或者能保证刀具寿命不低于一个班，最少也不能低于半个班的作业时间。背吃刀量主要受机床、工件和刀具的刚度限制，在刚度允许的情况下，尽可能使背吃刀量等于零件的加工余量，这样可以减少走刀次数，提高加工效率。

对于精度和表面粗糙度有较高要求的零件，应留有足够的加工余量。一般数控机床的精加工余量较普通机床的精加工余量小。

主轴转速 n（r/min）要根据允许的切削速度 v（m/min）来选择，可按下式计算。即

$$n = \frac{1000v}{\pi D} \tag{8-1}$$

式中　D——工件直径（mm）。

进给速度（mm/min）或进给量（mm/r）是切削用量的主要参数，一定要根据零件加工精度和表面粗糙度的要求，以及刀具和工件材料选取。此外，在轮廓加工中，当零件有突然的拐角时，刀具容易产生"超程"，应在接近拐角前适当降低进给速度，过拐角后再逐渐增速。

第二节　NX 加工模块简介

数控加工是利用记录在媒体上的数字信息对专用机床实施控制，从而使其自动完成规定加工任务的技术。数控加工需要有生产计划、工艺过程、数控编程作为辅助。

数控编程是计算机辅助制造（CAM）的关键，主要包括人工编程与计算机自动编程两种方式。NX 加工模块可以实现计算机自动编程。

一、NX 加工基础知识

数控加工可分为如下几个步骤：

（1）建立或打开零件图　NX 可以在自身的环境中建立三维零件图或平面图，或者通过与其他软件的接口，采用其他三维 CAD 软件，如 Pro/E 等软件中获得三维模型来作为加工用模型。

（2）分析与制订加工工艺　通过工艺分析，可以明确在数控加工中应该完成的工作任务。

（3）生成刀具轨迹　通过 NX 编程操作，最后生成刀具轨迹。

（4）进行后置处理　通过 NX 编程操作编出的程序是与特定机床无关的刀具位置源文件，要转换成特定机床能使用的数控程序，还要进行特定转换，这就是所谓的后置处理。

（5）获得工艺文件　在这个操作过程中，生成刀具轨迹是用 NX 的 CAM 功能来完成的，这个过程又需要经过如下几个过程。

①创建程序组；②创建刀具组；③创建几何组；④创建加工方法；⑤创建操作。

二、加工模块的基本操作

1. 打开加工模块

① 打开模型文件 E:\UG10.1\Work\sj01\pump_asm.prt。

② 单击【应用模块】标签。

③ 单击【加工环境】图标即可进入加工模块对话框，如图 8-8 所示。打开加工模块后，主菜单及工具栏会发生一些变化，将出现某些只在制造模块中才有的菜单选项或工具按钮，而另外一些在造型模块中的工具按钮不再显示。但在加工模块中也可以进行简单的建模，如构建直线、圆弧等。

2. 加工环境设置

依据零件的工艺分析，进行符合零件加工实际需要的设置，可以提高工作效率。

当一个零件首次进入加工模块时，系统会弹出【加工环境】对话框，要求先进行初始化，如图 8-9 所示。CAM 进程设置用于选择加工所使用的机床类别，CAM 设置是在制造方式中指定加工设定的默认值文件，也就是要选择一个加工模板集。选择模板文件将决定加工环境初始化后可以选用的操作类型，也决定在生成程序、刀具、方法、几何时可选择的节点类型。

图 8-8　选择【应用模块】→【加工】命令

图 8-9　【加工环境】对话框

3. NX 加工编程的步骤

在 NX 加工编程中，功能创建是一个主要部分，包括创建几何体、创建加工坐标系、创建工具、创建加工方法、创建程序组。培养良好的 NX 编程习惯非常重要，这样可以大大减少操作错误。由于 NX 编程需要设置许多参数，为了不漏设参数，应按一定的顺序步骤进行设置。图 8-10 所示为 NX 加工编程流程图。

1）先打开某一待加工零件，然后按<Ctrl+Alt+M>组合快捷键，弹出【加工环境】对话框，如图 8-9 所示。选择【mill_contour】方式，然后单击【确定】按钮，直接进入编程主界面。在编程主界面左侧单击【工序导航器】按钮 。

2）设置加工坐标和安全高度。双击工序导航器中 MCS_MILL 图标，设置加工坐标为工件坐标，设置安全距离，如图 8-11 所示。

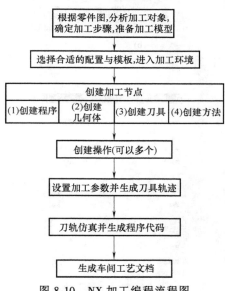

图 8-10　NX 加工编程流程图　　　　图 8-11　在【MCS 铣削】对话框中设置安全高度

3）设置部件。在工序导航器 MCS_MILL 中双击 WORKPIECE 图标，弹出【工件】对话框，如图 8-12a 所示。单击【指定部件】按钮 ，弹出【部件几何体】对话框，如图 8-12b 所示。单击【选择对象】栏，接着选择零件模型，然后单击【确定】按钮。

4）设置毛坯。在【工件】对话框中单击【指定毛坯】按钮 ，弹出【毛坯几何体】对话框，如图 8-13 所示。单击【选择对象】栏，接着选择毛坯模型，然后单击【确定】按钮两次退出。

5）设置粗加工、半精加工和精加工的公差。在工序导航器中的空白处右击，在弹出的快捷菜单中选择【加工方法视图】命令，双击 MILL_ROUGH 图标，弹出【铣削粗加工】对话框，如图 8-14 所示，设置粗加工公差参数；双击 MILL_SEMI_FINISH 图标，弹出【铣削半精加工】对话框，如图 8-15 所示，设置半精加工参数；双击 MILL_FINISH 图标，弹出【铣削精加工】对话框，如图 8-16 所示，设置精加工参数。

a)   b)

图 8-12   设置部件

图 8-13   设置毛坯

图 8-14   设置粗加工公差

图 8-15   设置半精加工公差

图 8-16   设置精加工公差

6）创建刀具。如果需要创建刀具 D30R5，则在【加工创建】工具条中单击【创建刀具】按钮 ，弹出【创建刀具】对话框，如图 8-17a 所示，在【名称】文本框中输入 D30R5，单击【确定】按钮，弹出【铣刀-5 参数】对话框，如图 8-17b 所示。在【直径】文本框中输入 30，在【下半径】文本框中输入 5，单击【确定】按钮。创建完一把刀具后，还需继续把加工工件要用的所有刀具都创建出来。

7）创建程序组。在工序导航器中的空白处右击，在弹出的快捷菜单中选择【程序顺序视图】命令。在【加工创建】工具条中单击【创建程序】按钮 ，弹出【创建程序】对话框，如图 8-18 所示。在【名称】文本框中输入程序名称，如 PROGRAM_1 等，然后单击【确定】按钮两次退出。

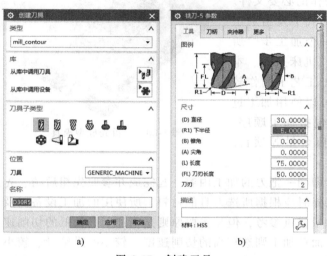

图 8-17 创建刀具

图 8-18 创建程序

8）创建操作。在【加工创建】工具条中单击【创建操作】按钮，弹出【创建操作】对话框，在【创建操作】对话框中设置类型、操作子类型、程序、刀具、几何体和加工方法。

9）设置参数。设置参数时应按照顺序从上往下进行，如图 8-19 所示，在【型腔铣】对话框中，首先应指定切削区域（选择加工面）和指定修剪边界，接着选择切削模式，设置步进的百分比、全局每刀深度，然后设置切削参数、进给率和速度等。

10）生成刀具轨迹。

11）检查刀具轨迹。这一步至关重要，检查刀路轨迹时若发现问题时需要立即修改，以保证刀具轨迹美观且效率高。

图 8-19 【型腔铣】对话框

第三节　模具 NX 加工案例

一、案例一：手机成型模具的数控加工编程

以某型号手机壳成型模具为例，如图 8-20 所示。从设计好的模具文件夹中复制出原始的零件文件，并改名为【cavity_cam.prt】，在 NX 中打开。

1. 加工工艺过程分析

在生产过程中，操作者要了解工艺过程，并明白自己的加工任务，加工工艺卡是加工操作的必要文件。加工工艺卡由技术部门制订，以文件形式下发给加工部门。加工工艺卡包括加工步骤、每一个加工步骤所用的工装夹具、定位方法、使用机床、机床刀具、本步骤加工图等诸多内容，由于零件加工工艺卡制作较麻烦，因此，一般不太复杂的加工也可以使用加工过程卡。加工过程卡则简单许多，主要包括加工顺序、加工内容、加工方式、机床、刀具、留余量等项目。因此，加工过程卡是不能少的。

图 8-20　手机壳成型模具

制订工艺的原则是尽可能少换刀，即同一把刀的加工内容一起完成并参照先粗后精、先平面后孔的原则，另外在切削用量的选择时应根据所选刀具的材料、所使用的加工设备以及工件材料来决定，这里所选择的切削用量仅供参考，但是主要原则是粗加工选较低的切削速度、较高的进给量、较大的背吃刀量，而精加工则选较高的切削速度、较小的进给量、较小的背吃刀量。通常，加工中使用的工件材料为中、低碳钢，而铣刀材料为硬质合金或高速钢，这两种刀具材料切削用量差别是很大的。以下设定中刀具材料为硬质合金，工件为中碳钢。

针对手机壳成型模具的型腔零件加工制订的加工步骤见表 8-1。

表 8-1　手机壳加工步骤

工序	刀具	留余量/mm	备注
粗铣型腔及平面	平铣刀 D12	0.5	
半精铣型腔及平面	平铣刀 D12	0.1	空间范围使用 3D
精铣两平面	平铣刀 D12	0	
半精铣型腔	平铣刀 D5	0.1	参考刀具铣刀 D12
精铣所有的曲面	球铣刀 D10R5		固定轮廓铣（边界驱动）
精铣型腔曲面	球铣刀 D5R2.5	0	固定轮廓铣（区域铣削）
清根	球铣刀 D2R1	0	
电火花加工清根	电极		该步骤省略

2. 进入 NX 加工模块

在 NX 操作视窗左上角位置单击 ![icon] 开始▾ →【应用模块】→【加工 ![icon]】，弹出【加工环

境】对话框，在【加工环境】对话框的【CAM 会话配置】列表框中选择【cam_general】选项，在【要创建的 CAM 设置】列表框中选择【mill planar】选项，单击【确定】按钮，进入 NX 加工模块。

3. 创建几何体

将原建模坐标移至工件中间并旋转坐标使得 Z 轴朝上，如图 8-21 所示。

单击导航器工具条中的【几何视图】小图标 ，使之高亮显示，然后单击左边竖直资源条中的【工序导航器】小图标 MCS_MILL，出现图 8-22 所示【工序导航器-几何】框。

图 8-21 旋转坐标

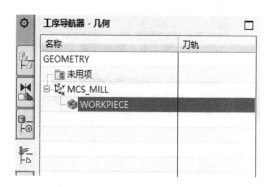

图 8-22 【工序导航器-几何】框

双击【工序导航器-几何】框中的 MCS_MILL 图标，弹出图 8-23 所示对话框，在安全设置选项中，选择【刨】，弹出图 8-24 所示对话框，在类型里选择【点和方向】，在指定点中，点选工件的上平面，在工件的安全距离文本框中输入 20，如图 8-25 所示，然后单击【确定】按钮，即完成了加工件的安全平面设置。

图 8-23 【MCS 铣削】对话框

图 8-24 类型选择

双击图 8-26 所示【工序导航器-几何】框中的 WORKPIECE 图标，弹出图 8-27 所示【工件】对话框，单击对话框中的指定部件图标，然后点选视窗工件图形，弹出图 8-28 所示的【部件几何体】对话框，单击【确定】按钮完成工件几何体的指定；单击指定毛坯图标，弹出【毛坯几何体】对话框，单击【选择对象】栏，接着选择毛坯模型，然后单击【确定】按钮两次退出。

图 8-25　安全距离设置

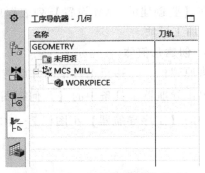

图 8-26　【工序导航器-几何】框

图 8-27　工件设置

图 8-28　部件几何体设置

4. 创建刀具

单击刀具工具条上的【创建刀具】小图标 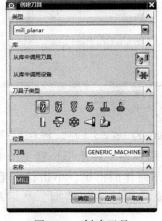，弹出【创建刀具】对话框，如图 8-29 所示设置选项，单击【应用】按钮，弹出【铣刀-5参数】对话框，粗加工工序使用 φ10mm 的刀具，如图 8-30 所示，然后单击【确定】按钮，完成直径 φ10mm 锐角面铣刀的创建。

图 8-29　创建刀具

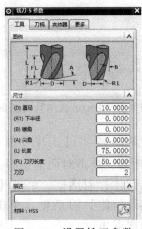

图 8-30　设置铣刀参数

返回【创建刀具】对话框，选项设置如图 8-31 所示，单击【应用】按钮，弹出【铣刀-5 参数】对话框，输入数据如图 8-32 所示，然后单击【应用】按钮，完成 D10R5 球铣刀的创建。再用同样的方法完成 D12、D5 锐角平铣刀和 D5R2.5、D2R1 球铣刀的创建，最后单击对话框中的【取消】按钮，退出创建刀具。

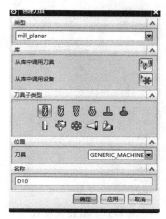

图 8-31　创建刀具

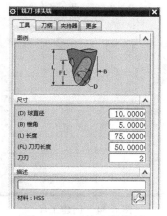

图 8-32　刀具参数设置

单击导航器工具条中的【机床视图】小图标 ，使之高亮显示，出现图 8-33 所示的【工序导航器-机床】框，框中显示了创建的刀具。

5. 创建工序

（1）粗铣型腔及平面　单击刀具工具条上的创建工序图标 ，弹出【创建工序】对话框，选项设置如图 8-34 所示，然后单击【应用】按钮，弹出【型腔铣】对话框，将对话框中【刀轨设置】中的【最大距离】改为 0.5，如图 8-35 所示，然后单击【切削参数】按钮 ，弹出图 8-36 所示【切削参数】对话框，设置完成后单击【确定】按钮。

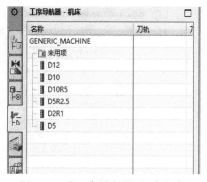

图 8-33　【工序导航器-机床】框

单击【进给率和速度】按钮 ，弹出【进给率和速度】对话框，输入数据如图 8-37 所示，注意输入数据后按<Enter>键，再单击右边的计算按钮 ，即可计算出表面切削速度和每齿进给量，然后单击【确定】按钮，回到【型腔铣】对话框后再单击【生成刀轨】按钮 ，生成刀具轨迹如图 8-38 所示，然后单击【确定】按钮，完成型腔粗铣工序的创建。若想动画演示加工状态，则单击对话框中的【确认】按钮 → 2D 动态 → ，即可在视窗中看到粗切顶面的动画演示。

（2）半精铣型腔及平面　复制上面"（1）粗铣型腔及平面"的程序，如图 8-39 所示。然后在刀具【D10】项目下右击选择【内部粘贴】命令，如图 8-40 所示，双击【CAVITY-MILL-COPY】，如图 8-41 所示，弹出图 8-42 所示的对话框，输入数据如图 8-42 所示。单击【切削参数】按钮 ，在【余量】选项卡中设置数据如图 8-43 所示，在【空间范围】选项

图 8-34　创建工序

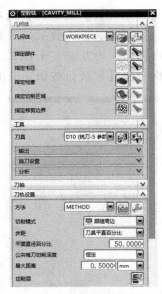

图 8-35　型腔铣设置

图 8-36　切削参数设置

图 8-37　进给率和速度设置

图 8-38　刀具轨迹

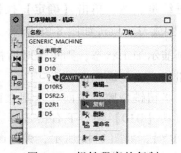

图 8-39　粗铣程序的复制

卡中设置数据如图 8-44 所示，然后单击【确定】按钮。单击【进给率和速度】按钮，弹出【进给率和速度】对话框，输入数据如图 8-45 所示，注意输入数据后按<Enter>键，再单击右边的计算按钮，即可计算出表面切削速度和每齿进给量，然后单击【确定】按钮，回到【型腔铣】对话框后再单击【生成刀轨】按钮，生成刀具轨迹如图 8-46 所示，然后单击【确定】按钮，完成半精铣型腔及平面铣工序的创建。

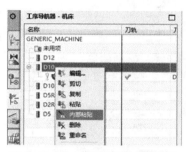

图 8-40　在 D10 项目下内部粘贴

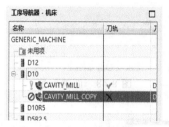

图 8-41　在 D10 里打开 CAVITY-MILL-COPY

图 8-42　设置型腔铣参数

图 8-43　余量设置

图 8-44　空间范围设置

图 8-45　进给率和速度设置

（3）精铣平面　单击刀具工具条上的创建工序图标，弹出【创建工序】对话框，选项设置如图 8-47 所示，然后单击【确定】按钮，弹出【面铣】对话框，参数设置如图 8-48 所示。单击【指定面边界】按钮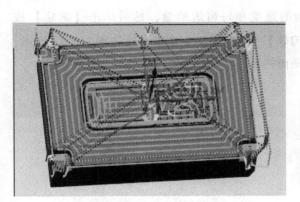，选取两个平面后单击【确定】按钮，如图8-49所示。

图 8-46　刀具轨迹

图 8-47　创建工序

图 8-48　面铣设置

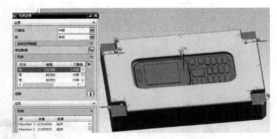

图 8-49　面铣参数及效果

单击【进给率和速度】按钮，弹出【进给率和速度】对话框，输入数据如图8-50所示，注意输入数据后按<Enter>键，再单击右边的计算按钮，即可计算出表面切削速度和每齿进给量，然后单击【确定】按钮，回到【面铣】对话框，再单击【生成刀轨】按钮，生成刀具轨迹如图8-51所示，然后单击【确定】按钮，完成精铣两平面工序的创建。

（4）半精铣型腔　复制上面"（1）粗铣型腔及平面"的程序，如图8-52所示，然后在刀具【D5】项目下右击选择【内部粘贴】命令，如图8-53所示，双击【CAVITY-MILL-COPY-1】，如图8-54所示，弹出对话框，输入数据如图8-55所示。单击【切削参数】按钮，在【余量】选项卡中设置数据如图8-56所示，在【空间范围】选项卡中设置数据如图8-57所示，然后单击【确定】按钮。

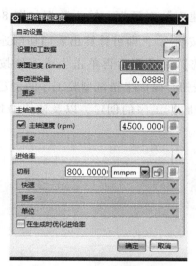

图 8-50　进给率和速度设置

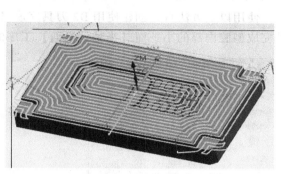

图 8-51　刀具轨迹

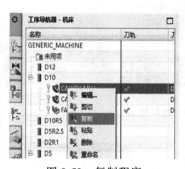

图 8-52　复制程序

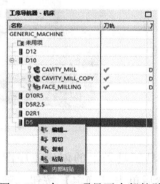

图 8-53　在 D5 项目下内部粘贴

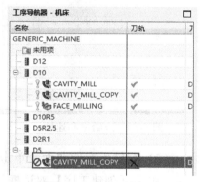

图 8-54　在 D5 里打开
CAVITY-MILL-COPY-1

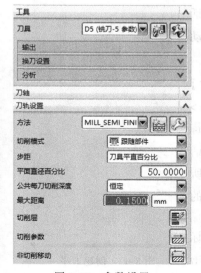

图 8-55　参数设置

图 8-56　设置余量

图 8-57　空间范围设置

单击【进给率和速度】按钮 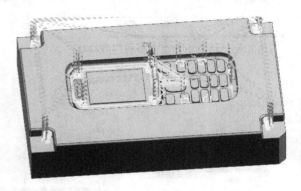，弹出【进给率和速度】对话框，输入数据如图 8-58 所示，注意输入数据后按<Enter>键，再单击右边的计算按钮 ，即可计算出表面切削速度和每齿进给量，然后单击【确定】按钮，回到【型腔铣】对话框后再单击生成刀轨按钮 ，生成刀具轨迹如图 8-59 所示，然后单击【确定】按钮，完成半精铣型腔工序的创建。

使用以上方法自行创建使用 D2 刀具完成【半精铣型腔】工序的创建，以及使用 D5 刀具完成型腔内部的小平面【半精铣平面】工序的创建。

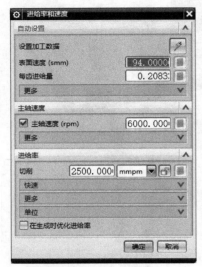

图 8-58　进给率和速度设置

图 8-59　刀具轨迹

（5）精铣所有的曲面　单击刀具工具条上的创建工序图标 ，弹出【创建工序】对话框，然后单击【确定】按钮，弹出【区域轮廓铣】对话框如图 8-60 所示，【驱动方法】设为【边界】。单击【边界】旁边的按钮 ，弹出【边界驱动方法】对话框，如图 8-61 所示，按图 8-62 进行设置，然后单击【指定驱动几何体】按钮 ，弹出【创建边界】对话框，如图 8-63 所示。

单击【进给率和速度】按钮 ，弹出【进给率和速度】对话框，输入数据如图 8-64 所示，注意输入数据后按<Enter>键，再单击右边的计算按钮 ，即可计算出表面切削速度和每齿进给量，然后单击【确定】按钮，回到【区域轮廓铣】对话框后再单击【生成刀轨】按钮 ，生成刀具轨迹如图 8-65 所示，然后单击【确定】按钮，完成精铣所有的曲面工序的创建。

（6）精铣型腔曲面　单击刀具工具条上的创建工序图标 ，弹出【创建工序】对话框，如图 8-66 所示。然后单击【确定】按钮，弹出【区域轮廓铣】对话框，如图 8-67 所示，

图 8-60　创建工序→
区域轮廓铣

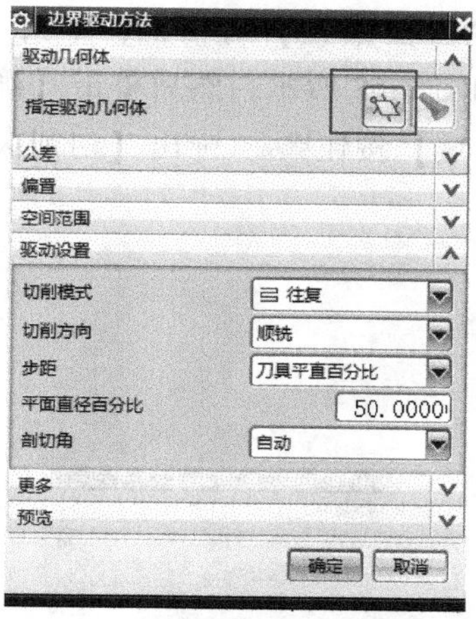

图 8-61 【边界驱动方法】对话框

图 8-62 边界驱动方法设置

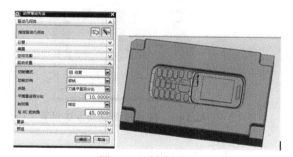

图 8-63 创建边界

图 8-64 进给率和速度

图 8-65 刀具轨迹

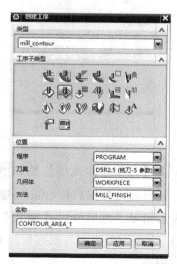

图 8-66 创建工序

在【驱动方法】中选取"区域铣削"，此时弹出【驱动方法重置】对话框，单击【确定】按钮，与此同时弹出【区域铣削驱动方法】对话框，如图 8-68 所示，然后单击【确定】按钮重新回到【区域轮廓铣】对话框。单击【指定切削区域】按钮 ，弹出【切削区域】对话框，选择曲面，如图 8-69 所示。

图 8-67　区域轮廓铣设置

图 8-68　区域铣削驱动方法设置

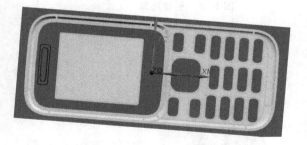

图 8-69　指定切削区域和选择曲面

单击【进给率和速度】按钮 ，弹出【进给率和速度】对话框，输入数据如图 8-70 所示，注意输入数据后按<Enter>键，再单击右边的计算按钮 ，即可计算出表面切削速度和每齿进给量，然后单击【确定】按钮，回到【区域轮廓铣】对话框后再单击【生成刀轨】按钮 ，生成刀具轨迹如图 8-71 所示，然后单击【确定】按钮，完成精铣型腔曲面工序的创建。

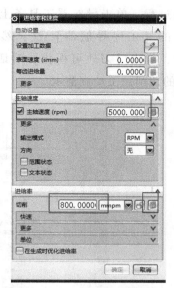

图 8-70　进给率和速度设置

图 8-71　刀具轨迹

（7）清根　单击刀具工具条上的创建工序图标 ，弹出【创建工序】对话框，选项设置如图 8-72 所示。然后单击【确定】按钮，弹出【多刀路清根】对话框，选项如图 8-73 所示。

单击【进给率和速度】按钮 ，弹出【进给率和速度】对话框，输入数据如图 8-74 所示，注意输入数据后按<Enter>键，再单击右边的计算按钮 ，即可计算出表面切削速度和每齿进给量，然后单击【确定】按钮，回到【多刀路清根】对话框后再单击【生成刀轨】按钮 ，生成清根刀具轨迹如图 8-75 所示，然后单击【确定】按钮，完成清根工序的创建。

图 8-72　创建刀具

图 8-73　多刀路清根设置

图 8-74　进给率和速度设置

完成所有的加工创建后，可以动画演示整个加工的过程。单击导航器工具条上的【程序顺序视图】，然后单击视窗左边资源工具条上的【工序导航器】，然后右击【PROGRAM】→选择【刀轨】→【确认】，如图 8-76 所示，弹出【刀轨可视化】对话框，单击按钮 2D 动态 →，即可在视窗上看到工件全部工序的切削加工动画演示。

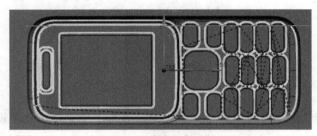

图 8-75　清根刀具轨迹　　　　　　　　　图 8-76　加工演示路径

二、案例二：型腔零件的数控加工编程

该案例主要是针对模具零件中与成型产品有关的型腔面进行数控加工编程，忽略冷却水道及紧固螺钉孔的加工。

从设计好的模具文件夹中复制出机座型腔零件并改名为"base_cavity_cam.prt"，打开后视窗中的图形如图 8-77 所示。

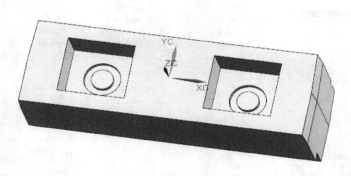

图 8-77　机座型腔模具

1. 加工工艺分析

在实际生成中，大批量生产通常根据先粗后精、先平面后孔的加工原则，在制订工艺步骤时首先全部粗加工各表面（包括平面、沟槽、孔的粗加工），再精加工各个表面，且同样的刀具分粗加工用刀和精加工用刀，这样能保证产品的加工精度，但同时带来频繁换刀和对刀的问题，而学生实训都是单件加工且加工精度不是实训的主要目的，主要目的是熟悉 NX

数控加工编程的应用过程，因此制订工艺的原则是尽可能少换刀，即同一把刀具的加工内容一起完成并参照先粗后精、先平面后孔的原则，另外在切削用量的选择时应根据所选刀具的材料、所使用的加工设备以及工件材料来决定，所选择的切削用量只供参考，但是主要原则是粗加工选较低的切削速度、较高的进给量、较大的背吃刀量，而精加工则选较高的切削速度、较小的进给量、较小的背吃刀量。通常，加工中使用的工件材料为中、低碳钢，而铣刀材料为硬质合金或高速钢，这两种刀具材料切削用量差别是很大的。针对机座型腔模具加工制订的加工步骤见表8-2。

表8-2　机座型腔加工步骤

工序	刀具	留余量/mm	备注
粗铣工件顶面	铣刀 D10R1	0.3	
精铣工件顶面	铣刀 D10	0	
型腔铣开粗	铣刀 D10	0.20	空间范围使用 3D
精铣型腔	铣刀 D6R0.5	0	空间范围使用 3D
铣圆角	铣刀 D6	0	
粗铣加强筋沟槽及型腔的尖角位置	铣刀 D2	0.05	空间范围使用 3D
电火花精加工加强筋沟槽及尖角位置	电极		该步骤省略

2. 进入 NX 加工模块

在 NX 操作视窗左上角位置单击  开始▼→【所有应用模块】→【加工】，弹出【加工环境】对话框，单击对话框中的【确定】按钮，进入 NX 加工模块。

在视窗上部工具条区域中的空白处右击，出现工具条选择的竖直菜单栏，勾选菜单栏中的工具条，如图 8-78 所示。

对应菜单栏中的"主页"，将在视窗上部工具条区域出现图 8-79 所示的工具条。

图 8-78　打开工具条

图 8-79　工具条图标

3. 创建几何体

单击【格式】→【WCS】→【显示】命令，将原建模坐标系显示出来。

单击【格式】→【WCS】→【旋转】命令，将原建模坐标系绕+Y 轴旋转 180°，此时坐标如图 8-80 所示。

单击导航器工具条中的【几何视图】小图标 ，使之高亮显示，然后单击左边竖直资源条中的【工序导航器】小图标 ，出现图 8-81 所示【工序导航器-几何】框。

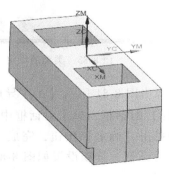

图 8-80　旋转坐标

双击【工序导航器-几何】框中的 ⊟⟐MCS_MILL 图标，弹出图 8-82 所示【MCS 铣削】对话框，单击【指定 MCS】右侧第一个图标，弹出图 8-83 所示对话框，【类型】选择"自动判断"，然后单击【确定】按钮，将建模坐标系设置为机床坐标系，此时又回到【MCS 铣削】对话框，在【安全设置】选项中下拉选择【平面】，然后点选工件的上平面，在工件的距离文本框中输入 10，如图 8-84 所示，然后单击【MCS 铣削】对话框中的【确定】按钮，完成加工件的安全平面设置。

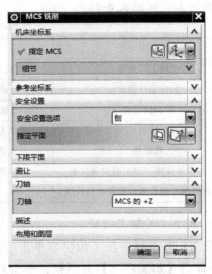

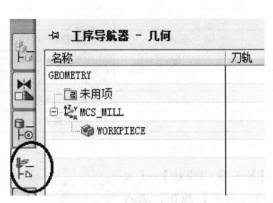

图 8-81 【工序导航器-几何】框

图 8-82 【MCS 铣削】对话框

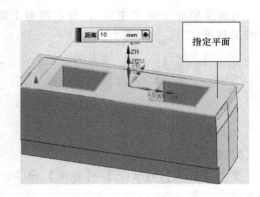

图 8-83 类型的设定

图 8-84 安全距离设置

双击图 8-81 所示【工序导航器-几何】框中的 ⟐WORKPIECE 图标，弹出图 8-85 所示【工件】对话框，单击对话框中的指定部件图标，然后点选视窗工件图形，在弹出的对话框中单击【确定】按钮，完成工件几何体指定；再单击指定毛坯图标，弹出【毛坯几何体】对话框，选项设置如图 8-86 所示，然后单击【确定】按钮，完成工件和毛坯几何体的确定。

图 8-85　工件设置

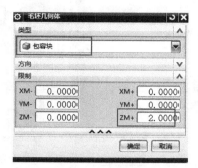

图 8-86　毛坯几何体设置

4. 创建刀具

单击刀具工具条上的创建刀具小图标 ，弹出【创建刀具】对话框，选项设置如图 8-87 所示，单击【应用】按钮，弹出【铣刀-5 参数】对话框，由于考虑刀具使用寿命，因此粗加工工序使用带小圆角的平铣刀 D10R1，如图 8-88 所示，然后单击【应用】按钮，完成直径 ϕ10mm 带有 R1mm 圆角的平铣刀创建。

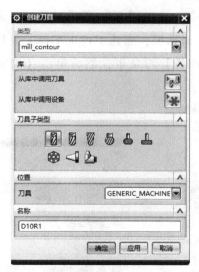

图 8-87　创建刀具

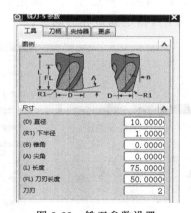

图 8-88　铣刀参数设置

回到【创建刀具】对话框，选项设置如图 8-89 所示，单击【应用】按钮，弹出【铣刀-5 参数】对话框，输入数据如图 8-90 所示，然后单击【应用】按钮，完成 D10R0 的锐角平铣刀创建。再以同样的方法完成 D6R0.5、D2R0 的锐角平铣刀创建，最后单击对话框中的【取消】按钮，退出创建刀具。

单击导航器工具条中的【机床视图】小图标 ，使之高亮显示，然后单击左边竖直资源条中的【工序导航器】小图标 ，出现图 8-91 所示【工序导航器-机床】框，框中显示了创建的刀具。

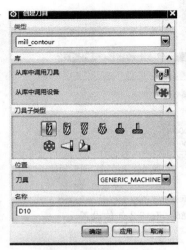

图 8-89　创建刀具

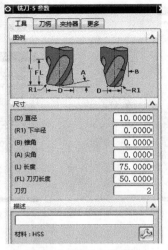

图 8-90　铣刀参数设定

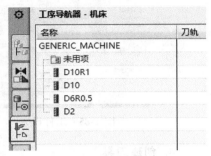

图 8-91　显示创建的刀具

5. 创建工序

（1）粗铣工件顶面　单击刀具工具条上的创建工序图标 ，弹出【创建工序】对话框，选项设置如图 8-92 所示，然后单击【应用】按钮，弹出【面铣】对话框，选项设置如图 8-93 所示，单击对话框中的【指定面边界】按钮 ，弹出图 8-94 所示对话框，先选择 面 选项，然后单击【选择面】按钮，弹出【平面】对话框，点选工件上平面，并修正距离如图 8-95 所示，然后单击【确定】按钮，回到【面铣】对话框，然后单击【确定】按钮，完成工件指定面边界的确定。

图 8-92　创建工序

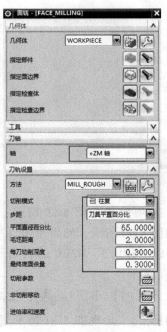

图 8-93　面铣设置

图 8-94　指定面边界设置

单击【进给率和速度】按钮，弹出【进给率和速度】对话框，输入数据如图 8-96 所示，注意输入数据后按<Enter>键，再单击右边的计算钮，即可计算出表面切削速度和每齿进给量，然后单击【确定】按钮，回到【面铣】对话框后再单击【生成刀轨】按钮，生成刀具轨迹如图 8-97 所示，然后单击【确定】按钮，完成顶面铣削工序的创建。

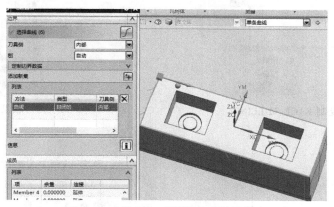

图 8-95　【平面】对话框和边界的设定

图 8-96　进给率和速度设置

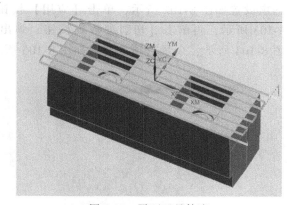

图 8-97　平面刀具轨迹

（2）精铣工件顶面　单击左边资源条的工序导航器按钮，出现工序导航器栏目框，右击【FACE_MILLING】→【复制】，如图 8-98 所示。

右击【D10R1】→【内部粘贴】，如图 8-99 所示，完成后在 D10R1 刀具节点下多了个 FACE _MILLING_COPY 工序，如图 8-100 所示。双击该选项，弹出【面铣】对话框，参数设置如图 8-101 所示，再单击【进给率和速度】按钮，弹出【进给率和速度】对话框，输入数据主轴速度 1200，进给率 200，注意输入数据后按<Enter>键，再单击右边的计算按钮，即可计算出表面切削速度和每齿进给量，然后单击【确定】按钮，回到【面铣】对话框后再单击【生成刀轨】按钮 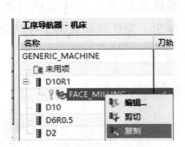，生成刀具轨迹，然后单击【确定】按钮，完成该工序的创建。

图 8-98　复制 FACE_MILLING

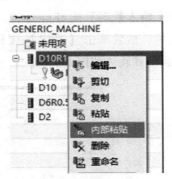

图 8-99　内部粘贴至 D10R1

图 8-100　FACE_MILLING_COPY 工序

图 8-101　面铣参数设置

（3）型腔开粗　单击刀具工具条上的创建工序图标 ，弹出【创建工序】对话框，选项设置如图 8-102 所示，单击【应用】按钮后弹出【型腔铣】对话框，输入数据如图 8-103 所示，再单击【切削参数】按钮，弹出【切削参数】对话框，策略选项卡设置如图 8-104 所示，余量选项卡设置如图 8-105 所示，空间范围选项卡设置如图 8-106 所示。

图 8-102　创建工序

图 8-103　型腔铣设置

图 8-104 切削参数→策略设置

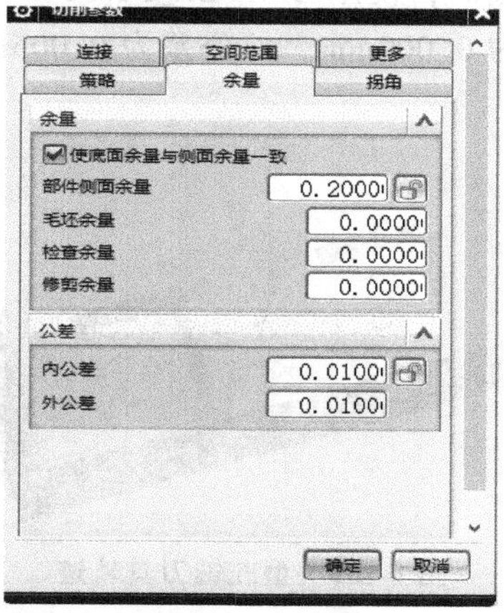

图 8-105 切削参数→余量设置

图 8-106 切削参数→空间范围设置

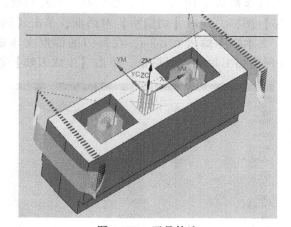

图 8-107 刀具轨迹

单击【确定】按钮后回到图 8-103 所示【型腔铣】对话框，再单击【进给率和速度】按钮，主轴转速输入800，进给率输入 250，单击【确定】按钮，再单击【生成刀轨】按钮，产生的刀具轨迹如图 8-107 所示，然后单击【确定】按钮，完成型腔开粗工序的创建。

（4）二次粗加工型腔 在工序导航器中的 D10R1 节点下将型腔开粗工序复制并内部粘贴在 D6 节点下，然后双击该复制项，弹出【型腔铣】对话框，选项设置如图 8-108 所示；单击【切削参数】按钮，在弹出的【切削参数】对话框中，修改余量；单击【进给率和速度】按钮，在弹出的对话框中输入主轴速度 6000，进给率 2200。生成刀具轨迹如图 8-109 所示。

（5）平面底面和精加工槽侧壁 使用 FACE_MILLING

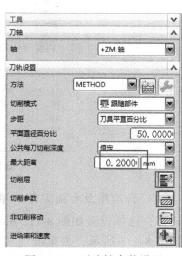

图 8-108 型腔铣参数设置

精加工底面，使用 ZLEVEL_PROFILE 精加工侧面。为了保证加工精度，精加工的公差控制：内公差为 0.002mm，外公差为 0.005mm。生成的刀具轨迹如图 8-110 所示

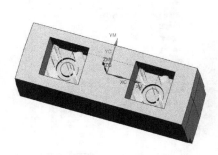

图 8-109 型腔铣刀具轨迹

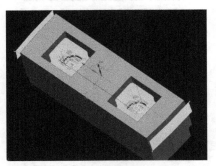

图 8-110 底面和槽侧壁精加工轨迹

（6）清根部圆角 在工序导航器中的 D6R0.5 节点下将 LEVEL_PROFILE 精铣工序复制并内部粘贴在 D6 节点下，然后双击该复制项，弹出【深度加工轮廓】对话框，单击【切削层】图标，弹出【切削层】对话框，单击【选择对象】图标，顶面选型腔底面，在范围深度文本框中输入 0.6mm，在每刀的深度文本框中输入 0.1mm，单击【确定】按钮，回到【深度加工轮廓】对话框，单击【生成刀轨】按钮，生成刀具轨迹，如图 8-111 所示。

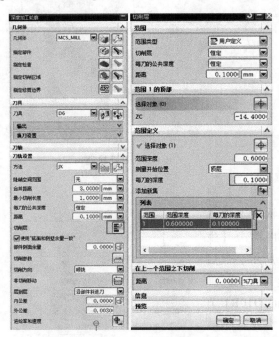

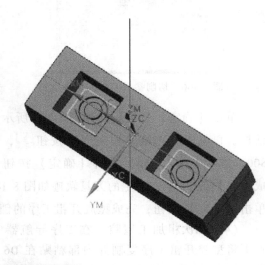

图 8-111 清根部圆角设置和刀具轨迹

（7）铣沟槽及半圆尖角 单击刀具工具条上的创建工序图标 ，弹出【创建工序】对话框，选项设置如图 8-112 所示，单击【应用】按钮后弹出【型腔铣】对话框，输入数据如图 8-113 所示，再单击【切削参数】按钮，弹出【切削参数】对话框，余量选项卡设置如图 8-114 所示，空间范围选项卡设置如图 8-115 所示。

图 8-112 创建工序

图 8-113 型腔铣参数设置

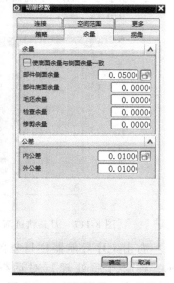

图 8-114 切削参数→余量设置

单击【进给率和速度】按钮，在弹出的对话框中输入主轴速度 4000，进给率 1000。

回到【型腔铣】对话框，单击【生成刀轨】按钮 ，生成的刀具轨迹如图 8-116 所示；最后单击【确定】按钮，完成粗铣沟槽及半圆尖角工序的创建。

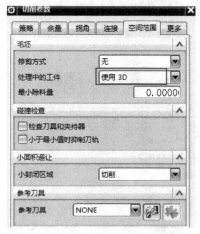

图 8-115 切削参数→空间范围设置

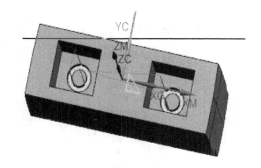

图 8-116 沟槽粗铣加工轨迹

完成所有的加工创建后，可以用动画演示整个加工的过程。单击导航器工具条上的【程序顺序视图】 ，然后单击视窗左边资源工具条上的【工序导航器】 ，然后右击

【PROGRAM】→选择【刀轨】→【确认】，如图 8-117 所示，弹出【刀轨可视化】对话框，单击按钮 2D 动态 → ▶，即可在视窗上看到工件全部工序的切削加工动画演示。

（8）输出 NC 程序 为减少换刀和对刀次数，可将同一把刀的操作放在同一程序组里。

单击操作工具条的【机床视图】按钮 ，然后单击视窗左边资源工具条的工序导航器按钮，此时可见工序导航器栏里创建的刀具及刀具下的工序，如图 8-118 所示。

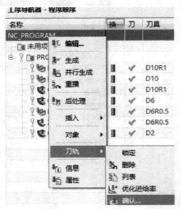

图 8-117 刀具轨迹演示路径

图 8-118 工序选取

右击工序导航器栏目里的刀具【D10R1】节点→选择【后处理】命令，如图 8-119 所示，弹出【后处理】对话框，选项设置如图 8-120 所示，单击【确定】按钮，完成了 D10R1 刀具所有的工序操作程序组的 NC 程序的生成输出，根据所使用的数控设备具有的操作系统不同，还要对生成的 NC 程序进行编辑才能用于加工。

以同样的方法生成该型腔零件其他刀具的工序操作的 NC 程序。

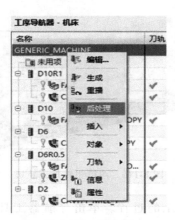

图 8-119 后处理

图 8-120 后处理设置

本 章 小 结

本章介绍了 NX 数控加工的基础知识，重点介绍了 NX 的数控加工、加工单模拟仿真和程序后处理。通过本章的学习，使读者了解 NX 的 CAM 加工模块功能，实现零件的自动编程全过程。本章的难点在于，在 NX 环境下数控加工自动编程的基本设置和数控加工方法的选择。

综 合 练 习

按照本章内容介绍的方法和给出的工艺步骤完成图 8-121 所示电极零件的数控加工编程（光盘中文件名为 mould. prt）。

图 8-121　电极零件

使用铣刀材料为硬质合金，工件材料为纯铜。

针对电极加工制订的加工步骤见表 8-3。

表 8-3　电极加工的加工步骤

工序	刀具	留余量/mm	备注
粗铣轮廓	平铣刀 D8R1	0.2	
精铣轮廓	平铣刀 D8R0	0	
精铣斜面	球铣刀 D8	0	

参 考 文 献

[1] 北京兆迪科技有限公司. UG NX 10.0 模具设计教程 [M]. 北京：机械工业出版社，2015.

[2] 北京兆迪科技有限公司. UG NX 10.0 数控加工实例精解 [M]. 北京：机械工业出版社，2015.

[3] 北京兆迪科技有限公司. UG NX 10.0 钣金设计教程 [M]. 北京：机械工业出版社，2015.

[4] 屈华昌，伍建国. 塑料模设计 [M]. 北京：机械工业出版社，1993.

[5] 陈志刚. 塑料模具设计 [M]. 北京：机械工业出版社，2002.

[6] 王高潮. 模具 CAD：UG NX 应用 [M]. 北京：机械工业出版社，2007.

[7] 徐佩弦. 塑料注射成型与模具设计指南 [M]. 北京：机械工业出版社，2014.

[8] 李名尧. 模具 CAD/CAM [M]. 2 版. 北京：机械工业出版社，2013.

[9] 袁乐健，康亚鹏. UG NX2 基础教程与上机指导 [M]. 北京：清华大学出版社，2005.

[10] 洪如瑾. NX7 CAD 快速入门指导 [M]. 北京：清华大学出版社，2011.

[11] 郑金. Unigraphics NX3 应用与实例教程 [M]. 北京：人民邮电出版社，2006.

[12] 张方瑞，于鹰宇，程鸣，等. UG NX2 高级实例教程 [M]. 北京：电子工业出版社，2005.

[13] 王炎. UG NX 汽车自动化制造 [M]. 北京：清华大学出版社，2006.

[14] 李志刚，李德群，肖景容. 模具计算机辅助设计 [M]. 武汉：华中理工大学出版社，1990.

[15] 李志刚. 模具 CAD/CAM [M]. 北京：机械工业出版社，1994.

[16] 张佑生. 塑料模具计算机辅助设计 [M]. 北京：机械工业出版社，1999.

[17] 周天瑞. 模具 CAD/CAM [M]. 北京：机械工业出版社，2001.

[18] 肖祥芷，王义林，等. 模具 CAD/CAE/CAM [M]. 北京：电子工业出版社，2004.

[19] 周雄辉. 现代模具设计制造理论与技术 [M]. 上海：上海交通大学出版社，2000.